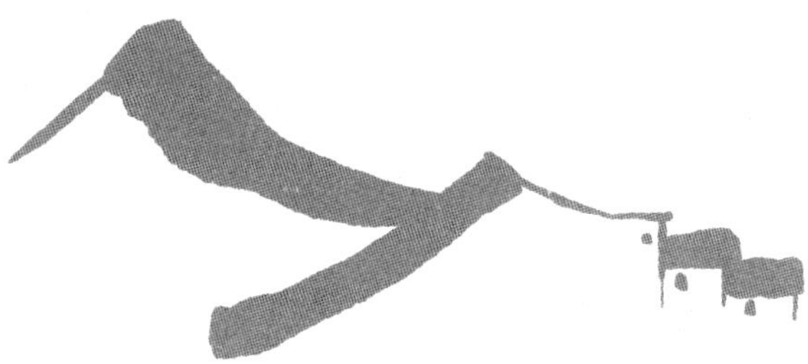

国家出版基金项目
NATIONAL PUBLICATION FOUNDATION

国家社科基金重大项目
“十四五”国家重点图书出版规划项目

中国乡村伦理研究丛书

王露璐 总主编

中国乡村伦理的历史传统与现代建构

王露璐 等 著

南京师范大学出版社

图书在版编目(CIP)数据

中国乡村伦理的历史传统与现代建构 / 王露璐等著. —
南京：南京师范大学出版社，2023.9
（中国乡村伦理研究丛书/王露璐总主编）
ISBN 978-7-5651-5618-2

Ⅰ.①中… Ⅱ.①王… Ⅲ.①乡村—道德社会学—研究
—中国 Ⅳ.①B82-052

中国国家版本馆 CIP 数据核字(2023)第 000946 号

中国乡村伦理的历史传统与现代建构
ZHONGGUO XIANGCUN LUNLI DE LISHI CHUANTONG YU XIANDAI JIANGOU

总 主 编 王露璐
著　　者 王露璐 等
丛书策划 徐 蕾 崔 兰
责任编辑 杨佳宜
出版发行 南京师范大学出版社
地　　址 江苏省南京市玄武区后宰门西村 9 号(邮编:210016)
电　　话 (025)83598919(总编办) 83598412(营销部) 83371351(编辑部)
网　　址 http://press.njnu.edu.cn
电子信箱 nspzbb@njnu.edu.cn
印　　刷 上海雅昌艺术印刷有限公司
开　　本 700 毫米×1000 毫米 1/16
印　　张 17.75
插　　页 8
字　　数 289 千
版　　次 2023 年 9 月第 1 版
印　　次 2023 年 9 月第 1 次印刷
书　　号 ISBN 978-7-5651-5618-2
定　　价 98.00 元

出 版 人 张 鹏

总　序

乡村是中国社会的基础，从一定意义上说，20 世纪的中国研究始终贯穿着对中国乡村社会和乡村经济发展的关注。乡村也是中国伦理文化孕育的根基。因此，尽管这一时期学者们对中国乡村的研究大多是从社会学、人类学、经济学角度进行的，但他们在研究的过程中也开始认识到中国乡村社会独特的伦理文化对其经济和社会发展所产生的重大影响。

20 世纪上半叶，一些国外学者和机构在中国不同区域进行了一些农村调查和农民研究，国内一些知识分子也开始意识到，要想改变国家内忧外患的现状，首先必须改变国人的观念，这就需要从占中国绝大多数人口的乡村做起。他们纷纷走向乡村，从农民运动、乡村建设及乡村教育等方面入手，对我国乡村伦理进行理论探究和实践改造。其中具有代表性的是李大钊和毛泽东等进行的农民运动研究和实践、梁漱溟的乡村建设理论和实践、晏阳初的平民教育理论和实践以及费孝通和陶行知等学者的相关研究。20 世纪中期至 80 年代，一批学者相继在国外出版了关于中国乡村研究的成果。20 世纪 90 年代后，尽管西方学术界的乡村研究因乡村的萎缩及"农民的终结"（孟德拉斯语）而呈趋冷之势，但有关中国农村和农民问题的研究仍然是国内学术界的研究热点，一些学者开始尝试从村落文化、社会心理等新的视角来透视乡村社会的发展。

总体上看，乡村研究在整个 20 世纪始终是我国学界的中心课题，社会学、经济学、人类学、历史学等学科对乡村问题给予了大量的学术关注，也吸引了众多国外学者的关注和探讨。比较而言，伦理视角下的乡村研究无论从深度和广度上说都显得相当薄弱，几近阙如。从一定意义上说，在整个20世纪，乡村似乎成了我国伦理学研究中“被遗忘的角落”。以至于从一定程度上说，在众多学科纷纷走进“乡土”的时候，与中国乡村社会本应有着最密切学术关联的伦理学却选择了一条离弃“乡土”的“现代化之路”。

自21世纪起，我国乡村伦理研究进入快速发展的阶段。大体而言，中国乡村伦理研究的进展和成就主要体现在两个方面。一是研究内容不断丰富，研究成果逐渐显现。在不同历史时期，我国乡村伦理的研究有着不同的侧重点。民国时期学者们针对当时中国内忧外患、积贫积弱的国情，将乡村研究的重点放在了农民运动、乡村建设以及乡村教育上。新中国成立后，尤其是改革开放以来，我国乡村面貌焕然一新，农村经济、政治、文化等都发生了巨大变化，与此同时，乡村伦理关系和道德规范也出现很多新的问题。在这一背景下，学者们开始更多地关注乡村经济伦理、政治伦理、文化伦理、法律伦理以及日常道德生活。一些学者还对国外乡村伦理和农村道德建设问题进行了研究。从研究涉及的内容、深度和成果的数量上看，21世纪以来中国乡村伦理都进入了一个快速发展的新时期。二是研究队伍趋于多元，研究方法不断完善。从当前乡村伦理研究队伍来看，研究人员主要包括以下两个部分：一是高等院校及各类科研院所中从事伦理学、经济学、政治学、社会学、历史学等研究的学者；二是从事一线实践的乡村工作者。前者大多拥有比较深厚的理论素养，后者则能够从长期的实际工作中积累大量一手资料。研究队伍的多元必然带动研究方法的不断完善。近年来的乡村伦理研究不再是单单从某一学科切入，跨学科的研究方法越来越受到重视。学者们从自身学科特色出发，在研究过程中融合其他学科的研究方法，从而以更加全面的角度来分析、解决问题。不过，总体来看，有关中国乡村伦理的研究尚处于起步状态，关于中国乡村伦理的研究在研究领域的拓展、理论体系的构建、研究成果的系统化及实证研究的规范性等方面有待进一步发展并取得突破。

自2004年起，我开始聚焦于伦理视角下的中国乡村研究，并在2008年出版了第一部专著《乡土伦理——一种跨学科视野中的“地方性道德知识”探究》

（人民出版社，2008年版）。在该书中，我以苏南这一独特的区域为典型，管窥中国乡村社会独特的伦理关系和道德生活样式。借用费孝通先生对中国社会的“乡土性”概括，我将这种具有“乡土”特色的中国乡村伦理称为“乡土伦理”。在研究和写作过程中，我也日渐感受到中国乡村在市场经济和全球化背景下发生的巨大变化，并在一种强烈的学术兴奋感驱使下确定了自己的后续研究——将视线转向更加广阔的空间，探究转型期的中国乡村伦理问题。2011年，我以“社会转型期的中国乡村伦理问题研究”为选题，申报国家社会科学基金重点项目并获得立项。这一课题的重点放在转型期中国乡村伦理的“问题”及这些问题的解决路径的探究上，立足于对“什么问题”“问题何以产生”“问题如何解决”的思考和分析，讨论转型期中国乡村伦理关系和道德生活变化中若干值得关注的重点问题，如：乡村伦理共同体的式微与重建、农民行为选择的伦理冲突与化解、乡村分配伦理问题、乡村人际信任问题、乡村道德权威问题、乡村礼治秩序和法治秩序的关系问题、城乡公平问题等。作为课题的结项成果，2016年，我出版了《新乡土伦理——社会转型期的中国乡村伦理问题研究》（人民出版社，2016年版）。在上述问题的研究和写作中，我也萌生了一个更加宏大的研究计划：系统、全面地研究中国乡村伦理的传统特色、历史变迁和现代转型，深入探讨中国乡村伦理的历史传统和当代问题，构建具有中国特色的乡村伦理学理论体系。2015年，我以“中国乡村伦理研究”为题申报国家社科基金重大项目并获得立项。

在项目申报和研究中，我们一以贯之的基本思路是，以“中国乡村伦理”为研究对象，全面考察中国乡村社会的伦理关系、道德原则、道德规范及其在经济发展、社会治理、生态保护及日常生活中的体现，阐释中国乡村社会发展中的伦理变迁及道德在其中的重要作用。在研究思路上，我们以“中国乡村伦理的历史传统与现代建构”为总体问题，通过对中国乡村伦理的系统研究，并以乡村家庭伦理、经济伦理、生态伦理、治理伦理为重点，概括中国乡村伦理的传统特色、历史变迁和现代转型，厘清中国传统乡村伦理与现代乡村伦理的关系，把握中国乡村伦理发展的历史脉络和一般规律。在此基础上，探讨中国乡村伦理的理论和实践特质，构建既传承中国传统乡村伦理又契合当代市场经济发展要求的现代乡村伦理观念和道德规范，重塑能够促进乡村发展并回应农民诉求的乡村伦理秩序。

在课题研究的具体框架和安排上，总课题以史论结合的方式，分析中国乡村伦理发展的基本规律，同时，课题以乡村家庭关系、经济发展、生态保护及乡村治理中的伦理问题为研究重点，并与此相对应，设置了中国乡村家庭伦理、中国乡村经济伦理、中国乡村生态伦理和中国乡村治理伦理四个子课题。四个子课题研究，既是总课题研究中的四个基本方面，又始终贯彻着总课题研究的基本理路。同时，中国乡村社会的家庭关系、经济发展、生态保护和社会治理不可分割且有着密切的内在关系，这也使四个子课题的研究有着内在的逻辑关联。中国传统乡村社会的生产、生活方式，使其家庭伦理、经济伦理、生态伦理和治理伦理呈现出典型的“乡土”特色，并相互间产生密切关系。伴随着转型期乡村工业化、城市化和农民市民化、流动性的加强，传统的乡村生产、生活方式发生了巨大变化，乡村家庭结构、关系、功能的变化，乡村分配模式的改变和农民经济价值观的变化，乡村生态环境与经济发展之间的冲突，乡村秩序维系方式的改变，既是生产、生活方式变化的结果，又相互之间产生密切的关联和紧张，既带来一定的冲突与矛盾，又由此产生推动乡村发展的某种张力。因此，四个子课题在设置上的分离，并不意味着在研究中可以截然分开。相反，无论是在总论的写作还是四个子课题的研究成果中，这种内在逻辑关系都是始终强调并希望得以反映的。

课题立项以后，课题组主要从三个方面开展工作：

一是开展田野调查工作。走进乡村，贴近农民，是本课题获取真实数据和资料并据此了解和分析当前中国乡村伦理状况的基本路径，也是培养青年学者和学生的问题意识和分析能力的重要方法。2017 年 7 月—2018 年 8 月，课题组先后对湖南郴州西岭村、湖北黄冈赵家湾村、甘肃定西辘辘村、江西抚州下聂村、江苏无锡华宏村、山东济宁王杰村、广东湛江林屋村等七个典型村庄先后进行了田野调查，共收回有效问卷 805 份，并与 74 位村民进行了深度访谈。七个村庄位于我国不同区域，具备一定的典型意义。其中，江苏无锡华宏村为 2007 年首访和 2017 年再访，具有个案对比价值。田野调查分为问卷调查的定量研究和深度访谈的定性研究两个部分。问卷调查按照系统抽样方式，根据抽样比例抽取样本，采用面对面问卷访问方式，回收问卷指定专人录入并复核后，使用 SPSS 统计分析软件进行分析。深度访谈以半结构式的访谈方式进行，所有访谈均现场录音后整理为文字材料。参与课题调研的年轻学者和博士、硕士研究生大部分是第一次走进基层村庄，并从事规范的田野调查工作。课题组成员不仅通过田野工作获取了大量鲜活的数据和案例，更在实践中碰撞出大量的思想火花，提升了学术研究的问题意识和探究能力。正是由于课题田野调查工作的重要性，课题研究中在原有四个子课题的基础上增设了子课题“中国乡村伦理实证研究”。

二是凝聚伦理学、社会学、政治学等多学科的研究力量，吸引一批青年学者（博士、博士生）从事中国乡村伦理研究，形成一支高水平、有层次的中国乡村伦理的研究队伍，打造中国乡村伦理研究的最高学术平台。课题组与教育部人文社会科学百所重点研究基地中国人民大学伦理学与道德建设研究中心合作成立“乡村道德与文化振兴研究所”，整合校内外研究力量建立的“乡村文化振兴研究中心”获批江苏省高校哲学社会科学重点研究基地。总体上看，课题组顺利达到了通过项目研究加强团队建设的目标，形成了高水平、有特色的研究平台和研究队伍。

三是产出了一系列的研究成果。包括《中国乡村伦理的历史传统与现代建构》《中国乡村家庭伦理》《中国乡村经济伦理》《中国乡村生态伦理》《中国乡村治理伦理》《中国乡村道德调查（上、下）》在内的六部七卷本《中国乡村伦理研究丛书》，正是本课题产生的标志性成果。以上六部各有侧重又有内在逻辑关系的研究成果，初步形成较为系统的中国乡村伦理理论体系，并通过系列研究成果的展现弥补当前伦理学领域关于中国乡村伦理研究的不足。此外，在研究过程中，课题组成员公开发表系列论文 60 余篇，其中多篇被《新华文摘》《中国社会科学文摘》转载，并形成总课题调研报告一份、子课题调研报告四份。

在课题研究中，我们尝试并初步在以下几个方面实现了一定的突破与创新：

一是伦理学的学科视角及研究方法的创新。尽管国内乡村问题的研究成果十分丰富，但是，伦理视角下的乡村研究相对薄弱，在某些领域和具体问题上，伦理学还处于“尚未进入”或“准备进入”的前理论状态。本课题试图从伦理学的学科视角对中国乡村伦理的传统特色、历史变迁、现实问题及现代乡村伦理的构建做出系统、全面的理论阐释和分析。本课题的研究以伦理学作为基本研究视角，同时以跨学科的多维视角透视和基于道德生活史的基本立场，将传统伦理学“自上而下”的、从理论出发的严密逻辑推演和论证与“自下而上”的道德社会学研究方法相结合。该成果对中国乡村伦理的现状、问题及原因的分析将基于对若干典型村庄田野调查的一手资料基础之上，从而使成果具有较高的真实性和可信度。

二是初步形成中国乡村伦理研究的理论体系，打造体现“中国特色”的伦理学研究之“中国话语”。课题研究力图通过对中国乡村伦理全面、系统和深入的研究，全面地概括中国乡村伦理的传统特色、历史变迁和现代转型，深化对中国乡村伦理的传统、发展、嬗变和转型的研究，从而初步形成一个比较全面系统的中国乡村伦理研究体系。因此，从学术思想的理论层面上说，作为课题研究成果的本丛书具有一定的开创性价值，能够打造体现“中国特色”的伦理学研究的“中国话语”。

三是在建构具有中国特色的现代乡村道德规范体系和伦理秩序上提出具有实践操作价值的对策思路。乡村是中国社会的基础，也是中国伦理文化的重要源泉。探究并努力建构具有中国特色的现代乡村道德规范体系和伦理秩序，是实施乡村振兴战略的题中应有之义，也是一项具有国家战略意义的宏伟工程。本丛书在中国乡村伦理的现代建构问题上提出总体思路，并着力在乡村家庭关系、经济发展、生态保护及乡村治理等方面提出具有实践操作性的对策，以更好地体现中国伦理学学科建设面向实践、服务社会的基本路向。

当然，在研究中，我们也遇到了一些困难和问题。一是学术资源梳理和整合工作的繁杂。课题的研究内容时间跨度大，涉及领域和问题多，关于中国乡村研究的文献资料散见于社会学、政治学、民俗学、历史学、经济学、伦理学等学科领域，因此，全面掌握、细致梳理、正确使用和有效整合相关学术资源，一直是课题研究中一个技术操作性的难点。二是田野调查的个案选择和样本配合。中国乡村伦理研究应选择地处不同区域的多个不同规模、类型的村庄开展田野调查，并在此基础上进行比较研究。但是，考虑到实地调查工作在时间、人员、精力等各方面的可行性，课题研究只能选择具有代表性的典型村庄为研究个案。同时，在选择个案后的田野调查实施过程中，也遇到了包括抽样操作、样本配合、访谈语言等技术性困难。三是现代乡村伦理建构的实践操作性。实现中国乡村伦理的现代转型，建构具有中国特色的现代乡村伦理，关键在于在“历史之根”与“现代之源”、“地方性知识”与“普适性价值”两对冲突中找到平衡点。然而，由于中国不同地区乡村在地理位置、生产方式、经济水平、文化传统、基层治理等方面存在的差异性，无论是乡村伦理的“历史之根”与“现代之源”的成功嫁接，还是“地方性知识”与“普适性价值”的有效整合，在实践操作层面都存在着诸多困难。

鉴于此，作为国家社科基金重大项目结项成果的七卷本《中国乡村伦理研究丛书》，与其说是课题的完成，毋宁说是我们在课题研究进行到预定时间时的一个阶段性总结。2020 年 12 月底，课题组向国家哲学社会科学规划办公室提交了结项材料，并于 2021 年 3 月接受会议鉴定，2021 年 5 月顺利结项。结项后，课题组根据专家意见对书稿内容再次进行了修改，并提交南京师范大学出版社申报国家出版基金项目。在此，特别感谢南京师范大学出版社张志刚社长、徐蕾总编辑和崔兰主任在申报国家出版基金过程中付出的心血。坦率地说，没有他们的策划、运作和不断联络、催促，此套七卷本丛书难以成功入选国家出版基金项目，也不会这么快呈现在专家和读者面前。

丛书是重大项目课题组全体成员的集体智慧结晶和成果，衷心感谢子课题负责人和主要成员们。五年来，我们共同分享了田野工作的辛苦与忙碌、研究写作的紧张与焦虑、成果完成的喜悦和快乐，感谢他们宽容我“黄世仁”般的不断催促和逼迫，感谢所有人“杨白劳”似的辛苦与努力。我也要特别感谢田野工作中的所有问卷样本和访谈对象，感谢协助我们完成田野工作的当地联系人和村干部。我记得辘辘村村委会办公室对面山头上那片麦田的风吹麦浪，记得村主任儿媳妇挺着大肚子给我们做的手擀面；我记得 40℃高温的下聂村，记得大伙伴和小伙伴全体“湿身”却依然投入地坚持工作的样子；我记得十年后再访华宏村时的相同与不同，记得小伙伴被熟悉的面孔认出时的激动；我记得王杰村每一户村民门口堆成小山等待着被以几毛钱一斤的价钱收走的蒜头，记得一位受访大爷送了几粒蒜头给我并拉着我的手说：“不值钱，但我挑了几个最好的给你”……每一次田野工作，我都觉得他们给了我们很多，问卷的数据、访谈的资料、思想的火花，以及无数感动的瞬间。有时，我甚至困惑，我们的研究成果又能带给他们什么呢？但无论如何，我会永远记得，我们会一直努力！

王露璐

2022 年 6 月 7 日于南师茶苑

目　录

导　论

一、“回到”乡村与“进入”乡村：中国乡村伦理研究的必要性和学术史考察

梁漱溟先生曾经指出，乡村是中国社会的基础和主体，中国的文化、法制、礼俗、工商业等，无不“从乡村而来，又为乡村而设”①。中国传统社会组织构造是由乡村渐发端倪并逐步萌芽生长而发展生成的。因此，乡村是中国传统伦理精神形成和孕育的根基。从一定意义上说，家庭和乡村，构成了中国伦理精神的两大源泉。

中国传统乡村社会以自给自足的生产方式和相对封闭的生活方式为基本特征，在此基础上产生了具有自身特色的乡村伦理关系和道德生活样式。借用费孝通先生对中国社会所做出的“乡土性”概括，笔者将这种具有“乡土”特色的中国乡村伦理称为“乡土伦理”②。易而言之，乡土伦理的基本形态和特征是基于“乡土中国”之乡土特性的。无论是勤勉重农的生产理念，还是信任互助的交往关系，抑或是村规民约的制度设置，传统乡土伦理都显示出封闭、稳

---

① 梁漱溟：《乡村建设理论》，上海人民出版社 2011 年版，第 11 页。

② 关于“乡土伦理”的概念及其阐释，参见王露璐：《乡土伦理——一种跨学科视野中的“地方性道德知识”探究》，人民出版社 2008 年版。

固和平衡的基本特征。正是此种契合了“乡土中国”特征的“乡土伦理”，维系着传统乡土社会的秩序。

1840年的鸦片战争打破了中国传统社会的封闭与稳定，中国社会走进了从“传统”到“现代”的“转型期”。改革开放40多年来的农村改革进程，更是通过农业的工业技术化、农村的城镇化和农民的流动性、市民化极大地改变了中国乡村社会的生产方式和生活方式，也引发了乡村伦理关系和农民道德观念的变迁。今天的中国乡村社会较之传统乡土社会已发生了质的变化，作为传统乡土社会主导关系的血缘与地缘关系受到冲击，越来越多的农民冲破血缘和地缘关系的限制从事市场化、职业化的生产劳动；随着乡村市场化进程中财富的积累和身份的改变，农民用新的社会分层结构逐步改变传统的差序格局；农村城市化、城乡一体化进程的加快，使乡村社会从传统的熟人社会转变为“半熟人社会”。与之相对应，乡村伦理关系和道德生活出现了新的变化。敢于冒险、开拓创新、求富争先的现代经济理性意识不断提升，农民的信用意识、契约意识、责任意识大大增强，法律意识、自我意识、权利意识得以强化，而传统乡土社会勤勉重农的价值取向、村规民约的道德感召力和约束力都呈现式微之势。也正是在这一意义上，伦理“回到”乡村，并不意味着我们可以回到费孝通先生所说的“乡土中国”。

改革开放以来，价值多元化成为社会文化生活领域的重要趋势，道德领域也出现了种种矛盾和冲突。由于中华民族的传统伦理思想在漫长的小农生产和生活方式的演进中逐渐生成，在乡村社会具有更加深远的影响，因此，伦理传统与现代理念间的冲突与矛盾在乡村社会也更加凸显。党的十九大报告将乡村振兴战略上升为国家发展战略，意在以更有力的举措推动农业全面升级、农村全面进步、农民全面发展。乡村振兴需要中国特色的乡村伦理文化，其生成既无法排斥市场化乃至全球化进程中具有普适性的“现代化伦理话语”，也不能脱离其长期孕育生存的作为“地方性道德知识”的地域伦理文化资源。基于此，重新认识并准确描述当代中国乡村的道德现状及其问题，构建具有中国特色的乡村伦理文化，探寻转型期中国社会新的伦理精神源泉，既是当代中国伦理学研究不可回避的重大理论问题，也是实施乡村振兴战略乃至全面建设社会主义现代化国家亟需解决的重大现实问题。

自20世纪初起，国内外学者就已经开始关注乡村伦理问题，并形成了较为丰硕的研究成果，也为其后的系统研究提供了有益的理论和方法资源。20世纪上半叶，一些国外学者和机构在中国不同区域进行了一些农村调查和农民研究。美国社会学家丹尼尔·H. 考尔普（Daniel H. Kulp，也译为丹尼尔·哈里森·葛学溥）是最早以田野工作方法进入中国村落的学者。他认为，要真正了解中国人的生活，必须深入村落并以“有机的方式”（organic way）对其进行描述，从而揭示其功能、过程和发展趋势。1918—1919年，考尔普带领学生对广东潮州凤凰村进行实地调查，并于1925年出版了《华南的乡村生活——广东凤凰村的家族主义社会学研究》（*Country Life in South China: The Sociology of Familism*），该书对凤凰村的经济、政治、宗教文化、婚姻和家庭生活，以及人口和社区组织的情况做了详细记录和系统分析。后来，中西方学术界众多从事汉族社会研究的学者都纷纷引用考尔普的个案研究方法和相关观点。1921—1925年，金陵大学教授J. L. 卜凯指导学生对中国七省十七个地区进行了为期五年的调查后，于1936年出版了中文版《中国农家经济》。他认为，中国农村贫困的根源是人口过剩和人口过密，解决这一问题的出路是实行人口节制。1907—1945年，日本在我国大连、长春先后设置了“南满洲铁道株式会社”（以下简称“满铁”），并先后在我国东北、华北和华东地区进行了大规模的农村习俗和经济状况调查，调查结果被汇编为《中国农村惯行调查》（6卷），并于1952年至1958年间由东京岩波书店出版。尽管“满铁”的调查是为日本侵华服务的，但其积累的大量田野调查资料，对研究中国乡村社会传统习俗及其影响具有十分重要的学术参考价值。国内外不少学者已经或正在利用这些资料，对20世纪上半叶中国乡村社会和乡村经济发展进行研究，其中一些成果已经产生了重大的影响。

20世纪初，国内一些知识分子也开始意识到，要想改变国家内忧外患的现状，首先必须改变国人的观念，这就需要从占中国绝大多数人口的乡村做起。他们纷纷走向乡村，从农民运动、乡村建设及乡村教育等方面入手，对我国乡村伦理进行理论探究和实践改造。其中具有代表性的是李大钊和毛泽东等进行的农民运动研究和实践、梁漱溟的乡村建设理论和实践、晏阳初的平民教育理论和实践，以及费孝通和陶行知等学者的相关研究。

以毛泽东为代表的一批共产党人运用马克思主义理论，深入农村地区进行调查，指出帝国主义和封建主义的双重剥削是中国农村和农民问题的根源，号召广大农民团结起来进行革命，对乡村进行彻底改造，建设一种符合马克思主义伦理观的新乡村。李大钊是较早关注乡村问题的学者，早在1919年，他就号召青年到农村里去，用思想启蒙村民，让村民勇敢地喊出自己的苦痛，粉碎现有的压迫，主动要求解放。1927年，毛泽东在实地考察了湘潭、湘乡、衡山、醴陵、长沙五县的情况后指出："各种反对农民运动的议论，都必须迅速矫正。革命当局对农民运动的各种错误处置，必须迅速变更。这样，才于革命前途有所补益。"①他总结了湖南农民运动的十四件大事，认为农民运动不仅不应该得到镇压，反而应该得到支持，从而为农民运动正名。作为早期的马克思主义者，李大钊和毛泽东都主张农民群众组织起来，通过农民运动，打破旧有的不合理的伦理规范，从而为乡村伦理重建提供可能。

大约在1926—1937年间，梁漱溟、晏阳初等发起了"乡村建设运动"。梁漱溟在《乡村建设理论》中指出，西方文化的进入造成了"极严重的文化失调"②，其表现是"伦理本位的社会之被破坏"③，中国的出路应该在维护固有传统伦理文化的基础上进行"乡土重建"，从而形成一种新的乡村伦理规范。梁漱溟还在邹平创办"山东乡村建设研究院"。这是五四新文化运动以后，我国学者首次郑重提出并在实践上探讨现代中国乡村社会的道德伦理重建问题，对20世纪30年代国民党政府时期发动的"新生活运动"产生过重要影响。晏阳初认为乡村建设必须对"人"尤其是农民进行教育，用教育去改造人，去重建乡村社会的道德伦理，"创立新的生活方式，建设新的社会结构"④。1927年，陶行知创办南京试验乡村师范学校（后改名为"晓庄学校"），其办学宗旨便是"实施乡村教育并改造乡村生活"⑤，由此掀起了全国各省创办乡村师范的高潮。

在20世纪上半叶的中国乡村研究中，费孝通无疑是最具代表性且影响最

① 《毛泽东选集》第1卷，人民出版社1991年版，第12页。
② 梁漱溟：《乡村建设理论》，上海人民出版社2011年版，第23页。
③ 梁漱溟：《乡村建设理论》，上海人民出版社2011年版，第61页。
④ 宋恩荣主编：《晏阳初全集》第1卷，湖南教育出版社1992年版，第561页。
⑤ 《陶行知全集》第1卷，湖南教育出版社1984年版，第656页。

为深远的人物。1936 年，费孝通在对江苏吴江开弦弓村进行深入调查的基础上写出了博士学位论文《中国农民的生活——长江流域农村生活的实地调查》(即《江村经济》)。在书中，费孝通认为，传统力量与新的动力在中国农村的发展中具有同等重要性，在这两种力量的共同作用下，中国乡村社会的发展既不可能是传统的复归，也不可能是西方工业文明以来乡村发展的复制品。1947—1948 年，费孝通又先后出版了《生育制度》和《乡土中国》，对中国最基层的乡村社会所显现的伦理文化进行了深入的分析和研究。《乡土中国》一书，以不到 6 万字的篇幅，对中国传统乡村的社会结构、人际关系和价值理念进行了精辟的论述。费孝通先生在此书中提出的"乡土中国""血缘和地缘""差序格局""礼治秩序""长老统治"等概念工具，已成为中国传统乡村社会结构和伦理观念问题中的经典概括。

20 世纪中期至 80 年代，一批学者相继在国外出版了关于中国乡村研究的成果。杨懋春撰写的《一个中国村庄：山东台头》一书于 1945 年在美国出版。在书中，作者将自己生长的村庄作为研究对象，通过描写该村庄的家庭生活、农业种植、村内关系冲突和日常孩童游戏等，重点分析了村庄的内部关系以及村庄与外部的联系，将超越村庄的集市视为农民日常生活的基本空间。1975—1978 年，陈佩华(Anita Chan)、安戈(Jonathan Unger)和赵文词(Richard Madsen)对广东陈村 26 位流入香港的知青和村民进行了 223 次深入访谈，撰写了《陈村：毛泽东时代一个中国农民社区的现代史》(*Chen Village: The Recent History of a Peasant Community in Mao's China*)，基于这些访谈资料，赵文词还撰写了《一个中国村落的道德和权力》(*Morality and Power in a Chinese Village*)一书。在这两本著作中，作者们对陈村的社会权力结构和干部权力道德基础等内容做了深入分析。黄宗智利用"满铁"的调查资料撰写了《华北的小农经济与社会变迁》一书，并于 1985 年在美国出版，该书在以充足的历史资料为依据的基础上，提出"不要把商品经济简单地等同于向资本主义过渡"①。1990 年，黄宗智又出版了《长江三角洲小农家庭与乡村发展》，指出长江三角洲农村经济的商品化是以密集的劳动投入为代价换取的，是一种没有发展的"过

① [美]黄宗智：《华北的小农经济与社会变迁》，中华书局 2000 年版，第 307 页。

密型增长”①。他还认为，在 1979 年以后，真正使中国的农村走上现代化发展道路的是乡村的工业化和副业发展所带来的农业生产人数的减少和“过密型增长”的转变。同样基于“满铁”的资料，杜赞奇（Prasenjit Duara）撰写了《文化、权力与国家：1900—1942 年的华北农村》（*Culture, Power and the State: Rural North China, 1900-1942*）一书并于 1988 年出版，该书对华北的村落性质、宗族结构、国家代理人等问题进行了讨论。黄宗智和杜赞奇的村落研究有一个共同点，即都强调历史学、社会学等不同学科之间的融合。

20 世纪 90 年代后，尽管西方学术界的乡村研究因乡村的萎缩及“农民的终结”（孟德拉斯语）而呈趋冷之势，但有关中国农村和农民问题的研究仍然是国内学术界的研究热点，一些学者开始尝试从村落文化、社会心理等新的视角来透视乡村社会的发展。王沪宁撰写的《当代中国村落家族文化——对中国社会现代化的一项探索》（上海人民出版社 1991 年版），探讨了村落家族文化在传统社会乃至现代社会中的作用。他指出，村落家族文化尽管在现阶段有其积极的一面，但更多的是与现代化不相适应的因素。因此，村落家族文化的消解是历史趋势，回复是特定现象。王铭铭的《村落视野中的文化与权力：闽台三村五论》（生活·读书·新知三联书店 1997 年版），讨论了地方民间传统在现代化进程中的地位以及民间互助模式、生活观念、道德意识、权威制度等问题。周晓虹的《传统与变迁：江浙农民的社会心理及其近代以来的嬗变》（生活·读书·新知三联书店 1998 年版），考察了近代以来，尤其是新中国成立以来，江浙地区农民的社会心理、思想观念和行为方式在农村经济发展和社会结构变化的影响之下所发生的显著变化。

自 21 世纪起，我国乡村伦理研究进入快速发展的阶段。尤其是党的十六届五中全会提出建设社会主义新农村的要求以后，学者们从乡村经济建设、政治建设、文化建设、社会建设等方面对新农村建设的意义、内容和具体路径进行了分析和探讨，也有不少学者开始从伦理视角关注新农村建设。仅以中国知网（CNKI）上的文献为样本，以“乡村伦理”或“农村道德”为主题检索词精确检索，检索结果为：1979—2021 年共有 1988 篇研究论文，其中 1979—1999 年

---

① ［美］黄宗智：《长江三角洲小农家庭与乡村发展》，中华书局 2000 年版，第 12 页。

仅有75篇，2000—2021年共有1913篇。尽管这一数据与其他成为热点的研究方向相比还存有差距，但已然显示出21世纪以来乡村伦理良好的发展态势。这一时期，一些有关乡村伦理研究的著作陆续问世，如：《体制转变时期农村道德建设》（李步楼主编，中华工商联合出版社2003年版）；《新时期农村道德建设研究》（刘建荣，中国社会科学出版社2004年版）；《乡土伦理——一种跨学科视野中的“地方性道德知识”探究》（王露璐，人民出版社2008年版）；《新农村道德建设研究》（罗文章，当代中国出版社2008年版）；《西北农村道德观察书》（符晓波，人民出版社2012年版）；《中国农村思想道德建设研究》（王双印，华中科技大学出版社2020年版）；等等。

然而，较之其他学科对中国乡村的理论关注和取得的成果，伦理视角下的乡村研究相对薄弱，在某些领域和具体问题上，伦理学还处于“尚未进入”或“准备进入”的前理论状态，存在研究内容不够均衡、研究成果较为零散、研究方法交叉不强、体系建构相对滞后、田野调查规范不足等问题。[①] 从学术层面上看，中国乡村伦理研究的理论价值在于以下三点。其一，乡村是中国政治、经济、文化和道德生活的根基，也是中国伦理文化孕育和生成的源头。因此，回归“乡土”，面向乡村，是转型期中国伦理学体现实践性乃至获得生命力的重要源泉。深入探讨中国乡村伦理的历史传统和当代问题，对于深化有关中国乡村伦理的传统、发展、嬗变和转型的研究具有开创性价值。其二，中国乡村伦理研究有助于我们厘清中国传统乡村伦理与现代乡村伦理的关系，准确把握中国乡村伦理发展的一般规律和历史脉络，深刻理解中国乡村伦理的理论和实践特质，并在此基础上凸显这一研究的方法论意义。走进“乡村”的伦理学应当以一种“自下而上”的方式获取新的道德知识资源，这一方法不同于传统伦理学“自上而下”的、从理论出发的严密逻辑推演和论证，而是既坚持道德生活史的基本立场以真实还原和描述乡村道德生活的历史图像与实存状态，又通过逻辑推演与学理论证将琐碎而平凡的道德生活经验提升为具有普适价值的理论范式。[②] 其三，通过对中国乡村伦理的系统研究，准确、完整、全面地

① 刘昂、王露璐：《20世纪以来的中国乡村伦理研究：进展、现状与问题》，《伦理学研究》2016年第3期。

② 王露璐：《乡土伦理——一种跨学科视野中的“地方性道德知识”探究》，人民出版社2008年版，第20页。

概括我国乡村伦理的传统特色、历史变迁和现代转型，构建具有中国特色的乡村伦理研究的理论体系，既能显示伦理学研究的“中国问题意识”，也能够更好地凸显当代中国伦理学学科体系的“中国特色”，打造伦理学研究的“中国话语”。

转型期的中国乡村社会，从伦理视角看，与传统乡村社会生产、生活和交往方式相契合的“乡土伦理”逐渐“退场”，带来了乡村伦理关系和道德生活的巨大变化。然而，与“新乡土中国”相契合的“新乡土伦理”尚未真正建构并“出场”，由此产生的乡村社会伦理“缺场”现象，也带来了乡村伦理传统理念与现代意识间的种种矛盾和冲突。而其所导致的乡村伦理共同体的断裂和乡村伦理文化的流失，不仅使仍旧居住在乡村的广大农民产生了诸多道德困惑，也引发了整个社会关于“留住乡愁”的探讨。正如习近平同志所强调的，“新农村建设一定要走符合农村实际的路子，遵循乡村自身发展规律，充分体现农村特点，注意乡土味道，保留乡村风貌，留得住青山绿水，记得住乡愁。”①从这一意义上说，中国乡村伦理研究不仅在学科层面上有助于伦理学更好地“进入”乡村，亦在实践层面上有利于探寻留住“乡愁”的伦理路径。具体而言，通过对中国不同区域典型村庄的田野调查，能够对某一村庄及其所代表的地域伦理文化传统及道德状况给出准确判断和分析，这既有助于对其道德建设路径给出具有实践操作性的对策建议，也有利于乡村伦理文化地方性经验的传播及不同地区乡村伦理文化的有效整合。同时，对中国乡村伦理的全面梳理和系统阐释，有助于准确把握中国乡村伦理的理论和实践特质，在此基础上，方能构建既传承中国传统乡村伦理又契合当代市场经济发展要求的现代乡村伦理观念和道德规范。

二、伦理学何以“进入”乡村：中国乡村伦理研究的四个基本方面

中国乡村伦理研究是一个庞大的学术系统工程。从时间维度上看，自先

① 《习近平在云南考察工作时强调　坚决打好扶贫开发攻坚战　加快民族地区经济社会发展》，《人民日报》2015 年 1 月 22 日。

秦直至近代以来，中国乡村伦理在不同历史时期既有共性的特征，也呈现出不同的时代特点；从空间维度上看，中国乡村发展极不平衡，乡村伦理的区域性和地方性特点丰富多样、差异明显；从涉及领域上看，乡村家庭关系、经济发展、社会治理、民主政治、生态文明等方面均有大量值得探究的伦理问题，而乡村改革进程中的分配公平问题、人际信任问题、道德秩序问题等，更成为乡村发展中亟待解决的重要问题。因此，尽管伦理学"进入"乡村需要构建一个较为完整、系统的研究体系，但是，完整、系统不等于也不可能是面面俱到的。无论从中国乡村伦理研究力图体现的"中国特色"和"乡村特色"考虑，还是基于当前乡村伦理问题的现实性和急迫性，乡村家庭伦理、经济伦理、生态伦理和治理伦理，都可以而且应当成为伦理学"进入"乡村首先关注的四个基本方面。

（一）中国乡村家庭伦理研究

家庭是社会的细胞，中国传统家庭伦理对传统乡村社会的稳定运行发挥了极为重要的作用。在传统的农业社会，经济生活和家庭生活是统一的，传统农民的职业活动和家庭生活是不可分割的整体。这也使家庭（家族）的道德教化和养成成为传统乡村社会道德传承的重要方式。对于一个农民而言，"做事的本领和处世之道是同一种经验：在他的孩提和少年生活中，耕作技术与家庭的田地联系在一起，像语言或礼节等其他职业生活和社会生活的'技术'一样，耕作技术是在田地里学到的，并纳入一种生活方式。"①中国传统家庭伦理基于封闭的自然地理环境、男耕女织的小农经济、家国同构的社会政治背景、群体本位的价值导向等社会历史条件而产生，以父子人伦为主轴，以孝为核心，强调家庭本位，强化父慈、子孝、夫义、妇顺、兄友、弟恭等道德范畴，对传统乡村社会的发展发挥了一定的作用。

中国传统乡村家庭伦理根植于农耕文明的生产和生活方式，在近代中国走向现代化的历程中，传统家庭伦理文化在"古—今—中—外"的思想碰撞中被裹挟着进入了现代化的浪潮之中，家庭伦理开始了现代转向。在中国共产党领导的革命和建设过程中，乡村家庭伦理伴随着社会的发展发生了巨大的变化。这一变迁过程大致经历了三个时期：近代社会阶段（从鸦片战争后至

① ［法］孟德拉斯：《农民的终结》，李培林译，社会科学文献出版社 2005 年版，第 82 页。

五四新文化运动)、新民主主义革命与社会主义制度建立和发展阶段(中国共产党成立至“文革”结束)、现代改革开放阶段(1978 年至今)。在这一过程中,家庭伦理精神从传统的家庭本位价值取向转向个人和家庭双重价值取向,夫妻人伦规范从夫权中心转向平等伙伴,父子人伦规范从单向度的孝发展为双向度的爱。[①] 尤其值得注意的是,农村家庭联产承包责任制的广泛推行以及新时期农村土地流转等政策的实施带来了生产方式的变化,市场经济的迅速发展使得功利化倾向渗入乡村社会生活中,中西方文化的交流带来农民思想的解放,频繁的社会流动使得交往对象不断增多,交往范围急剧扩大……这些都使乡村家庭结构、关系和功能发生了巨大的变化,也带来了乡村家庭伦理关系的调整:经济上的独立提高了家庭成员的独立人格意识,降低了对家庭的依赖感,导致婚姻关系和亲子关系的松散;大量农民异地务工,带来家庭(家族)道德教育和传承的式微;计划生育政策及新的“三孩”生育政策的施行,使传统生育观和孝亲观念面临新的挑战。概而言之,乡村婚姻家庭领域出现了很多新的道德冲突和问题。尤其是引起全社会广泛关注的留守儿童问题、农村养老问题等,不仅是关系到家庭和谐和个体幸福的问题,更是关涉到整个社会稳定和未来发展的重大现实问题。

乡村家庭伦理的演变是中国传统乡村伦理向现代乡村伦理转型的重要方面。农村改革中城市化进程的加快,促使乡村家庭结构、关系和功能都发生了一定的变化,也导致亲子关系的淡薄和孝亲观念的弱化。与此同时,传统家庭的生产、生活、教育等功能更多地转移给社会。在这一背景下,如何正确看待乡村家庭伦理在乡村社会发展中的变化,如何发挥其在新农村道德建设中的突出作用,如何构建适应经济社会发展要求的现代乡村家庭伦理体系,尚未引起理论和实践层面足够的重视。这就需要通过对乡村生产、生活方式变化及其所导致的家庭结构、关系和功能变化的探讨,阐释传统家庭伦理的现代发展,把握乡村家庭伦理的发展规律,为新时期城镇化背景下乡村家庭伦理建设提供理论依据。同时,通过理论与实践相结合的研究,把握转型期乡村家庭伦理的现状、问题及不足,阐述乡村家庭伦理关系的变化及其在当今乡村社会发

---

① 李桂梅:《冲突与融合:中国传统家庭伦理的现代转向及现代价值》,中南大学出版社 2002 年版,第 1-2 页。

展中的作用，探索新时期现代乡村家庭伦理的构建路径。

（二）中国乡村经济伦理研究

以自给自足的生产方式和相对封闭的生活方式为基本特征的中国传统乡村经济，产生了与之相契合的、具有“乡土特色”的乡村经济伦理，对中国乡村经济的发展产生了重要影响。改革开放以来，在中国农村经济改革及其所带来的日趋深刻的变化中，传统乡村经济伦理的传承和变迁已经并将进一步影响我国乡村社会经济的发展。被视为中国改革之发轫的农村家庭联产承包责任制，从根本上改变了计划经济体制下农村低效的生产方式和平均主义的分配方式，极大地调动了农民的积极性，促进了中国乡村经济的巨大发展。在这一过程中，农民安土重迁、惧怕变革等保守意识逐渐削弱，自主自立、求富争先、开拓创新等新型理念日渐增强。乡镇工业的异军突起，“农民工”这一新型劳动大军的迅猛发展，使大量传统农民转变为职业工人。伴随着这种角色转换所带来的生产、交换（交往）、分配、消费方式的变化，今天的农民产生了与市场经济相契合而难以在农耕活动中生成的效率意识、时间意识、信用意识、契约意识、责任意识和权利意识等现代伦理观念，乡村社会的伦理关系和道德生活样式也由此改变了。与此同时，农民传统经济价值观与现代经济价值观之间的冲突也日益凸显，乡村经济发展中的分配不公平、诚信缺失等问题，也成为亟待解决的伦理难题。

由是观之，中国乡村经济伦理的研究重在考察乡村经济发展与伦理道德的互动关系，重点关注乡村生产、交换（交往）、分配、消费四个环节中的伦理问题，尤其是乡村市场化进程中生产方式的变化和利益调整所带来的农产品生产和经营的伦理规约、乡村分配正义、农民经济价值观变化等问题。具体而言，中国乡村经济伦理研究主要涉及的问题包括如下四点。其一，中国乡村经济伦理的传统特色与历史变迁。通过阐释中国传统乡村社会一般特征和中国传统乡村经济伦理在生产、交换（交往）、分配、消费方面的主要特征，展现中国乡村经济伦理思想的发展历程及其在不同历史阶段的主要特征。其二，中国乡村经济伦理的发展规律。借鉴伦理学和其他相关学科的理论成果，深入研究乡村经济发展与伦理之间的关系问题，系统梳理把握中国乡村经济伦理的发展规律，寻求推进中国乡村经济伦理发展的指导原则。其三，当代中国乡村经济伦理的现状分析。通过实证调查和数据分析，全面掌握中国乡村经济伦理发展的现状，初步描绘中国乡村经济伦理的“图像”，分析乡村经济伦理存在的问题及其原因。其四，现代中国乡村经济伦理的重建路径。汲取传统乡村经济伦理中的有益成分，不断借鉴和融合现代理念，实现中国乡村经济伦理的不断提升与优化。在具体操作路径上，需要根据中国乡村经济伦理建设的现状，不断转变农民经济价值观念，提升农村经济政策的道德含量，优化农业经济发展的道德环境，从而为乡村经济发展提供有效的伦理支撑和精神动力。

（三）中国乡村生态伦理研究

伴随着国家环境保护相关法规制度的完善和公众环境意识的提升，我国城市环境在整体上趋于好转，与此同时，转型期乡村市场化、城市化、工业化进程的快速推进，却使得我国广大农村的环境趋于恶化，农民成为环境污染的主要受害群体。从一定意义上说，近年来我国城市环境的改善建立在农村环境恶化的基础上，由此，环境公平成为当前城乡关系中不可忽视和回避的重要问题。应当看到，在现代化进程中，中国乡村一直面临着“经济发展不足”和“经济发展不当”的问题。前者表现为乡村经济发展落后，农民生活水平低于城市居民；后者表现为以破坏自然环境的方式发展经济，造成乡村环境污染加剧。如何处理好乡村发展与环境保护之间的关系，化解“绿水青山”和“金山银山”之间的冲突，实现乡村发展和乡村生活的“生态化”，既是当前乡村发展中亟待解决的问题，也是整体上实现生态文明的重要环节。

中国传统乡村的农业生产和生活模式本身是生态化的，大体达到了一种“天人合一”的状态。然而，随着乡村城市化、工业化进程的加快，传统的农业生产方式受到侵袭，乡村环境污染和破坏问题逐步凸显并日趋严重。乡村生态问题的产生，既有农业的市场化和乡村工业化的推进所造成的污染增加和转移，更深层的原因在于价值导向上的误区。长期以来我国经济社会发展中形成的农村与城市的现实差距，尤其是牺牲农民利益的做法，使得人们形成了这样一种价值观念：工业经济是一种优于农业经济的经济发展方式，城市生活是一种优于农村生活的“好生活”。正是因为这种价值观念的误识，人们总是向往和认同工业经济和城市生活，歧视和排斥农业经济和乡村生活。

中国乡村生态伦理研究的最终目的是促进乡村生产方式和生活方式的生态转型，因此，应当着力解决三个主要问题。第一，如何通过乡村生态伦理的研究和实践，助推乡村经济突破单一的工业化模式而向生态经济转型，实现乡村生态经济发展与自然环境保护的统一，真正实现“绿水青山就是金山银山”，是中国乡村生态伦理研究必须面对和解决的首要问题。第二，通过乡村生态经济责任承包等具体的制度设置，强化农民对发展生态农业经济的主体道德责任，转变生活方式，提升生态伦理意识，履行生态责任，实现生态责任与经济效益的统一，是中国乡村生态伦理应当研究解决的又一问题。第三，中国乡村生态伦理的研究与建设必须转变人们的价值取向，树立一种“美丽乡村的生态生活优越于城市生活，生态经济价值高于工业经济价值”的理念，从而吸引更多的人投身于美丽乡村建设，致力于生态化的农业经济运作。

（四）中国乡村治理伦理研究

党的十八届三中全会提出推进国家治理体系和治理能力现代化，引发了众多学科关于治理理论和路径的热烈探讨。2015 年中央一号文件进一步提出创新和完善乡村治理机制，凸显了乡村治理问题的重大现实意义。应当看到，伴随着城镇化进程的不断加快，乡村治理面临着新的挑战。传统的乡村礼治秩序难以料理市场化条件下愈加复杂的乡村利益关系和矛盾，新型的法治秩序又尚未获得足够的认同，由此造成了当前乡村社会秩序维系中的诸多冲突和问题。因此，从根源上说，建构与当前中国乡村市场经济发展及工业化、城镇化相适应的现代乡村治理伦理，并由此重塑能够促进乡村发展并回应农民公正诉求的乡村伦理秩序，是实现具有中国特色的“乡村治理现代化”的理论和实践根基。

中国传统乡土社会以“礼”来维持和保障秩序，是一种典型的礼治社会。在漫长的封建统治中，“皇权不下县”的国家机构设置使中国传统乡村社会最基层的自治管理程度远远高于城市，实现这种自治管理依靠的“伦理”则往往表现为各种成文或不成文的村规民约。而村规民约的制定和执行，主要依靠家族、宗族或村中声望较高的长老、族长或士绅。并且，“维持礼俗的力量不在身外的权力，而是在身内的良心。”[①]也正因为如此，无论是李大钊、毛泽东等进行的农民运动研究和实践，还是梁漱溟、晏阳初的乡村建设运动，都始终强调通过农民的“解放”和“改造”来“创立新的生活方式，建设新的社会结构”[②]，从而以主体的伦理改造重建乡村治理的根基。

中国乡村治理伦理的研究，旨在从伦理的视角阐释中国传统乡村社会的组织结构、乡村治理的基本特征及其现代转型，分析当前乡村治理中存在的伦理问题并提出有针对性的实践操作路径，从而构建切实可行的乡村治理伦理范式。首先，价值目标是治理的根本。中国乡村治理伦理的价值目标是实现广大农民的利益，这一目标的实现在宏观层面需要国家政策对农业、农村、农民的保护和倾斜，在中观层面体现为新农村建设目标在某一村庄的具体实现，在微观层面则表现为农民物质和精神生活的全面提升。其次，制度操作是治理的核心。中国乡村治理既需要依靠正式的规章制度，也需要以各种传统习俗、地方习惯为代表的“地方性道德知识”所形成的非正式制度安排，并且，这种非正式制度被容纳和汲取的方式会直接影响治理的效果。最后，路径选择是治理的关键。治理主体的多元性和治理制度的多样性决定了乡村治理伦理路径的复杂性。政府“自上而下”的治理方式与正式的法律和制度相结合，形成了乡村治理的“法治”逻辑和路径，而以村庄领袖、乡贤、村民等为基础的治理方式与非正式的风土民俗相结合，形成了乡村治理的新型“礼治”逻辑和路径。乡村治理伦理应该在两者的紧张共生中寻找合理的平衡点，从而探索出一条乡村治理伦理的合理路径。

应当看到，中国乡村社会的家庭关系、经济发展、生态保护和社会治理不可分割且有着密切的内在关系，这也使中国乡村伦理研究的上述四个方面有着紧密的内在逻辑关联。费孝通先生在其经典著作《乡土中国》中，开篇即明确提出：“从基层上看去，中国社会是乡土性的。”[③]华夏文明是建立在自给自足的农耕生产和生活方式基础上的农业文明，乡土关系则是中国传统农业社会中的基本关系。这种乡土关系既包括人与人之间的关系；也包括人与自然，即

① 费孝通：《乡土中国》，人民出版社 2015 年版，第 68 页。
② 宋恩荣主编：《晏阳初全集》第 1 卷，湖南教育出版社 1992 年版，第 561 页。
③ 费孝通：《乡土中国》，人民出版社 2015 年版，第 1 页。

农民与其耕种的土地之间的关系。血缘和地缘、差序格局等关系，均是由这一基本关系派生的。对土地的依赖和以土地为根基的经济行为，使血缘关系成为中国传统乡村社会的主要纽带。长期定居、依附土地而缺乏流动的农耕生产方式和生活方式，使得以血缘为纽带的家庭、家族和宗族得以繁衍和维持，并在血缘和地缘的人际关系基础上，形成了以"差序格局"为基本特征的乡土社会基层结构。可见，中国传统乡村社会的生产、生活方式，使其家庭伦理、经济伦理、生态伦理和治理伦理呈现出典型的"乡土"特色，并产生相互间的密切关系。伴随着转型期乡村工业化、城市化和农民市民化、流动性的加强，传统的乡村生产、生活方式发生了巨大变化，乡村家庭结构、关系、功能和变化，乡村分配模式的改变和农民经济价值观的变化，乡村生态环境与经济发展之间的冲突，乡村秩序维系方式的改变，既是生产、生活方式变化的结果，又相互之间产生密切的关联和紧张，既带来一定的冲突与矛盾，又由此产生推动乡村发展的某种张力。因此，中国乡村伦理研究必须始终关注和反映这种内在的逻辑关系。

三、伦理学如何"进入"乡村：中国乡村伦理研究的基本立场与方法

中国乡村伦理的研究目标和主要内容，使其在基本立场和方法上既与已有的研究有相似之处，又呈现出自身独特的研究路径与方法资源。换言之，伦理学"进入"乡村应当秉持的基本立场和采用的方法资源主要包括以下四点。

第一，坚持唯物史观的基本立场，从中国乡村社会的生产和生活方式及其所决定的经济关系中把握中国乡村伦理的基本特征和发展规律。

恩格斯曾经指出："人们自觉地或不自觉地，归根到底总是从他们阶级地位所依据的实际关系中——从他们进行生产和交换的经济关系中，获得自己的伦理观念。"①也就是说，道德受一定社会的经济发展水平和经济制度的制约，其产生、内容及作用范围由社会经济关系和作为经济关系表现的利益及利益关系决定。因此，只有从经济关系特别是利益关系的变动中，才能找到把握

① 《马克思恩格斯文集》第9卷，人民出版社2009年版，第99页。

道德变化发展规律的正确路径。马克思在《路易·波拿巴的雾月十八日》一文中对小农及其伦理特征的经典分析正是这一逻辑思路的具体体现。他以“一袋马铃薯中的一个个马铃薯”比喻小农缺乏社会交往与市场交换的生产方式和生活方式，并由此阐释小农保守、落后的思想意识和道德观念。从中国乡村社会发展不同时期的生产方式和生活方式中理解乡村经济关系和日常生活的基本特征，从而把握乡村伦理关系和道德生活的变化，揭示中国乡村伦理发展的基本规律，是贯穿中国乡村伦理研究的“一根红线”。易而言之，无论是对中国乡村伦理传统特色、历史变迁和现代转型的概括以及对中国乡村伦理发展脉络和一般规律的把握，还是对乡村家庭伦理、乡村经济伦理、乡村生态伦理和乡村治理伦理的具体研究，都应始终贯穿着唯物史观的基本立场和思路。

第二，借鉴道德叙事学（moral narratives）的方法，秉持“村庄进入”与“主体贴近”的思路，通过深度访谈的定性研究与问卷调查的定量研究相结合的田野调查，揭示村庄这一伦理共同体的道德传统与特质。

中国是一个农业大国，乡村发展极不平衡，区域性和地方性特点丰富多样，地域伦理文化传统亦呈现出明显差异。因此，在研究中国乡村伦理时，选择具有典型意义的若干村庄作为研究对象，是使这一研究更具可行性和可操作性的合理路径。费孝通先生早在 1939 年就对村庄研究的方法论价值进行了阐释，指出“为了对人们的生活进行深入细致的研究，研究人员有必要把自己的调查限定在一个小的社会单位内来进行。……被研究的社会单位也不宜太小，它应能提供人们社会生活的较完整的切片”，因此，“把一个村子作为单位最为合适”。[①] 今天的中国乡村已然发生了巨大变化，但村庄依然是中国乡村的基本单位。村民们在共同的日常生产与生活中仍会自然地产生出一种基于心理认同和身份认同的村庄共同体意识。近年来，不同学科的村庄研究对这种村庄共同体内部的伦理认同基础和表现、共同体内部的人际信任度和凝聚力等问题进行了分析，其思路、方法和成果对中国乡村伦理研究具有重要的借鉴和参考价值。

第三，选取不同区域具有典型意义的若干村庄作为田野调查个案，处理好“地方性道德知识”的个别探究与中国乡村伦理的整体把握之间的关系。

---

① 费孝通：《江村经济：中国农民的生活》，商务印书馆 2001 年版，第 24 页。

如何处理好中国乡村伦理研究中“地域特殊”与“整体一般”之间的关系？从一定意义上说，中国乡村发展的不平衡性及其丰富的地方性特色，使这一问题既成为中国乡村伦理研究不可或缺的重要内容，同时又是面临困境的焦点与难点问题。一方面，离开基于田野调查对村庄共同体伦理关系和道德生活的真实还原，中国乡村伦理研究无疑将成为空洞的概念堆砌或是远离乡村的道德想象；另一方面，田野工作在时间、人员、精力等方面的可行性限制，使其永远无法穷尽所有的村庄而只能局限于有限的村庄个案，因而无法充分反映中国乡村社会的地域差异性，也不足以构成判断和应对中国乡村社会复杂性的充分论据。换言之，即便我们通过规范而严谨的田野工作获得了若干“乡村伦理的村庄图像”并基于此建构了若干“地方性道德知识”，却依然无法因此而自然地得出中国乡村伦理的整体性认识和规律性判断。其原因在于，“中国乡村伦理”显然并不等于若干“地方性道德知识”的简单相加。但这并不意味着，中国乡村伦理的研究可以完全放弃“地方性道德知识”的探究而另辟蹊径。尽管田野调查中村庄样本的有限性限定了问题的讨论域，其所得出的结论和判断既无法“放之中国而皆准”，更无法直接运用于某一特定的村庄。然而，不同区域具有典型意义的若干村庄在地域分布、生产模式、经济状况、文化传统等方面的差异性和代表性，仍然可以为呈现当前中国乡村社会的道德问题和规律提供具有典型意义的田野论据。

第四，运用建立在伦理学、社会学、经济学、政治学、人类学、民俗学的交叉透视基础之上的跨学科视景透视，同时注重凸显伦理学的基本理论视角。

马克思、恩格斯曾在《德意志意识形态》中指出：“道德、宗教、形而上学和其他意识形态，以及与它们相适应的意识形式便不再保留独立性的外观了。它们没有历史，没有发展，而发展着自己的物质生产和物质交往的人们，在改变自己的这个现实的同时也改变着自己的思维和思维的产物。”①也正是基于这一立场，马克思在《路易·波拿巴的雾月十八日》一文中，通过对大量历史资料的分析，全面论证了小农的土地所有制、生活方式、社会心理及官僚行政体制和社会政治结构，并阐释了其相关性。同样，中国乡村伦理发生、发展和变迁，始终无法脱离中国乡村社会的生产方式、生活方式及其所决定的乡村利益

① 《马克思恩格斯文集》第1卷，人民出版社2009年版，第525页。

关系的变化和发展。换言之，我们无法想象独立于乡村经济、社会和生活之外的所谓抽象的“乡村伦理”或“乡村道德”，也无法构建作为独立的知识系统和知识体系的所谓“乡村伦理学”。由此，只有把伦理学的知识体系与其他相关知识体系结合起来，才能避免中国乡村伦理的研究流于抽象和空洞，也才能形成对中国乡村伦理的客观、全面、准确的阐释。

中国乡村伦理研究所面临的问题是复杂的，无论是从时间上对其在不同历史时期的纵向梳理，还是从空间上对具有丰富地域特色的“地方性道德知识”的探究，或是从领域上对乡村家庭伦理、乡村经济伦理、乡村生态伦理和乡村治理伦理的阐释，都必然涉及社会学、经济学、政治学、人类学、民俗学等相关学科的理论和方法资源。易而言之，任何一种单一的学科视角和方法都无法给出全面的理论分析和具有实践操作性的对策路径。但是，值得注意的是，强调中国乡村伦理研究的跨学科视角与方法，并不意味着中国乡村伦理的研究可以失去伦理学这一基本的学科和理论视角。换言之，中国乡村伦理的研究，既应当坚持道德生活史的基本立场，又必须超越琐碎而平凡的道德生活经验；既需要借鉴和使用众多学科的理论和方法资源，又必须始终体现伦理学学科视角和理论方法的主体性。失去了伦理学的基本理论立场，中国乡村伦理的研究或将停留于对乡村道德生活或问题的简单描述，或将沦为单纯的史料整理及文献堆砌。显然，这样的中国乡村伦理研究既不能准确地分析问题，更无法体现其应有的理论价值、学科价值和实践价值。

第一章

伦理与中国乡村社会

乡村，以往总是落后、传统、保守的代表，它似乎站在了城镇化的对立面，是现代化进程亟需革除的障碍。当下城镇化进程正在如火如荼地开展，一系列“城市病”开始呈现出来，人们逐渐厌倦了单一的毫无历史感的城市文化，希望重回乡村，亲近乡土，寻求生活之根本。可见，失去了乡村内在脉络的维系，城市空有其形，成为无人情味的硬质空间。真正成为现代化阻碍的，不是乡村伦理秩序的存在，而是对其的无视。如今的中国是“流动中国”，以重构秩序的名义重回封闭与静止并非大势所趋，只有看到“流动”背景下之“不变”，重拾乡村社会伦理之根，才能促进城乡真正意义上的有机融合。

第一节 乡村社会及其伦理内涵

中国社会是乡土性的，强调的是人与地割舍不开的联系，其中维系乡村社会秩序的不是法治，而是礼治，从这个意义上来说，中国社会是伦理社会。然而这种伦理性的形成和延续是有其特定条件的，具体应当追溯到乡村的概念、边界及类型。

一、乡村的概念及其相关维度

乡村，也作乡邨，从描述性的角度，可定义为以农业活动为基本经济内容，人口数量较城镇分散，社会结构较为简单、雷同，地理环境较为隔绝的地方。中国人对于乡村的叫法种类繁多，随场合、历史、时代、角度不同而不同。

（一）乡村的概念

以生态地理环境状况来定义乡村，最常见的说法有村庄、村落、村屯、湾子等，着重强调“村”之地理环境的隔绝以及农民居住的聚居状态。乡村空间整体地广人稀，呈现为单个聚落定居人口规模小，且往往有山脉或者水网等将乡村地段与城市地段割裂开来。此时，乡村与城市来往较少，形成了相对隔离的状态，这是乡村与城市之间物理距离与社会交往交互作用的结果。

以农业生产的职业来定义乡村，最常见的说法是农村，指主要以农业生产为主的地域，劳动人民聚集地是农村聚落和村庄。费孝通以开弦弓村为例，指出农业是农村的基本职业，此外还包括专门职业、渔业和无业，其中专门职业包括在城镇从事专门职业的、纺丝工人、零售商、航船、手工业和服务行业，但占人口总数三分之二以上或 76% 的人，主要从事农业。[①] 随着我国农村经济的发展，农民还从事建筑业、工业、运输业、商业等非农业行业，因而以“乡村”一词替代农村更为贴切。

以文化特征和社会结构来定义乡村，譬如，乡土、家乡、故乡、乡里等词语蕴含着家族、根基、家风传承等历史文脉关系，小说诗歌里提到的乡情、乡思、乡愁等词语都表达了诗意的文化精神以及闲暇的田园生活方式。此时乡村不仅是地理学概念，更蕴含着乡村历史文脉的记忆，这种记忆来自过去零散的经验、习俗的总结，一旦成为村规民约，则会获得外在约束力反过来观照乡村生活的未来。村民们拥有的相同记忆越多，那么村民间关联度越强，村规民约的约束力越强，村民行为模式受乡土记忆的影响越持久。换言之，拥有共同记忆的村民对自己未来好的预期也不尽相同，这种预期约束了村民当下的行为，此时村民生活的时间轴不在当下，而在未来。

“乡村”一词与上述三个角度相互关联，是一个描述性的词语。从其常用语境来看，乡村多用来描述与世隔绝的生态地理环境，与城市相对。究其本质，乡村并不是一个静态的地理学概念，而是动态的社会学概念，因为传统乡村本身就具有共同体属性。费孝通把村庄视为我国传统社会在经济和社会生活层面最基本且功能完整的单位。黄宗智承认村落共同体的存在，并且村庄

---

① 费孝通：《江村经济：中国农民的生活》，商务印书馆 2001 年版，第 126-128 页。

会随着经济发展、社会结构和外来势力的影响而变迁。施坚雅认为由数个村庄共同构成的基层市场共同体是农民生活的边界,而非他们所生活的狭窄村落。乡村共同体的动态演变影响了乡村边界的界定及其类型的划分。

(二)乡村的边界

在对乡村进行归类前,应先对乡村的边界进行界定。总体来看,乡村边界可分为疆域性边界与非疆域性边界,疆域性边界是指以土地所属、行政关系等划分的界限范围,而非疆域性边界是指根据一个村庄的生活圈子、人际关系网、经济市场网络等划分的范围。① 简言之,乡村的边界往往体现为地缘边界,乡村共同体的边界,本研究将其概括为血缘边界、组织边界和业缘边界。②

传统乡村村界较为封闭,地缘关系基本上与血缘关系相重合。所谓血缘关系,是指以血缘和婚姻家庭关系为基础而形成的人际关系,以及由此派生的其他亲属关系。地缘关系则是指由人们在一定的地理范围内共同生产、生活、交往而产生的人际关系,如远亲不如近邻往往指的就是这种关系。当然,地缘关系也包括施坚雅提及的农民与临近村庄间的基层市场往来,这种基层经济交往也促进了血缘关系的扩张。但当时地理、交通等历史条件的局限性决定了这种交往在村与村间跨度不会太大。因此,基于地缘边界和血缘边界组成的村界就是一般意义上的传统乡村的村界。

新中国成立以后,我国农村集体化和人民公社制度逐渐建立起来,生产队与农村社区以集体产权为边界,这种通过后天人为的制度建构起来的权利与义务明确的边界称为组织边界。此时的组织边界中的"基于土地的集体所有及承包关系,农民归属于一定的'集体',享有相应的权利。村委会组织及党支

---

① 折晓叶:《村庄边界的多元化——经济边界开放与社会边界封闭的冲突与共生》,《中国社会科学》1996年第3期。

② 村界不仅仅是一个静态封闭的地理学概念,还包含着动态的人际活动关系网。这种关系网络不是固定紊乱的,而是开放且有序的。传统乡土伦理以乡村地缘为界,以血缘宗亲为基,建构出了"差序格局"式的熟人圈秩序。差序格局是费孝通在《乡土中国》一书中提出的,他认为中国乡村社会结构好像把一块石头丢在水面发出一圈圈推出去的波纹,每个人都在他所推出去圈子的中心,他人被波纹圈子所及便与中心之人发生联系。因此,每个人处在不同地缘和血缘网络交织节点中,个缘与个缘各不相同。所谓"熟人圈"的"圈界"也不是固定不变的,会随着中心个人能量的大小适时增大或缩小,但基本的波纹格局不变。若将村庄视为一个共同体单位,那么村界也是差序格局中的"圈界",界可变动,但基本格局(波纹,笔者将其称为"缘")不变,那么笔者认为村界可具体概括为地缘边界、血缘边界、组织边界、业缘边界。

部组织也是在这种集体范围内组建起来的。集体的土地边界及产权边界也是村民、村庄及村组织的边界。”①此时的组织边界对外具有强烈的封闭性和排他性，对内具有回护性。因为由上而下的组织在一定程度上冲击了传统的血缘格局，大家族式自治秩序受到冲击，但基层农民的家庭伦理认知未变，从而对上层组织力量产生张力，20 世纪 80 年代推行的家庭联产承包责任制便顺应了这一伦理事实，以“建立在土地产权集体所有和以户籍为基础的村籍身份的村民自治”取而代之，甚至出现了“人—地—籍”分离现象，经营模式也逐渐多样化。②

业缘说到底是血缘意识和地缘意识的泛化，是农民就业多元化和乡村城镇化的产物。业缘指以职业、事业、学业等原因引发的常态性交往产生的特殊亲近关系。业缘不同于地缘拥有明确的界限，也没有血缘的稳定种属关联。业缘流动性较强，会随着个人职业圈子的变更而变更，且受外界因素（如科技发展、政策革新、社会动荡等）影响较大。与血缘边界相似之处在于业缘也可以“亲亲相隐”和“近亲繁殖”。农民可以通过子女及其亲属在城市的非农就业实现“接力式”进城，甚至可以通过高质量业缘获得阶层的提升。

地缘边界和血缘边界构建了形成地方性共识的“熟人圈”社会，而组织边界和业缘边界推动了“熟人圈”社会向“陌生人”社会的转变，前者为自上而下的外部力量，后者为自下而上的内在动力，共同构建了二者的过渡阶段“半熟人半陌生人”社会。在此过程中城乡边界不断模糊，这是城乡二元消弭的必经过程。

（三）乡村的类型

由于乡村边界的疆域性与非疆域性，乡村类型的划分标准也有诸多角度。从地缘边界角度，有自然村；从组织边界角度，有行政村；从血缘边界角度，有宗族共同体；从业缘边界角度，有经济共同体。

按照地缘边界和组织边界可将乡村分为自然村和行政村。自然村指以家

---

① 陈世伟：《地权变动、村界流动与治理转型——土地流转背景下的乡村治理研究》，《求实》2011 年第 4 期。

② 陈世伟：《地权变动、村界流动与治理转型——土地流转背景下的乡村治理研究》，《求实》2011 年第 4 期。

族、户族、氏族或其他自然原因形成的农村聚落。在自然村中，人与人之间有相同或相关的血缘关系，彼此相互信任，村民之间交往频繁、联系紧密，构成了“熟人圈”社会。中国有些地方以姓氏给村命名，将自然村称作“庄”“屯”“塘”，如“孟家庄”“董家村”“曹家塘”等。行政村是国家按照法律规定而设立的基层群众性自治单位。行政村与自然村可能重叠也可能相互包含。一般来说，北方平原地区自然村通常较大，南方丘陵水网地区自然村通常较小。一个行政村可能包含几个或几十个小型自然村，个别大型自然村也可能被划分成一个以上行政村。这样，国家利用组织力量“切割宗族网络，用新生力量去制约传统力量”①。

根据血缘边界的标准，可以粗略将乡村分为三类：宗族性的团结型乡村、以“小亲族”为基础的分裂型乡村、原子化程度很高的分散型乡村。② 贺雪峰又进一步指出，传统中国社会中农民行动逻辑具有“双层认同与行动”的特点，即农民的行动一方面需家庭认同，另一方面还需家庭之上的宗族及村庄认同。因此，乡村社会中的原子绝不是“原子式”的个人，而至少是以农民家庭为单位的。

乡村职业包括农业、林业、牧业、渔业和家庭副业等，那么根据业缘边界的划分标准，可以将乡村分为：农村、山村、牧村、渔村、乡村集镇以及兼业村落。经济结构的分类有助于了解村民的经济来源，有利于整合乡村生态资源，促进乡村经济与环境协调发展；针对乡村经济发展周期，制定合理的乡村聚落建设方案和规划；根据村民季节性迁移和定居状况，优化乡村基层治理体系。随着经济发展，越来越多的劳动力从乡村涌入城市，传统乡村生产方式由于缺乏人才和农业劳动力呈现出萎靡状态，有些乡村则因为资本的进入使得传统职业被人为淘汰。业缘模糊了城乡边界，使得城乡联系愈加紧密，促进了城乡一体化的形成。

二、农民的界定及其类型

乡村社会是基于土地建构起来的，乡村社会中的农民更离不开土地，“直

① 贺雪峰：《新乡土中国》，北京大学出版社 2013 年版，第 50 页。
② 贺雪峰：《新乡土中国》，北京大学出版社 2013 年版，第 47 页。

接靠农业来谋生的人是黏着在土地上的"①,以农为生,世代定居。真正要理解"农民"一词的概念,还需从多个维度进行考察。

(一)农民的概念

"农民"的英文有 farmer、yeoman、peasant,且不同人对农民的理解各不相同,甚至会随着农业发展阶段的不同而不同。著名的农民类型学家范德普罗格指出,农民的类型具有显著的地区特色,关于农民类型的最好定义只能来自农民自身。② 那么,在当前中国语境中,农民是谁?

农民是一种身份。农民,一般指长期从事农业生产活动的人,这个概念描述了农民从事的基本活动是农业。实际上,除农业外,乡村中的居民还有可能从事商业、专门技术行业、服务业等,但没有被划入农业从业者的人也可能参与部分的农业活动。此外,农民种地的第一目的是满足自己与家庭的基本生活需求,而非追求经济利益。如果种植的目的是获取交换价值,那么有的农民(尤其是年轻人)更倾向于将自己从事的职业称为农村企业家。可见,被赋予农民身份与自己选择农民作为职业是两回事,实际上,更多的农民是将从事农业活动视为谋生手段。

农民是一种谋生手段。对十个村庄有关目前职业和理想职业之间的数据③进行分析对比,可以看出,将农民视为理想职业的百分比大大小于参与问卷的农民百分比,且一个村庄受教育程度越高,将农民视为理想职业的比率越低。此外,部分选择理想职业是农民选项的村民表示,并非自己不想更换工作,由于不识字,所以无法想象自己能够从事其他职业的可能。换言之,

---

① 费孝通:《乡土中国》,人民出版社 2015 年版,第 3 页。

② J. D. Van der Ploeg: "Styles of Farming: An Introductory Note on Concepts and Methodology", in H. Assen: *Endogenous Regional Development in Europe*, Netherlands: Van Gorcum, 1994, pp. 7-30.

③ 十个村庄中有八个村涉及"受过正式教育"与"有机会再次更换职业"选择农民作为理想职业的选项,其中,"受过正式教育"的人选择农民作为理想职业的百分比分别为圣牛村 86.1%、王杰村 82.5%、林屋村 98.2%、赵家湾村 84%、下聂村 87.6%、西岭村 92.6%(随机样本)、西岭村 90.9%(系统样本)、辘辘村 57.7%、华宏村 96.2%(外来人口)、华宏村 92%(本地居民);如果"有机会再次更换职业"选择农民作为理想职业的为圣牛村 5.6%、王杰村 9.9%、林屋村 5.6%、赵家湾村 15.2%、下聂村 20%、西岭村 14.5%(随机样本)、西岭村 17.2%(系统样本)、辘辘村 30.8%、华宏村 1.3%(外来人口)、华宏村 1.7%(本地居民)。

问卷中的大多数农民为“非情愿型农民”①。这种“非情愿”并非指他们打从心里讨厌农业劳动②或者讨厌农民这一身份，而是单纯的农业劳动除了能给予其温饱外，无法给他们带来更高品质的好的生活。

农民是一种价值指向。在中国语境中，常听到有人说：“我是农民的儿子，我是在为农民办实事！”这句话内含着价值指向，即替农民说话就具有道义上和政治上的正义性。贺雪峰认为，在我国农民是做出过巨大贡献的、规模最大的劳动群体，但是他们当中的多数时至今日仍收入不高、处境不佳。站在广大农民群众的一边，就是站在正义的一边。③ 所以，农民是弱势群体、草根阶层的代表。另外，农业劳作是真正的“一分耕耘，一分收获”，农民总给人一种淳朴、老实、勤劳的印象，与充斥着精明算计的市场经济完全不同。当然，也有反向利用农民形象作为市场营销的案例，但这也从侧面说明了人们对农民踏实、实在形象的心理预期。但城市人民一面赞扬农民的善良淳朴，一面又指出农民小富即安的保守心态，因此也称中国农民为“小农”。然而，这些城市人民忘记了，在革命年代，一旦遭遇大的变故直至威胁到生存，冲在最前面最具有反叛精神的也是他们眼中的“小农”，这与农民的维生型思维模式息息相关（详见下文）。

可见，将农民解释为一种身份或谋生手段等均没有太大异议，一旦对农民进行价值评判，即会五花八门、众说纷纭，其根本原因在于“农民社会功能的专一性和社会地位的多样性”④之间存在着矛盾，这就涉及农民分化的概念。

（二）农民的分化及其类型

“农民”一词包含着多维度的含义，且随着时代的变迁，其内涵也愈加复

① 非情愿型农民在没有其他更加有利可图的职业选择的情况下不情愿地把从事农业经营活动作为维持家庭生计的一个基本手段，一旦有了更好的职业可供选择时，农民就会选择进入低劳动集约度的行业离农而去。参见 D. Kopeva, J. Doitchinova, S. Davidova, et al.: *Rural Households, Incomes, and Agricultural Diversification in Bulgaria*, Oxford: Lexington Books, 2003, pp. 103-122.

② 否则他们不可能坚持劳作到现在，且问卷数据显示大部分农民对于目前的生活都表示满意或者一般满意，不满意多是家里有人病重等意外导致了家庭经济负担重。

③ 贺雪峰：《谁是农民：三农政策重点与中国现代农业发展道路选择》，中信出版社 2016 年版，第 XI 页。

④ 刘洪仁：《农民分化问题研究综述》，《山东农业大学学报》（社会科学版）2006 年第 1 期。

杂。那到底谁才是真正的农民？如果以拥有农村户口的户籍作为区分农民的依据，仅以接受问卷的村民为例，在十村中，以农、林、牧、渔、水利作为职业的村民占总调查人数的百分比数量分别是：西岭村 58.3%；赵家湾村 50.9%；辘辘村 92.3%；下聂村 59.4%；华宏村 9.5%；王杰村 71.9%；林屋村 19.3%；圣牛村 19.4%；朗利村 91.9%；扁担赵村 89.9%。十村中受初中及以上教育百分比与职业类别（大类）个数分别是：西岭村 55.7%，8 个；赵家湾村 42.5%，11 个；辘辘村 26.0%，4 个；下聂村 39.2%，10 个；华宏村 74.8%，10 个；王杰村 58.8%，7 个；林屋村 88.4%，9 个；圣牛村 60.2%，10 个；朗利村 51.2%，7 个；扁担赵村 75.6%，9 个。在十个村庄中，大致看来，农民职业分化程度与农民受教育程度成正相关，与农民比率成反向相关。

刘洪仁认为："农民分化特指农民在社会系统的结构中由原来的承担多种功能的某一社会地位发展为承担单一功能的多种不同社会地位的过程。……农民分化的两个方向造成两个结果：一是水平分化使农民异质性增加，即结构要素（如群体、阶层、组织）类别增多；二是垂直分化使农民的不平等程度变化，即结构要素间的差距拉大。"① 可见，若仅以拥有农村户口的户籍标准或者从事农业劳动的职业标准对农民进行社会学划分，只能解释农民分化的现象，却无法真正解答"谁是真正的农民？"这个问题。但有一点可以确定，农民视野的开拓与对好生活的不同理解和追求是农民分化的原因，而农民分化程度体现了农民自主意识的提升，这也是乡村振兴的必然进程。只有使得农民从"不情愿型农民"转变到主动以农民为职业并自我认同之时，乡村发展的内生性活力才能被激发。

农民分化标准不同，农民划分类型也不尽相同。本研究将农民分为三类：个体农民（传统农民、兼业农民、非农民），职业农民，土地食利者。其一，个体农民经济也称为小农经济，指以家庭为单位、生产资料个体所有制为基础，在小块土地上以传统种田方式进行劳作，满足自身消费为主的小规模农业经济。传统农民指全部家庭收入皆来自农业耕作活动的农民；兼业农民指务农收入只占家庭收入的一部分，其余为非农业收入的农民；非农民指虽有农村户口，但家庭所有收入皆来自非农工作的农民，例如工作在城市的农业转移人口。

① 刘洪仁：《农民分化问题研究综述》，《山东农业大学学报》（社会科学版）2006 年第 1 期。

这三类农民往往存在于一个普通农民家庭的代际分工之中，父母的务农收入加上子女的务工收入，前者保障家庭温饱，后者存下作为积蓄，呈现出“接力式”进城①的人口流动。其二，职业农民指以农业为职业、具有相应的专业技能，被雇佣或者从事农业合作社、专业大户、农业企业相关工作的农民，是收入主要来自较高科技水平农业生产线的现代农业从业者。其三，土地食利者主要指城郊村和城中村的农民在国有土地上建造非法建筑，再以市场价获得拆迁补偿，造就的拆迁暴富群体。该群体已经不能再称为农民了，只能视为土地食利者。

根据农民类型的分析，可以看到如非农民和土地食利者实质上已经不能称为农民了，尤其是土地食利者，他们的存在对他人来说是极不公平的。要解决“谁是真正的农民？”这一问题，关键在于搞清楚该问题的价值指向。提出该问题的目的有三：其一，底层维稳，即帮助底层农民获得基本生活保障以获得维护自己尊严的能力；其二，纵向提升，即提升农民的科学知识水平与农业生产技能，以获得自身的职业认同感，成为职业农民；其三，横向调控，建设社会主义新农村，走向共同富裕。因此，真正的农民应当是以先进职业农民为首要生产力，一切推动乡村振兴战略的农民个体或以集体为外延的大多数人。

三、乡村社会与乡村伦理

费孝通在《乡土中国》开篇便明确指出：“从基层上看去，中国社会是乡土性的。”此时，乡土性指代着中国乡村社会人与人交往遵守着的特定生活的道德性和日常的伦理性。由于人们的伦理观念归根结底源于生活，而道德本质上是一种实践精神。中国乡村伦理的研究借助的正是“一种基于现实道德生活经验的、‘自上而下’的综合—分析方法”②。因此，乡村社会的乡土性决定了乡村的伦理性。

① 王德福：《弹性城市化与接力式进城——理解中国特色城市化模式及其社会机制的一个视角》，《社会科学》2017 年第 3 期。

② 王露璐：《新乡土伦理——社会转型期的中国乡村伦理问题研究》，人民出版社 2016 年版，第 3 页。

（一）乡村社会的界定

乡村社会指以农业活动为主，并以此为基础从事其他社会活动的有机共同体。乡村景色、乡村生态、乡村文化、乡村组织关系、乡村伦理秩序均拥有其独特性，因而，鲜少有乡村呈“同晶型”①样态。但这并不意味着乡村组织是一盘散沙，反之，根源于土地自然生发的群体自觉遵守着村庄共识，形成“有机的团结”②构成的礼俗社会，也称之为“熟人圈”社会。

形成这种“熟人圈”社会的原因在于：一方面，传统农业与工业或游牧业不同，农民无法脱离土地，他们在某片土地上世代定居，生于斯、死于斯，长此以往形成了地方性共识，村庄可以依靠内生秩序的力量来约束“圈内”村民的行动；另一方面，中国乡村人多地少，小农经济结构形成的社会基本单位是“村落”，农民聚村而居，与美国乡下一户人家自成一个单位不同。村民的血缘圈、交友圈、工作圈高度重合，交往高度频繁，造就了信息全对称的熟人社会。

因此，在这个意义上，乡村社会是面向过去的、历史性的地方社会。相对静止的社会环境造就了常态化的生产、交往模式，将人与人之间的血缘关系、地缘关系和生产关系画出连接线，线与线之间的交叉点构成一个个节点，拥有固定节点越多的人必然拥有更多权威（对纵向连接线上的人影响更深，“熟人圈”范围也更大）。此时，血缘积累、经验积累、时间积累就等同于知识的积累和权力的积累，这就是传统的力量。长幼有序，长对幼拥有教化权力，幼对长充满敬畏情感。礼治正是在这样自发的环境中获得了存在的土壤。

但是，“在一个变迁很快的社会，传统的效力是无法保证的。尽管一种生活的方法在过去是怎样有效，如果环境一改变，谁也不能再依着老法子去应付新的问题了。”③“习惯是适应的阻碍，经验等于顽固和落伍。顽固和落伍并非

---

① 同晶型又称类质同象，物理学上一般是指几种物质能形成晶形相同的或完全相似的晶体的现象，即构成某种物质的外在形态相似内在基元结构排列相同。杜赞奇在《文化、权力与国家：1900—1942年的华北农村》一书中从社会学的角度运用了“同晶型”一词——华北乡村的组织关系很少是同晶型，即很难找出中心及范围完全相同的组织，揭示了乡村网络关系构成的“有机性”。

② 关于“有机的团结”（gemeinschaft）与“机械的团结”（gesellschaft），费孝通认为，前者是礼俗社会，后者是法理社会。参见费孝通：《乡土中国》，人民出版社2015年版，第6页。

③ 费孝通：《乡土中国》，人民出版社2015年版，第64页。

只是口头上的讥笑，而是生存机会上的威胁。”[①]传统成为可供批判的对象，乡村社会的认知模式也成为亟需革除的旧物。然而，当下乡村城镇化出现的问题不是不变，而是变得太多。一方面，血缘范围骤缩，地缘流动性增强，教化权力的受控领域缩小。事物更新换代变快，适应能力差的长者反而成为年幼者的知识反哺对象，年幼者对传统与权威失去了敬畏感。此时也不难理解为何当下，“尊卑不在年龄上，长幼成为没有意义的比较，见面也不再问贵庚了。”[②]另一方面，信息化、碎片化、快餐式的交往模式使人与人之间的接触局限在浅层次，失去了深入的感性磨合与理性思考，人际关系变得冰冷与陌生。强烈的真理虚无感与自我孤独感迫使人们重回乡土的伦理之根中找寻“变中不变”的弥补之方。

（二）乡村伦理的概念

从伦理的来源上看，恩格斯认为：“人们自觉地或不自觉地，归根到底总是从他们阶级地位所依据的实际关系中——从他们进行生产和交换的经济关系中，获得自己的伦理观念。”而费孝通将“伦”描述为“从自己推出去的和自己发生社会关系的那一群人里所发生的一轮轮波纹的差序”[③]。伦是有差等的次序，理是道理、准则。伦理指人与人之间交往过程中所遵循的理性道德规范和行为准则。如果要具体到现实的乡村伦理规范或准则，可根据乡村主体的不同进行划分。例如，根据乡村经济、乡村制度、乡村家庭、乡村生态等，将乡村伦理分为乡村经济伦理、乡村治理伦理、乡村家庭伦理、乡村生态伦理等。由于所有的伦理问题均会涉及以下两方面：一是对错问题，即衡量是否符合道德的标准问题，换言之，某种行为是否正当，是否符合既定道德规则；二是好坏问题，即某种行为是否能给行为者及其受众带来增益或福祉。此时探讨乡村伦理的意义就在于透过乡村社会遭遇的伦理现象，找到伦理冲突的原因所在，进行恰当的道德评判和合理的规范导向。尤其当下正是我国社会转型的关键时期，乡村道德也正经历着变迁和转型，此时诸多伦理冲突，其实质是衡量对

① 费孝通：《乡土中国》，人民出版社 2015 年版，第 84 页。
② 费孝通：《乡土中国》，人民出版社 2015 年版，第 84 页。
③ 费孝通：《乡土中国》，人民出版社 2015 年版，第 30 页。

错、好坏的道德标准发生了转变。但有几点伦理标准是不可改变的：把握住乡村伦理的特性，维护正当性的底线道德；以为乡村社会绝大多数人谋福祉为目的，崇尚美好生活的社会公德；给予乡村发展的基础资源，保障乡村个体自主获得尊严的能力。

中国乡村伦理，意指中国乡村社会的伦理关系、道德原则、道德规范及其在经济发展、社会治理、生态保护及日常生活中的体现。此处，乡村伦理不仅是对乡村物质与精神生产实践活动的描述，更是以现实过程为中介而构建的一种建构性、导向性的概念。传统乡村伦理体现出了建构性绝不是消极的被动力量，立足于可能性与渐进性的历史意识，面对新型的乡村变迁，人们是可以积极建构新的乡村伦理规范的。换言之，乡村伦理不仅描绘着乡村日常之“实然”，更以伦理之力指导着乡村实践之“应然”。

（三）乡村的伦理性

“伦理”一词可以作为名词，具有规范、准则的含义，还可以作为形容词，即“伦理性”。梁漱溟在《中国文化要义》和《乡村建设理论》两部著作中均提及：中国是伦理本位的社会，具体表现为“中国人就家庭关系推广发挥，以伦理组织社会”。梁漱溟进一步解释了这一论断：“每一个人对于其四面八方的伦理关系，各负有其相当义务；同时，其四面八方与他有伦理关系之人，亦各对他负有义务。全社会之人，不期而辗转互相连锁起来，无形中成为一种组织。”①费孝通在《乡土中国》中认为中国社会是“乡土性”的，他提及了一系列关键词：差序格局、私人的道德、家族、礼治秩序、无为政治、长老统治、血缘地缘等。诸如此类，正是梁漱溟所强调的伦理组织关系。基于费孝通的《乡土中国》的归纳总结，笔者将乡村社会组织模式中的伦理特性归纳为以下三点：差序格局、礼治秩序、根缘绵续。

差序格局是乡村社会的组织架构。值得注意的是，差序格局不是一个二维平面，而是三维立体的。从平面来看，差序格局是以“己”为原点，外围是爱有差等逐层弱化的社会圈子。这种“差”强调伸缩能力，作为伸缩中心的“己”可以依据主观需要审时度势地推广或缩小“己”所囊括的范围。费孝通还强调

① 梁漱溟：《中国文化要义》，上海人民出版社 2005 年版，第 73 页。

了，这种架构不是个人主义，而是自我主义。[①] 个人主义预设了在团体格局的大环境中，每个人都是原子式独立存在的前提。而中国传统思想中，没有独立个人的存在，只有集体中的成员。换言之，传统中国不存在集体与个人的关系，存在的只有“集体之整体与集体中的单个成员的关系”[②]，这才是对中国“公”[③]与“私”关系最为恰当的解释。因此，富于伸缩的差序格局中公与私是相对的，“站在任何一圈里，向内看也可以说是公的”[④]，衡量孰公孰私，标准完全看中间之人圈定的集团格局有多大。如果他人在这个集团圈内，那么对于中间人的评价是大公无私；反之在圈外，则评价为自私自利。这种弹性的、差序的标准是时空交错的，源自于纵向交错之“序”。

从纵向来看，“序”强调的是不可逾越的秩序、等级，这种等级无法以“己”的意志随意转移，但又没有阶级对立那么强烈，是一种等级式的“应当”，人们可以通过遵守“序”（外在表现为礼制）以获得等级上的流动。礼治秩序带来的尊卑地位的不平等，但为尊者同时为上者之卑者，为卑者同时为下者之尊者，换言之，尊卑的权力关系具有时空交错性，礼治秩序中存在的平等也是差序平等，从而形成的人格是差序人格[⑤]。在差序格局的社会里，个人的行动标准是通过将自身置于一系列的关系之中，并不断根据自己与他人关系的具体情境来定位自己的角色而确定的。由此才会得出罪行的惩罚轻重往往取决于罪犯与受害者之间的等级关系这样的弹性结论[⑥]。

礼治秩序是乡村社会的内含原则。礼治看似没有法的刚性边界，但内在遵礼会积累成外在“约束力”。儒家提出克己复礼，强调只有按照礼的要求约束自己才能达到仁的境界。钱穆认为：“‘礼’为等级的，而‘仁’则平等的。一般个人各自以‘仁’为一切之中心；‘礼’则只能最高集结于王帝，为惟一外在之

---

① 费孝通认为，个人主义一方面是平等观念，指在同一团体中各分子的地位相等，个人不能侵犯大家的权利；一方面是宪法观念，指团体不能抹煞个人，只能在个人所愿意交出的一份权利上控制个人。参见费孝通：《乡土中国》，人民出版社 2015 年版，第 31 页。

② 谢遐龄：《中国社会是伦理社会》，上海三联书店 2017 年版，第 27 页。

③ 韩非子说，“公”是“厶”（即今“私”字）之“八”（读为“背”，他的意思是，厶加上八，组成公字）。参见谢遐龄：《中国社会是伦理社会》，上海三联书店 2017 年版，第 27 页。

④ 费孝通：《乡土中国》，人民出版社 2015 年版，第 33 页。

⑤ 差序人格是具有弹性的人格，俗话说，大丈夫能屈能伸，一个人人格的界定与差序格局的情境互为因果。

⑥ 阎云翔：《差序格局与中国文化的等级观》，《社会学研究》2006 年第 4 期。

中心。”[①]换言之，基层之人只有认清自己的角色，自觉遵循适合自己的规矩，尽到自己的义务或责任，才能达到“仁”的平等境界或是“从心所欲不逾矩”的自由境界。否则，一旦违背村规之“礼”来行事，则会失去道德高点，成为被他人谴责的对象。此外，费孝通认为“上层的王权政治和基层的社会政治”在传统中国政治中是并行的，而“国权不下乡”使得“基层村庄更多依靠以村规民约为主要形式的乡村自治”，因为一方面，村庄的团结会因外部力量的介入而遭到破坏；另一方面，当事人也未必会认为“打官司”会带来公正的处理结果。礼治在基层乡村社会获得了生存的土壤。

现代乡村社会是礼治共识与法治意识并存的社会。在对七村的问卷中，针对如果与他人发生经济纠纷的解决办法，有三个选项选择人数较多，分别为“通过打官司解决”代表的法治秩序、“找村委员或村党支部解决”代表的新型礼治秩序和“托熟人解决”代表的传统礼治秩序，七村问卷结果分别为：西岭村 11.1%，36.7%，7.8%；赵家湾村 5.6%，50.5%，13.1%；辘辘村 11.4%，34.3%，16.2%；下聂村 12.6%，29.5%，14.7%；华宏村 25.8%，25.8%，10.9%；王杰村 11.8%，42.8%，10.0%；林屋村 19.5%，31.1%，6.7%。可见，礼治与法治共存已成为当下乡村社会的常态，且乡村法治的建立过程永远不可无视传统礼治的张力作用。村民选择“找村委员或村党支部解决”选项一方面体现了现代乡村基层组织建设卓有成效，另一方面则反映出传统礼治秩序与现代法治秩序的冲突关系。华宏村作为七村中城镇化程度最高的村庄，选择法律途径解决的比例最高，这和华宏村村民的法治意识增强和获取法律途径的便捷相关。此外，当经济纠纷涉及村外之人，或者在村内牵涉面较广时，礼治由于其适用场域的局限性往往会成为裁决的阻碍，此时，法律途径往往比传统礼治或者村委村党支部更为快捷、公正。

根缘绵续是乡村社会的终极价值。“根缘”是佛教语，指人的根性与境遇的缘务，而缘务指与己有缘之世间俗务。“绵续”一词源自费孝通《乡土中国》一书，他在论述家族时强调，中国家庭拥有政治、经济、宗教等复杂功能，为了让家庭能够持续性经营诸多事业，必须扩大家的结构，致使“家必须是绵续的，

① 钱穆：《国史大纲》，商务印书馆 1996 年版，第 352 页。

不因个人的长成而分裂，不因个人的死亡而结束，于是家的性质变成了族"[①]，与以生育功能为主的临时性的西洋家庭相对。与差序格局类似，根缘是以己为原点，与他人、他物进行交往结缘，影响他人，磨炼自我，寻求自我与他人合一从而达到绵续自我生命之目的，绵续时间的长短与范围的大小与自己的能力呈正相关。与差序格局不同之处在于，根缘的"根"对于"己"来说具有逻辑上的先在性。"己"不是抽象的自我而是现实社会关系的产物，这导致了以"己"为原点遭遇和构建的后天之"缘"并不完全以自我意志为转移，根缘的存在具有先在的客观性与面向过去的终极性，而绵续是生命的回溯与面向未来的创造性的延续。类似地，柏格森(Henri Bergson)将生命称为"绵延"，"绵延是过去的持续进展，它逐步地吞噬(gnaw)着未来，而当它前进时，其自身也在膨胀。过去在不停地成长，因此，其持续的时间也是没有限制的。"[②]这种生命的本能是亘古不变的。

在中国传统乡村社会的语境下，根缘绵续指传统中国农民传宗接代、延续香火的终极价值，这是对无限生命的追求。当下，生男生女都一样，血缘家族萎缩，晚婚晚育甚至不婚……乡村农民逐渐抛弃了传宗接代的想法。失去了生命意义和终极价值关怀，农民变得只关心自己活得好不好，致使有限生命向无限生命之间价值意义的转化断裂了，"推己及人"缩回来变成了"自我主义"，这和孤独的城市人有相似之处。但根缘绵续不仅是个人或单个家族的传宗接代，更是一种永恒深远的存在。例如，在家教家风的传承、国民素养的提升、民族文化的赓续、生态环境的保护等行动中，应当意识到，自己作为人类命运共同体的一员，可以将自己有限的生命连接上无限生命的轨道，以不变应万变，以此获得内心的从容宁静。现代人却在距离感中寻找安全感，这种隔绝了他人的安全感是极其脆弱的，只有走出去直面并悦纳自己，才能获得内心的永恒。

---

① 费孝通：《乡土中国》，人民出版社 2015 年版，第 47 页。
② [法]昂利·柏格森：《创造进化论》，肖聿译，华夏出版社 1999 年版，第 10-11 页。

第二节
乡村社会的传统伦理特质

传统乡村社会是伦理本位的社会，它以乡村地缘为界，以血缘宗亲为基，建构出了“差序格局”式的熟人圈秩序。现代社会城镇化进程不断推进，人口流动加速，传统乡村社会的礼治秩序遭受了外来冲击。然而，中国社会之根在乡村，乡村是伦理的乡村，伦理是乡村的伦理。费孝通指出：“这个社会结构的架格是不能变的，变的只是利用这架格所做的事。”①乡村在社会结构、社会经济、社会制度等方面均发生了各种变化，然而这种变化只是“器物”之变，传统乡村社会的核心特质——差序格局、礼治秩序、根缘绵续——不变。诸如，差序格局从“在地式”变为“在场式”；礼治秩序加入了法制秩序，成为人治法制化；根缘绵续决定了农民的家族式生产意识是维生型而非冒险型，这是一种伦理经济而非经济伦理。

一、差序格局在场式的交往伦理

费孝通用“差序格局”一词概括了传统乡村社会人与人按照血缘宗亲秩序进行交往的社会架构，这是一种“在地式”的家族伦理等级情感秩序。而在近现代社会多样化思潮的冲击下，人与人交往最看重的是对方是否能满足自己各方面的利益需求，而情感的影响作用则逐渐被淡化——从“乡村共同体”转变为“利益共同体”。此时，差序格局的影响模式未变，仍旧是按照情感远近或社会地位高低分配利益的，只是人与人之间的关联成分发生了变化，作用的“时空”发生了迁移。笔者将这种转变称为差序格局的在场式转变。

贺雪峰也看到了近现代差序格局的变化，他在《新乡土中国》一书中指出，在差序格局解体的时候，人们自己选择关系，这种选择的关系，依他们的理性算计。市场经济和现代传媒则使精于算计的经济理性深入到了农民的思想观

① 费孝通：《乡土中国》，人民出版社 2015 年版，第 31 页。

念当中，是否有利于实现自身利益的最大化成为农民交往的前提条件，经济利益已经与人际交往紧密结合在一起了，人际交往日益趋于利用和算计。他将差序格局的这种转变称为“差序格局理性化”，这里的理性应当指的是西方“理性主义社会”中的“理性”。一方面，“理性化”一词对应着“感性化”，但传统的差序格局不仅包括“爱有差等”的“差”，还包括“礼治”等级的“序”，因而，理性化更多涉及的是主观情感层面的寄托，有关社会地位的客观等级差异并未涉及。另一方面，“理性化”一词表达较为含混，农民选择遵循乡村礼治秩序行事，若将是否遵循礼治单纯看成情感行为，那么该行为本身就是经过理性思考的结果。理性主义中的“非理性主义”或者“不是理性主义”并非指没有理性，更不是不讲道理，而是讲另外一类道理，这意味着“理性”仍旧存在。[①] 可见，用“理性化”来描述差序格局的一系列社会变化不太恰当，相比较而言，针对乡村社会秩序的时空变迁，“在场”二字更为恰当。

这里的“场”指的是“场域”，简单说来，场域指特定系统中的常态性规则（或称“惯习”）。而村落作为一种社区性质的场域，村民构建了“熟人圈”的场域，达成习惯性共识，并将该共识作为村规民约教化给下一代，逐渐形成常态化运作机制并独立于村民存在。直至形成外化于村民的强制力量引发或者强加在场域原住民或者迁入的外来者身上，这就是乡村社会礼治教化权力的运作机制。

差序格局作为礼治秩序的社会形态，其表现形式随着行动主体时代的变迁而变化，但其“场域”未变。传统乡村社会的细胞是家庭，现代社会的细胞是单位。单位作为一个“小社会”，内部与传统家庭一样，也有上下级关系，但这种关系不纯粹是政治关系或雇佣式的经济关系，是“当家人”与“家庭成员”之间的关系。经济关系和政治关系都存在，但都不是主导的，因而，单位内部的主导性关系应当是伦理关系。[②] 单位与单位间的关系也常有“兄弟”单位的说法。当农民工进城之后，他们朋友圈的构建往往是基于同一单位或者“老乡”等地缘、血缘的远近亲疏，以此为中心，构建出新的熟人圈社会。

“场域不仅划定了制度发挥作用的有效空间，也清晰界定了组织与周围环

① 谢遐龄：《中国社会是伦理社会》，上海三联书店 2017 年版，第 5 页注释①。
② 谢遐龄：《中国社会是伦理社会》，上海三联书店 2017 年版，第 10 页。

境之间的关系边界。”[①]差序格局的在场模式也由传统的“显存”，变为对象泛化、规模缩小、隔代隐性的“隐存”。以往血缘圈、地缘圈、业缘圈、亲缘圈基本重合，构建出的“熟人圈”界限明确，差序格局“场域”对内约束力强，对外具有较强排斥性。而当下人口流动性加快使得人与人之间“场域”作用的对象增多，人们的朋友圈变得多元、分散，导致了人与人之间的交往从地缘、血缘等羁绊较深的交往转向“浅层次”的交往模式，“熟人圈”也逐渐向“半熟人圈半陌生人”社会转变。差序格局的“场域”作用的对象发生了迁移，变得“泛化”。此外，由于差序格局具有伸缩性，大家族解体，小家庭存续，而差序格局的“场域”作用范围也随之变小。最后，对于当代年轻人来说，他们生而处在以亲属关系为主轴的原生家庭中，以宗法群体为本位；他们的成长过程处在新媒体广泛传播的信息爆炸时代，在西方新自由主义、历史虚无主义等价值观的影响下，以个人利益为本位。这两种矛盾的社会秩序并存于思想与行为中，造就了当代年轻人价值观的矛盾性、复杂性、流变性、分裂性。但这种矛盾只是表象，年轻人即便意识到差序格局的在场问题也无法摆脱原生家庭的思维方式，他们只是将差序格局缩得更小直至成为自我本位，他们更加务实，构建了“利益共同体”，差序格局“场域”的影响方式变得更为隐性。

二、家族式维生型的经济伦理

农民的差序格局的场域在乡村生产中体现为农民的家族式生产模式，这里的“家”的范围是可伸缩的，其圈子大小随着圆心中成员能力、收入、权威的增大而增大；反之，则缩小至直系血亲的家庭（偶尔也有个人）的最小单位。前者通过救济圈内亲友维持着中心成员地位的稳固和体面的权威，后者秉持着维系一个家庭基本需求的生存伦理。因此，梁漱溟说：“‘有三家穷亲戚，不算富；有三家阔亲戚，不算贫’。然则其财产不独非个人有，非社会有，抑且亦非一家庭所有。而是看作凡在其伦理关系中者，都可有份的了。”[②]在此意义上，

① 李志强：《转型期农村社会组织：理论阐释与现实建构——基于治理场域演化的分析》，吉林大学博士学位论文 2015 年，第 14 页。

② 梁漱溟：《中国文化要义》，上海人民出版社 2005 年版，第 74 页。

乡村经济也是伦理本位的。

（一）农民的“安全第一”的生存伦理

农民的“弹性式”进城表明，农民的生产单位并非个人，而是家庭，因此，家庭作为存续的最小单位决定了其成员工作的选择必须以满足家庭最低需求为底线。詹姆斯(James C. Scott)指出：“农民家庭不仅是个生产单位，而且是个消费单位。根据家庭规模，它一开始就或多或少地有某种不可缩减的生存消费的需要；为了作为一个单位存在下去，它就必须满足这一需要。”①这种家庭思维模式不同于资本生产，它不是以无限扩张和无限增殖（即收入最大化）为目的的，而是秉持着“安全第一”的生存伦理，具体表现为避免风险、保障生存。

农民的维生型思维也常被称为“保守思维”，与之相对的是资本主义的“冒险思维”。造成这种思维方式最重要的原因在于农民缺乏土地、资本的积蓄，此外除了种田，他们没有其他就业的能力与机会，这种极端受限的背景决定了他们的抗风险能力极弱，总在为生存而被迫谋生，“为了增加一点点产量，（如果没有其他办法的话）其劳动强度和时间都令人难以想象——好像是在精明的资本家的压迫下干活。”②A. V. 查耶诺夫将其称为“自我剥削”，自己成了自己的压榨者和剥削者。

但是这种“自我剥削”是有一个“防御圈”③的，在“防御圈”内，以维持家庭基本生存为优先。这种生存第一的模式只适用于收益低、土地少、人口多、工作机会少的种地农民，对于土地多、人口少、产量多、收益高的富农就不适合了。因为一旦获得超过“防御圈”的物质资料，一部分生存小农会“小富即安”，追求更安逸的生活，而另一部分农民则会转变为理性小农，尤其对待圈外之人，有着“资产阶级的利益算计”。参与集体行动的动机在于追逐个人或家庭

---

① ［美］詹姆斯·C. 斯科特：《农民的道义经济学：东南亚的反叛与生存》，程立显、刘建等译，译林出版社2001年版，第16页。

② ［美］詹姆斯·C. 斯科特：《农民的道义经济学：东南亚的反叛与生存》，程立显、刘建等译，译林出版社2001年版，第16页。

③ “防御圈”在詹姆斯看来，指防护农民日常基础生存的底线圈。在防御圈内，要避免的是潜伏着大灾难的风险；在圈外，盛行的是资产阶级的利润计算。参见［美］詹姆斯·C. 斯科特：《农民的道义经济学：东南亚的反叛与生存》，程立显、刘建等译，译林出版社2001年版，第30页。

利益最大化，并非为了捍卫社群共同体的生存权与互惠准则，[①]这是背离传统农业经济的道义伦理与社群伦理的。例如，出现侵占公共权益满足自己或家庭的利益、"吃大锅饭"、"搭便车"等不道德行为。

而当这种"自我剥削"进入农业内卷化甚至最终陷入"没有发展的增长"[②]的困境时，农民将会不得已放弃固守的务农产业，从事非农产业（比如基础手工业和商业），当非农生产失败时，农民仍旧会回到务农产业。当务农生产与非农生产都无法维持家庭基本生活，而精英索取变得更为强烈时，农民就有可能将生存压力转化为愤怒和抵抗模式，直至反叛甚至斗争。反叛群体中，詹姆斯认为，具有强烈的共有传统并没什么尖锐的内部阶级差别的农民群体同共有传统微弱、阶级差别较为尖锐的农民群体相区别，前者更具有反叛的爆发性。[③]

（二）农民的体面生活的"人情"伦理

此外，在保障自己能够生存的基础上，中国农民家庭也不仅仅追求收入最大化。他们与处于底层的农民结成熟人圈家族，通过相互接济构建自己的熟人圈名声和权威，以保证自己在圈子里的体面，此时他们追求的目的从保障生存转变为体面安居。"面子"作为熟人社会的产物，其生产与再生产导致社会性分层。

上层精英居于乡村熟人社会的主导地位，他们在日常生活中持续付出人品、能力、人缘等社会资源，在"吃亏是福""学会做人"等实践中进行"面子"要素的沉淀和积累。"居于'面子'中间等级的人则逐渐成为人情的亏欠者。上层在实现'面子'积累的同时逐渐成为村庄公共秩序维系之不可或缺的力量"，获得了"其公共性身份和统合型权力，从而形成以上层为中心的关系聚焦效应"。[④] 乡村越是封闭，发展环境越是稳定固化，那么这种聚焦效应的公共性就

① 马良灿：《理性小农抑或生存小农——实体小农学派对形式小农学派的批判与反思》，《社会科学战线》2014年第4期。

② ［美］黄宗智：《长江三角洲小农家庭与乡村发展》，中华书局2000年版，第11页。

③ ［美］詹姆斯·C. 斯科特：《农民的道义经济学：东南亚的反叛与生存》，程立显、刘建等译，译林出版社2001年版，第259页。

④ 杜鹏：《"面子"：熟人社会秩序再生产机制探究》，《华中农业大学学报》（社会科学版）2017年第4期。

越强，人情交往的私人性就越弱。但这种公共性与西方整体主义伦理不同，中国人情交往聚焦中心形成的是以私人道德为基础构建的特殊利益集团。村庄的村规民约、家庭的家风家教均通过教化权力渗透并规训村庄成员。

然而，一旦人情交往模式脱离稳定的乡村社会进入城市的市场经济秩序，则人情向上层的聚焦效应就越弱，人情的私人性就越强，甚至出现“人情寻租”的现象。“人情”大致包含三种意义：礼节应酬和礼物馈赠，人之常情，情面和恩惠。[①] 这就导致了人情不够之时，只要礼送得够重，仍旧能达成“人情寻租”的目的，从而导致了钱权交易屡禁不止，甚至愈演愈烈。中国人正是通过衡量自己在“人情”关系网络中所处的位置，再因人而异做出相应的回应，以此维持自己的人脉网，而这样的人往往被称为“情商高”，若不通人情世故，则往往被视为“不成熟”。由于“人情”伦理并非公共伦理，导致了人们将公共交往变成私人关系，公共行为成为私人实践，致使公共生活的公约、规章无人遵守，大家只关心自己特殊集团利益和私人所得，这对市场经济秩序中的公德建设非常不利。

因此，我们应当正确对待人情伦理。一方面，人情往来确实在加强家族企业、同乡会等共同体利益的认同上起到了积极作用，可以降低管理成本，有效促进经济交往活动的顺利进行。我们期待着能拥有一个充满人情味的社会。但另一方面，人情伦理会破坏公共生活伦理，令人公私不分，长此以往，不利于公正的社会主义市场经济秩序建设。我们应当促进市场中公共伦理秩序的建构，控制和削减人情伦理，促进乡村社会从“人治”走向“法治”。

三、人治法制化的治理伦理

梁漱溟、黑格尔、马克斯·韦伯都说过中国社会是伦理性或伦理本位[②]的，在政治治理方面，时常表现为“公私不分”，因为中国古代的政治关系消融进入

① 孙春晨：《“人情”伦理与市场经济秩序》，《道德与文明》1999 年第 1 期。

② 乡土社会的伦理本位是区别于西方个人本位的，伦理本位以礼治秩序为尊，但内在蕴含着差序的平等，为上者与为下者均需履行与承担适合自己格局的义务与责任，换言之，人与人之间是不同的，那么给予的教化方式也不同，因而对于人与人的价值评价没有统一标准，所有标准均需符合“伦理”秩序。这种等级的、“弹性的”评价体系会让人觉得爱有差等，不平等、不公正，但有时正是这种具有针对性的模式才可能是真正符合实际的个性化的、差异正义的。

了伦理关系之中。在近现代，中国将国家政权通过组织形式深入乡村基层，形成了“礼治”与“法治”并存的局面，但乡村基层治理仍旧需要村长、村支书或者族长等乡贤出面，这并非表明了文化高低，只是社会文化历史差异带来了行为习惯差异直至心理差异，主要源自中国乡村礼治自治和国家官民共治两个历史传统。

（一）乡村礼治自治：长老统治的教化权力

“权力”一词的概念很多，若将权力视为一个中性概念，则指个人、群体和组织通过各种方式以获取他人服从的能力。“服从”也分为自愿服从和非自愿服从。那么在这个意义上，个人、群体、组织之间的权力关系就可能是上克下、下克上或者交互式的动态平衡关系。换言之，权力必然蕴含着某种强力，强力的来源可以是他人或者自己。但这里预设了权力的双方是两个拥有自由意志个人的前提。从前文可知，在传统乡村基层社会中，不存在独立的个人，存在的是集体中的一员。那么，以此构成的权力关系绝不是线性的、单向的，而是相互的、多向的。此时的权力关系并非立体的阶级统治，而是“平面”[①]的伦理关系。

在探讨乡村社会基层自治权力的理论中，费孝通的“教化权力”具有一定的代表性。教化权力不是政治权力，费孝通将其称为“文化性”的权力以区别于政治性权力[②]。在教化过程中，被教化一方的意志是不被承认的，因为，“所谓意志并不像生理上的器官一样是慢慢长成的，这不是心理现象，而是社会的承认。……我们不承认未成年的人有意志，也就说明了他们并没有进入同意秩序的事实。”[③]就如同法律将 8 周岁以上的未成年人视为限制民事行为能力人，被教化一方的意志是被排除在圈外的，这正是传统的尊卑之分。尊者无须考虑卑者的意志，尊者需保持强者的体面，卑者则必须保有卑贱的压力。这里

① “平面”不是绝对意义上的水平，其中蕴含着长幼尊卑等伦理秩序，且相较于权利，更强调个人在伦理组织中所要承担的义务。

② 费孝通认为：“文化和政治的区别是在这里：凡是被社会不成问题地加以接受的规范，是文化性的；当一个社会还没有共同接受一套规范，各种意见纷呈，求取临时解决办法的活动是政治。文化的基础必须是同意的，但文化对于社会的新分子是强制的，是一种教化过程。”参见费孝通：《乡土中国》，人民出版社 2015 年版，第 82-83 页。

③ 费孝通：《乡土中国》，人民出版社 2015 年版，第 81 页。

的服从与被服从是与人情相关联的一种身份要求，而非简单的付出与被付出。可见，教化权力是依附着传统礼治等级秩序呈现出差序格局的社会结构，在这个意义上，将教化权力归为“伦理性”更为恰当。

（二）国家官民共治：“家国同构”的宗法伦理

横暴权力（如皇权）与教化权力虽分两层各自运作，俗称“皇权不下县”，但并非毫无接触。在古代县衙以下，村落社区的基层地方机构是皇权与教化权力的接触点。在实际运作中，皇权需要通过“中介”来统治乡村社会，这个中介掌握着乡村公共权力及其使用，乡村中的公共权力“包括规定村民的权利和义务、决定乡村公共资源的分配和利用”①。而费孝通将拥有这个权力的人称为“绅士”，所得权力称为“绅权”。由于绅权是农民受制于皇权的第一界面，且以剥削农民为存在意义，同时还需上层官吏或官僚进行利益往来以稳固自己的地位，因而绅权并非纯粹的静态的政治权力，实质上是政治、经济、社会一体的组织模式。

绅士与农民之间不仅有社会的权力教化、政治的权力控制，还有经济的利益往来，因而乡村基层权力结构是政治、经济、社会文化相互嵌入共同发挥作用的。皇权与乡村社会也并非毫无交集，古代西周宗法制按照血缘关系远近来确认政治关系，此时君臣关系即父子关系，忠与孝是合一的。诸如“爱民如子”②“修身齐家治国平天下”③“一屋不扫何以扫天下”④，国与家、君与臣、父与子；治国与齐家、爱民与爱子——中国的公与私重叠，与西方的公与私界定不同。家庭成为乡村社会的圆心，同时作为差序格局的中心点，将分散的单个家庭与国家政治权威直接相连。此时，“家国同构”为皇权统治提供了合法性，然而由于“差序格局”具有伸缩性，官民身份重叠导致了乡村社会基层治理模

① ［美］杜赞奇：《文化、权力与国家：1900—1942 年的华北农村》，王福明译，江苏人民出版社 2010 年版，前言第 5 页。

② “爱民如子”是一个成语，出自《礼记·中庸》：“子，庶民也。”汉代刘向《新序·杂事一》：“良君将赏善而除民患，爱民如子，盖之如天，容之若地。”

③ “修身齐家治国平天下”出自《礼记·大学》：“古之欲明明德于天下者，先治其国；欲治其国者，先齐其家；欲齐其家者，先修其身；欲修其身者，先正其心；欲正其心者，先诚其意；欲诚其意者，先致其知，致知在格物。物格而后知至，知至而后意诚，意诚而后心正，心正而后身修，身修而后家齐，家齐而后国治，国治而后天下平。”

④ “一屋不扫何以扫天下”出自清代刘蓉《习惯说》：“一室之不治，何以天下家国为？”

式是官民权力互嵌一体的礼治秩序，制度安排与文化传统融为一体形成家族本位的社会伦理与公共伦理。

此外，农民能够接受“家国同构”在一定程度上是基于心理结构的精神寄托。与西方相比，在古代中国，宗教的救世作用是很有限的，民众更关注现实人生和现实社会的世俗生活。在当代生活中，国家通过大众文化传播媒介、工商团体、庙会组织等使乡村环境发生了巨大变化，尤其是它们组织的这些活动深入下层社会，例如，倡导的社会主义核心价值观正是政府后天主动构建的颇具包容性的公共大众文化核心观，用以替代传统乡村的多样化公德观，从而加强人与人之间的文化交流与理解，提升人与人之间的沟通效率，加深农民“家国同构”的直观印象。值得注意的是，中国古代实际谈论“天下”多于“国家”，“家”的范围是可伸缩的，诸如“天下太平”“以孝治天下”“天下一家”等说法，足见其“和而不同”的宗法伦理观的稳定性和包容性。

（三）礼治法治并存：国家政权与乡村系统的有机融合

在费孝通看来，传统乡土社会是“无法”的社会，但不是“无治而治”的社会，因为乡土社会是蕴含着“礼治”秩序的社会。实际上，“所谓人治和法治之别，不在‘人’和‘法’这两个字上，而是在维持秩序时所用的力量，和所依据的规范的性质。”①换言之，人们在遵守法律规范时是无条件遵从，还是有条件遵从？法治精神强调的正是规范的至高无上，这种遵守是不以时间、地点、对象为转移的，必须恪守奉行法律规范；人治精神则将人视为规范的主导者和掌控者，法律规范次于人，人可以根据时间、地点、对象进行有条件的遵守或者实施，使得法律规范作为工具的效用发挥至最佳。谢遐龄指出：“是人用规范，不是规范用人。”②

传统乡村基层社会结构组织能力匮乏，长老统治虽亦可带来太平盛世，但“人”无法永远保持理性，且“人”不可日理万机。因此，如需获得乡村社会的支持力量，必须从乡村基层开始，建构组织力量。这种组织的建构，与资本主义的自发建

① 费孝通：《乡土中国》，人民出版社 2015 年版，第 59 页。

② 这里的人并不一定指个人，也有可能指人与人组成的集团。参见谢遐龄：《中国社会是伦理社会》，上海三联书店 2017 年版。

构不同，是社会主义无产阶级的自觉组织，其关键在于深入群众、掌握群众。将“无产阶级思想家（如马克思）创建的革命理论灌输到无产阶级群众中去。灌输是革命理论掌握群众的步骤之一。”①这种灌输强调的不是专制君王式的横暴统治权，而是家长式的教化权力，关键不在于强迫农民遵守规定，而是需要获得农民的理解，以此重建乡村社会共识结构，从而提升农民法律素养，推进社会主义法治建设。由此，接触农民的第一界面，即乡村基层干部，如社区领袖、村长、村支书等，被构建出来。乡村干部的存在是家长式的存在，与企业老板与员工的雇佣关系截然不同。所以，党执政后的最大危险就是脱离群众，原因就在于此。

在这个过程中，国家政权的目的不是摧毁传统乡村组织，而是加强乡村社会意识正确的导向，使得乡村社会意识形态与国家政权一致。符合国家正统秩序利益的乡村团体或者精英的乡村权威地位得到提升，感性象征得到加强，手握社会资源增多，承担责任变大。

可见，作为政治经济力量，国家组织力量深入到了乡村基层的方方面面。与此同时，这种组织力量还是一种社会力量，不管是思想灌输还是政权改造以及公共文化传播，均需要党的正确引导以及农民的切实理解与积极参与，此时的人与人之间的联系已经从“血缘关系”转化为“党缘关系”，因而党的组织力量归根结底是伦理性的。

第三节
乡村社会的新型伦理秩序

传统城镇化方式以城市本位视角对乡村进行符合政府与资本逻辑的宏观改造，表现为政府与资本联合推进城镇化进程，以一般城镇化模式施行了“一刀切”。由于计划经济时代的城乡二元结构存在着巨大惯性，而传统乡村礼治存在着的伦理韧性，国家组织力量的改组和市场秩序的嵌入无法一蹴而就（礼治强调长老教化和以礼自治，国家强调自上而下的统一治理，市场强调理性主

① 谢遐龄：《中国社会是伦理社会》，上海三联书店 2017 年版，第 23 页。

义和契约法治)，三者在相互博弈中冲突、融合，最终达成了微妙的平衡，使乡村呈现出“半城市化”[①]和“虚城市化”[②]样态，乡村社会伦理秩序无法起到其应有的规训作用，呈现出崩溃样态。在能源环境危机、中华文明传承危机、世界和平危机加深的今天，回归乡村本位，构建新型伦理秩序，才能稳步推进乡村振兴战略，走上“新乡土中国”之路。

一、乡村社会伦理秩序的“失灵”样态

乡村城镇化乃是政府主导推进乡村社会现代化的步骤之一，虽然按以往的经验来看，政府过去投入的诸多成本成为“沉没成本”，乡村没有获得预期的收益，但不可否认的是，“政府投资基础设施相当于支付了机会成本，接下来就是资本下乡和市民下乡追求机会收益”[③]。换言之，政府的“城镇化”在某种程度上对乡村进一步获得政治、经济、人力资源等有其积极的效应，但政策与资本的强制嵌入也割裂了乡村经济和家庭的发展脉络。然而与此同时，村民的传统经济伦理观和家庭伦理观仍旧发挥着规训作用，但由于发挥作用的现实场景和村民群体发生了巨变，新、旧乡村伦理观的“空场”与“错位”引发了乡村社会伦理秩序的“失灵”，具体表现为“权威真空”“人地分离”“时空错位”。

（一）权威真空：深度集权对传统乡村道德权威基础的抽离

传统乡村社会皇权与县衙、官吏、绅士、宗族等势力共同构成了“官民共治”的基层治理秩序，后者起到了组织作用，协助皇权适时地进出乡村。反观现代社会，20世纪中叶之后，在外铄的刺激下，中国新政权的建立面对着经济的现代化、民族的统一和国家政权建设等一系列国家“生存”问题，使得中国不得不被动进入现代化。单从当时的政府与民间现代化的需求来看，政府成为

---

① 王春光：《农村流动人口的“半城市化”问题研究》，《社会学研究》2006年第5期。

② 陈丰：《从“虚城市化”到市民化：农民工城市化的现实路径》，《社会科学》2007年第2期。

③ 温铁军、张孝德主编：《乡村振兴十人谈：乡村振兴战略深度解读》，江西教育出版社2018年版，第13页。

“主动”推行现代化的少数先知先觉，因而，中国实质是“后发外生型现代化国家”[①]。具体表现为政府主导着一系列现代化政治、经济、社会、文化的建设，传统的社会自治被纳入国家政权体系之中，社会整合被政治整合替代。这种政治整合的重要特征之一是政府构建了从上到下强有力的组织，将国家政权与乡村系统进行了有机融合。因而，新生的现代政党政治是国家、社会一体的，换言之，不是政治单轨，而是掌握政策导向与生产资料，主导生活旨趣多轨运作的。

具体表现为乡村基层的合法性资源和制度力量依托“党政系统、派生系统和职役系统所构成的治理体系”[②]构建了乡村基层社会秩序。这些组织既是政治组织，亦是经济组织，还具备社团性质。一方面遵循政党的意志，另一方面则强有力地整合了传统社会的教化权威，使得政治权威通过多渠道渗透并影响了单个家庭。

此时，乡村家训家风的传承链条断裂，家族规训力量式微，以家国一体概念替代传统“家族”的概念，淡化了宗族意识。这种方式破除了传统乡村自治的完整单位，试图筑起一条公开的自下而上的轨道，本意是极好的。然而在实际操作上，一方面，简单划分的政治经济单位难以替代村民“熟人圈”式的多元伦理单位，政治权威难以替代乡村的伦理权威起到预期的规训作用；另一方面，经济的发展、教育的普及、乡村前往城市的农村转移人口流动性提升，均摧毁了旧有乡村的权威基础，诸如乡村宗祠、家族、长老、村规民约等传统权威以及稳定的权威受众，致使乡村共同体面临着解体。二者共同造就了新乡村伦理的“权威真空”，这种由“国家权力深度干预和控制而形成的政治共同体”[③]最

① “后发外生型现代化国家”与“早发内生型现代化国家”相对，前者指以中国为代表的发展中国家，后者指以美国、英国、德国等为代表的发达国家。后发外生型现代化往往不是自身内部现代性不断积累的结果，而是对外部现代性刺激或挑战的一种有意识的积极回应。面对着外部帝国主义和殖民主义的现实与潜在的威胁，以及内在本国人民物质生活的贫困状态，政府唯有作为现代化的实际组织者强行启动推进现代化进程。其实，在缺乏现代性因素积累的基础的情况下，由软弱而分散的民间新兴社会力量来强行启动现代化极其困难，即便可能也需要漫长时日，这对面临着生存危机的新兴国家来说，现代化条件与基础的匮乏使其无法再经受决策错误带来的劳民伤财。此时，只有运用国家机器的强大力量才能组织有限的现代化资源并集中力量解决现代化初期的社会问题。参见孙立平：《后发外生型现代化模式剖析》，《中国社会科学》1991 年第 2 期。

② 周庆智：《官民共治：关于乡村治理秩序的一个概括》，《甘肃社会科学》2018 年第 2 期。

③ 项继权：《中国农村社区及共同体的转型与重建》，《华中师范大学学报》（人文社会科学版）2009 年第 3 期。

终解体。集权体制制度成本增加，人民公社制度效益走向枯竭，乡村权力重心逐渐呈现出“下沉”乃至“悬空”的状态。

（二）人地分离：乡村“地的城镇化”过快而“人的城镇化”尚未形成

从宏观角度来看，村治权力“重心下沉”的原因体现在两个方面：乡村社会基层协商民主发挥效用和乡村社会经济资源的乡镇回流。一方面，人民公社体制终结后，“乡政村治”指国家的正式权力组织建立在乡（镇）一级，而农村的实际治理依托的是农村最基层的群众性自治组织，即村民委员会①。村民委员会含有一定的自治成分，然而乡级政权可以在一定程度上左右和支配村民委员会，同时给予村民委员会工作上的“指导、支持和帮助”。这些都使得乡村社会治理权力的重心下沉为村级的有效治理。另一方面，在城镇化进程中，资本与农村劳动力的乡镇回流也导致了社会权力结构“重心下沉”的现象。由于近几年来城镇化发展进入“新常态”，城市投资收益率下降，部分资本向城市周边乡镇流动，而农民劳动力的周期性回流以及理性选择也“引发了区域城镇体系结构变动，低等级规模城镇人口增速高于高等级规模城镇人口增速（李晓江等，2014），表现出城镇体系规模等级结构和社会权力结构的‘重心下沉’特征”②。这种“重心下沉”带来的高经济增长率主要因为“近年来土地城镇化对经济增长的贡献率在提高”③。

可见，政府的改革逻辑越来越市场化、工业化，传统集权社会面临着解体，新的市民社会正在形成。乡村城镇化依靠上层权力主体的单级驱动以及政府资本的投入可以有发展，但很难兼具内生性和可持续性动力，须得依靠社会资本和公众对乡村资本的接续才能发挥出应有的红利作用。值得注意的是，近几年“人口城镇化对经济增长的贡献率在下降”④，中国城镇化过于注重城镇土地规模的扩张和基建，一定程度上忽略了农村转移人口融入城市的问题。换

① 村民委员会是村民自我管理、自我教育、自我服务的基层群众性自治组织，办理本村的公共事务和公益事业，调解民间纠纷，协助维护社会治安，向人民政府反映村民的意见、要求和提出建议。参见梅志罡：《传统社会文化背景下的均势型村治——一个个案的调查分析》，《中国农村观察》2000年第2期。

② 郝晋伟：《城镇化中的“潮汐演替”与“重心下沉”及政策转型——权力—资本—劳动禀赋结构变迁的视角》，《城市规划》2015年第11期。

③ 郑鑫：《城镇化对中国经济增长的贡献及其实现途径》，《中国农村经济》2014年第6期。

④ 郑鑫：《城镇化对中国经济增长的贡献及其实现途径》，《中国农村经济》2014年第6期。

言之，人口城镇化的有机融合即将带来新的经济增长点，甚或超过土地城镇化的贡献率。如今，诸多城市中农村转移人口难以融入以及乡村振兴策略难以落地等情况出现，乡村呈现出“悬空”状态，正是因为未能充分解决好符合当下农民类群体的“人的城镇化”问题。分析相关政策无法落地的原因，需要从根本上考察农民对政策的真实理解和解读。因此，新型城镇化要能取得预期效果，需要考察乡村城镇化的主要受众群体——农民的道德行为。巨变的乡村社会，使得农民面对新场景、新价值观、新伦理观时，与他人交往呈现出一种新、旧伦理“时空错位”的混乱。

（三）时空错位：旧乡村伦理与新道德场景不匹配

新、旧乡村伦理“时空错位”指这样一种状态：在中国强行启动乡村现代化的背景下，传统伦理的载体（社会结构、乡村制度、文化遗址、价值系统和生活方式等）由于缺乏现代化的相关因素，其分崩离析的速度比新乡村伦理的形成快得多，传统道德权威的基础遭到破坏，此时用旧道德观观照新的道德场景便难以获得预期的效果，从而产生“时空错位”的异步状况。

传统美德往往陈义过高，已无法观照新的道德场景，需要“新”的解读。例如，尊老爱幼是传统美德，但当下有老人为老不尊、倚老卖老的行为，这在“熟人圈”社会，老人的行为往往受到长老权威的监督和村规民约的规范，一旦行为不当则须得承担相应的道德责任，因而老人一言一行需要尽可能与其身份相符；而在“陌生人”社会，老人不当言行会因失去传统道德权威的约束而失范，但这并不意味着尊老这个规范本身存在着问题，关键在于新的解读。尊老应当尊重的不是老年人的身份而应是老年人的行为，若老年人行为不当，应当给予相应的社会公德的谴责。因此，针对特定时间、地点、场景和特定人的行为，将其置于对应时空的道德规范进行判断，才可能获得相对客观的道德评价。

新、旧道德冲突在现实中体现为“道德标准混乱”现象，源自新道德终极意义的迷失，主要表现为道德主体对于“熟人圈”与“陌生人”以及对于“官”和“民”的道德标准混乱。前文述及，传统乡村社会是“熟人圈”社会，是官民二元对立的社会，人们对陌生人和官府往往抱有不信任的态度。现如今进入了“半熟人圈半陌生人”社会，人们对熟人表示信任，对民众抱有同理心，但同时也告诫自己人熟人未必可靠，现在的政府与以前不同，与他人产生纠纷可以诉诸法律解决，整个思考和行为过程充满着“分裂”和矛盾。其原因在于人们失去了终极道德关怀，无法区分“道德”和“不道德”，丧失了道德判断的标准，表现为当下道德受众的虚无感和无奈感。道义与功利、感性与理性在人们脑中不断交织，使得人们做出近似“分裂”的行为。部分群体为了保全自身利益，则不得不否定一切，怀疑一切，将个人利益的保全视为第一，陷入了个人主义道德观的窠臼。但不可否认的是，“熟人圈”道德监督机制的消解和个人道德主体性的提升势必成为符合市场经济秩序的德性。

二、乡村社会伦理秩序“失灵”的内涵及原因

乡村社会伦理秩序的“失灵”并不等同于秩序的“崩溃”，“崩溃”往往指彻底的破坏或垮台，而“失灵”则如同百足之虫，死而不僵，虽知有病症，却往往难以找到修复的着力点。中国乡村社会遭遇社会转型冲击，然而传统乡村的交往伦理、经济伦理、治理伦理的坚韧特点，导致了传统伦理的“空场”，深究起来，这种“空场”是一种“隐性在场”。

（一）乡村社会伦理秩序“失灵”的内涵及内因

伦理秩序的崩溃往往意味着传统的伦理规范已完全不起作用，致使人民内心失去信仰，动荡不安，以致社会组织分崩离析。而“失灵”相对于“崩溃”来说是慢性的，针对“失灵”的不作为不一定会导致完全崩坏，但一定难以带来繁荣。乡村社会伦理秩序呈现为“失灵”状态有三重内因：伦理秩序高居“本位”、小农经济具备“韧性”、乡村治理存在“双轨”。

第一，伦理秩序高居“本位”。中国传统社会组织是伦理本位的，简单来说是互相以对方为重的，而这种互以对方为重不是因为团体义务的法制思维，而是由于约定俗成的伦理约束机制的人治思维。这就意味着当西方以个人为本位的风气传入中国，个人主体会“以自己为重，以伦理关系为轻；权利心重，义务念轻。从让变为争，从情谊的连锁变为各自离立”[①]。这说明，此时中国的个

① 梁漱溟：《乡村建设理论》，上海人民出版社 2011 年版，第 61 页。

人本位与西方的个人本位不同，前者注重个人的私域权利以及承认团队领袖对自身的权力，只对团队领袖负责，忽略了与团体分子之间的相互义务，导致了个人本位囿于私人本位。此时的传统伦理仅仅在与私人利益相关的事项中起作用，即所谓"务实"。过度"务实"则会限制行为主体的行动视野和思维格局，从而难以谋大事。

第二，小农经济具备"韧性"。中国传统经济结构是"一个个并存排列在无数村子里的独立小农。在小农之间很少分工。……农家的经济是尽力求自给……不但消费可以自给，生产要素也是高度的自给"①。这意味着，农民的劳动力自给是与工资多少无关的。他们以生活程度来迁就现实，导致了小农生活的程度标准伸缩性极强，收成好坏与他人无关，只与天相关，因此土地不好、粮食歉收等并不能成为土地"不值得继续耕种"的充分条件（除非危及生命）。因而，这种不依赖他人，完全自给自足的经济模式极其稳固。长此以往，小农形成了善于隐忍和小富即安的性格特点。虽然小农经济可以解决温饱问题，但无法给予温饱生活以上更为体面的生活报偿，然而农民仍旧无法轻易放弃小农模式。这就造成了新经济改革的相关政策难以落实到位，有的政策甚至遭到农业散户反对，致使经济政策的实施一度处于"失灵"状态。

第三，乡村治理存在"双轨"。"一、中国传统政治结构是有着中央集权和地方自治的两层。二、中央所做的事是极有限的，地方上的公益不受中央的干涉，由自治团体管理。"②通常意义上，我们只能看到自上而下的横暴权力，而实际上，政令一旦与人民接触，则转入自下而上的非隶属于政府之内的"经纪人"轨道，其实际效用远大于政府权力。这也导致了"皇权不下县"的传统在某些偏远乡村仍旧存在，乡村现代化治理模式难以恰如其分地嵌入乡村治理中，从而起到应有的效果。

（二）乡村社会伦理的"空场"与"隐性在场"

传统乡村社会发展变化极为缓慢，"熟人圈"式的交往模式形成了乡村礼治共同体。在新农村建设的政策和市场经济的双重冲击下，乡村空间传统建筑、耕

---

① 费孝通：《乡土中国　生育制度　乡土重建》，商务印书馆2011年版，第370-371页。
② 费孝通：《乡土中国　生育制度　乡土重建》，商务印书馆2011年版，第383页。

地遭受破坏，乡村环境发生了巨大变化。21世纪以来，进城务工或经商的农民越来越多，村庄以外的收入占农民全部收入的半数以上，相对封闭的传统乡村结构已无法解决新问题、回应新需求从而最终解体了，呈现出“空场化”。

“空场化”指传统乡村社会结构对村民已无法起到预期的规训作用，人们内心的礼治秩序崩塌，乡村社会结构也不得不面临着更替以契合人们的新需求①。具体表现为：一方面，村民交往圈子扩大，致使村庄中人与人之间信息不对称，能够达成的潜在共识越来越少；另一方面，即便在信息全对称的情况下，由于村民思想开放了，村民想法愈加多元化，从而在同一乡村达成共识的前提下也可能造就不同的行为模式。“无拘束的交往减少了，村民越来越难以接受之前熟人社会中缺乏退出机制的串门聊天。不仅在规范上，而且在信息沟通上面，村庄也出现了与之前熟人社会大不相同的逻辑。这样一种行为逻辑，即构成半数人社会的行动逻辑：既不同于传统乡村社会又不同于现代城市社区的中间状态。”②此时，乡村社会从“熟人社会”开始进入“半熟人社会”，“基于熟悉而产生的信任因‘熟人圈’的萎缩而局限于相对狭窄的场域之中，相反，通行于‘陌生人社会’的契约、规则获得了农民越来越多的观念认同并在其交易、交往行动中得以遵从。”③半熟人逻辑的变化只是乡村变迁中的一个剪影，此时，旧有规章制度、道德规范、传统习俗还存在于人们脑中，但人们已经知道它们有时已无法发挥作用了，而新的明确的规范秩序还未落地，此时引领人们行为方式的往往是费孝通所说的“时势权力”，合理、合利、合情哪个更占上风便选择哪个。

值得注意的是，这里的“空场”并非绝对意义上的空场，而是一种“隐性在场”。明面上传统伦理已不复存在，实质上传统乡村伦理仍旧以“思维惯习”“文化习俗”“语义逻辑”等方式浸润于人们心中。传统乡村秩序的作用环境发生了巨变，致使规训作用暂时失效，但它们会以碎片化的方式存在于人的潜意识中，成为新的零星日常，等待发挥作用的契机。例如，“中国式相亲”的盛行、

---

① 费孝通认为，社会结构像文化的其他部分一般，是人造出来的，是用来从环境里取得满足需要的工具。社会结构的变动是人要它变的，要它变的原因是它已不能答复人的需要。参见费孝通：《乡土中国》，人民出版社2015年版，第96页。

② 贺雪峰：《新乡土中国》，北京大学出版社2013年版，第8页。

③ 王露璐：《从乡土伦理到新乡土伦理——中国乡村伦理的传统特色与现代转型》，《光明日报》2011年1月18日。

“老娘舅”调解事务所的开办、“家族式”企业的短命现象等都有源于传统伦理的隐性在场的原因。

（三）乡村社会伦理秩序“失灵”的外因

乡村城市化曾是国家建设现代化的环节之一，但最终造就的不是新乡村，而是“半城市化”或“虚城市化”的乡村。“半城市化”指乡村作为被改革客体的不彻底的城市化。“虚城市化”意味着无视乡村空间秩序的城市化改造只是乡村空间“虚有其表”的现代化。两种观点均认同“半城市化”是乡村城市化的过渡阶段，这句话看似是一个事实判断，实则隐含两种价值导向：一是“半城市化”或“虚城市化”只是暂时的状态，乡村最终必然要过渡成为城市；二是城市是发展的中心，乡村只是起辅助功能，甚或是亟需革新与城市同化的。这两种导向是城市本位的思考方式，长此以往也不利于城市与乡村交互性的可持续发展。受这种思维逻辑主导的乡村城市化只能导致“地的半城市化”①和“人的半城市化”②。前者指乡村地理景观呈现出城乡景观混杂、城乡职能交错、土地利用正规与非正规并存的未完全城市化区域，后者具体指农业转移人口在城市社会融入逐渐成为市民过程中的不完整状态。传统乡村社会伦理秩序难以发挥原本场域作用而“失灵”。其成因可归结为以下两类：乡村地理景观的“碎片化”创新与乡村半（虚）城市化的再生产。

1. 乡村地理景观的“碎片化”创新

乡村景观“碎片化”指新乡村建设过程中没有经过理论与实践的关联以及宏观的统筹安排，按照各自的主观意见对传统乡村景观进行毁损或建构，使得乡村整体景观不协调甚至相互冲突，致使人力和地力的大量浪费。

因为当时一贯认为给农村搞了新建设就能成为新农村。一方面，破“旧”，毁灭乡村古建筑宗祠、古庙、石碑、石雕、旧路等；另一方面，立“新”，对乡村旧景进行毁耕建房、“穿衣戴帽”，甚至千篇一律复制城市建筑或者国外建筑，将新农村景观变得“不中不西”、支离破碎。此时，这种碎片化的建造对于传统乡

① “地的半城市化”指一种区域特质介于城市和乡村之间的过渡性地域类型。参见马恩朴、李同昇、卫倩茹：《中国半城市化地区乡村聚落空间格局演化机制探索——以西安市南郊大学城康杜村为例》，《地理科学进展》2016 年第 7 期。

② “人的半城市化”表现为各系统之间不衔接、社会生活实践不融合、农民工社会认同上的“内卷化”。参见王春光：《农村流动人口的“半城市化”问题研究》，《社会学研究》2006 年第 5 期。

村来说，同时亦是“毁灭”。有些乡村在建设前看似进行了系统考察，全盘改造乡村推行古镇旅游，乡村景观看似协调多了，但这种古镇文化感全无，商业包装意味太浓，对于乡村的特色没有有效传承。此外，从市场辐射的功能上讲，并非所有乡村的空间能吸引到足够多的游客，许多古镇门可罗雀，有的村民甚至又恢复了种地的生活。

另外，有些改造甚至连乡村“碎片”也不剩下。2013 年以后，市场经济进入乡村，有些地方农民的宅基地与农地被流转，譬如，利用合法的程序把大量荒山荒地改为基本农田，把农田变为建筑用地，等等。这样，农民成为“失地”农民，失去了农民身份，进入城市又不被承认，最后沦为“六失”农民。

2. 乡村半（虚）城市化的再生产

“虚城市化”是相对于“城市化”而言的，城市化指在系统、社会和心理认同三个层面相互融合的状态①。那么，乡村城市化的极致就是城乡有机融合，并非指乡村变为城市或者城市回归乡村，而是乡村与城市两个空间相互契合，形成政策相通、经济畅通、设施联通、文脉融通的共同体。而“虚城市化”的实质在于乡村振兴的顶层设计理论与乡村社会实际结构不符，底层群众需求断断续续地表达也无法形成有效的利益诉求，难以参与跟其生活密切相关的重大公共决策，使得乡村建设成为浮于表面的“虚化”。

而这种乡村的“虚城市化”形成碎裂空间，如果不及时调和任其进一步发展则会形成隔离空间。换言之，“虚化”空间将逐渐固化，形成现实的异化景观和异化群体，从而组成“间隙空间”与主流城市空间及传统乡村空间相对立。乡村中的隔离空间包括孤立的乡村、乡村的对抗性空间和乡村间性空间②。孤立的乡村指在城市化的过程中，乡村的某些外部空间联结上了城市甚至世界的“非地方”空间，而其内部的“地方性”则脱离了外在的功能性，使得乡村成为分裂且孤立的存在。此时的乡村经济发展了，但其内在联系紧密的地方文化

① 王春光认为，城市化包含三层含义：一是系统层面的整合，即经济系统、社会系统、文化系统及制度系统四者相互衔接，而不是脱节的，农村流动人口仅仅从经济系统上被接纳，在其他系统中却受到排斥，不能说是实现了城市化；二是社会层面的整合，即农村流动人口在行动、生活方式等方面与城市居民不存在明显区隔；三是从心理上认同于城市社会，对城市有着归属感。参见王春光：《农村流动人口的“半城市化”问题研究》，《社会学研究》2006 年第 5 期。

② “间性空间”（也称“阈限位置”）一词源自后殖民批评家霍米・巴巴的后殖民空间批判理论，指的是文化之间发生冲突、交融和相互趋同的交叉位置。间性空间是一种文化混杂空间，但不同文化并非永远处于不断对抗的过程，它们有可能达到一个“中间状态”。

的传承已然被孤立了，例如，失去劳动力与人才走向没落的乡村以及失去乡村记忆的零散型村庄。乡村的对抗性空间往往产生于乡村拆迁与农民的城市生活融入过程中，前者往往以“非对抗性抵制”①方式表现出来，后者则隐藏在日常生活中，体现为“柔性不合作”的变相抗争方式。由于后者对于农民是一种长期的剥夺过程，农民没有理财观念和尽快适应城市生活的能力，拆迁补偿很快耗尽后，制度保障的缺乏使得农民利益持续性受损，其怨恨逐渐累积最终以拒绝交纳物业费、争夺路权或绿化权、给小区门塞石子等“不合作”的行为表现出来，直至常态化构成市民眼中日常的“低素质的农民群体”。② 农民正是运用这种隐蔽的“弱者的武器”希望国家调整政策以回应其现实期待，这是农民参与公共政治的表现形式之一。乡村间性空间指乡村文明与城市文明不再处于对峙的状态，而是以相同性共存于同一个空间。但这种共存绝不等同于城乡融合共建共享，这是一种缝隙式的存活，抗风险能力弱，安全性和发展性难以保障。最为极端的例子就是城中村，村中环境杂乱、秩序混乱，与城市管理格格不入，原住农民往往成为土地食利者，不同于传统农民还享有高于一般城市白领的房租、拆迁收入，成为异类群体。

三、新乡村社会伦理秩序的重构

乡村伦理的“权威真空”“人地分离”和“时空错位”造就的伦理秩序的“失灵”，乍一看是旧有乡村伦理观失去了规训作用，其实质在于乡村伦理发挥作用的场景发生了转变。换言之，乡村伦理并非陷入了“危机”，而是需要“转型”。在探讨乡村伦理转型之前，有必要对新乡村社会的发展背景进行解读。

（一）新乡村社会正处于乡村空间资本化的阶段

十九大报告指出，我国社会主要矛盾已经转化为人民日益增长的美好生

---

① “非对抗性抵制”描述了当下中国农民在本土非农化压力、城市化暴力和工业私有化境况下采取的博弈策略，当农民面对不确定的生存保障前景时，会坚守其“转换生计，持续保障”的底线，具体表现为选择不被拿走（剥夺）或者利用集体合力效应使其行为合法化。参见折晓叶：《合作与非对抗性抵制——弱者的“韧武器”》，《社会学研究》2008 年第 3 期。

② 杨善华、刘畅：《日常生活中的“柔性不合作”与社会治理的应对》，《华中科技大学学报》（社会科学版）2015 年第 5 期。

活需要和不平衡不充分的发展之间的矛盾。主要矛盾的转化表明，我国已开始进入风险社会，尤其是城市资本发展带来的经济危机。在我国，乡村往往成为城市资本危机转嫁的对象，这个过程被称为城市资本危机“软着陆”，“其实就是成功地向边缘群体、向社会下层，或者是向二元结构体制条件下的乡土社会转嫁了危机的代价”①。这种做法不仅会深化城乡二元对立，扩大贫富差距，还会导致国家整体经济体系结构脆弱，抗风险能力弱化。因此，当下大力振兴乡村对于推进国家战略显得尤为重要，只有实体资产大量增加，才能挤出经济泡沫，增加对下一波金融危机的防控能力。如今，乡村振兴的经济发展实质是乡村的空间自主资本化，即将乡村的生态资源（空气、水、树林等）资产化、资本化，将资本危机进行“空间转移”。如今，中国依然处在“自主地把资源性资产推进资本化的第二阶段……这要靠中央政府依据国家政治信用向货币体系赋权，货币增发形成资本市场的不断扩张”②。乡村振兴战略是政府“先行”的，但广大农民要能共同富裕，不能仅仅被动地等待政府救济，应当成为自主发展主体，创造并共享经济繁荣成果，这样，乡村才能富裕，社会才能稳定。

（二）乡村社会共享发展格局的伦理关怀

当下，乡村存在着两种共享经济发展模式，笔者将其称为家庭“接力式”共享与技术创新型共享。前者表现为农民的“弹性式”进城模式，后者则是农业生产的智慧化和社会化，即“农业 4.0”生产方式。

家庭“接力式”共享——农民的“弹性式”进城模式。一方面，对美好生活的向往使得农民相较于“进城安居”，更看重“体面安居”。“农民追求的进城目标是体面安居，也即是说，进城本身不是目的，如果不能在城市获得体面生活，那么相对而言，农村生活便未尝不是更理性的选择。”③并且，新农村建设卓显成效，农村基础设施的改善，生活成本低，自然生态舒适和人文生活节奏慢，农

① 温铁军、张孝德主编：《乡村振兴十人谈：乡村振兴战略深度解读》，江西教育出版社 2018 年版，第 21 页。

② 温铁军、张孝德主编：《乡村振兴十人谈：乡村振兴战略深度解读》，江西教育出版社 2018 年版，第 18 页。

③ 王德福：《弹性城市化与接力式进城——理解中国特色城市化模式及其社会机制的一个视角》，《社会科学》2017 年第 3 期。

村宜居的生活吸引力正逐渐增强。另一方面，中国农民进城的单位实质上是“家庭”而非个人，家庭成员可以通过“接力”的方式过渡为城市居民。新家庭经济迁移学派认为，“集体行动会使预期收入最大化和风险最小化……因此，迁移行为不仅仅要使迁移者个人利益最大化，而且是家庭收入来源多元化的途径，可以减轻家庭在制度不完善的社会中所面临的风险。”①农民从事农副业传统，使得中国农民自发形成了多元化代际合作的就业模式。此外，中国农民的家庭观体现着根缘绵续的弹性实质，按照乡土社会的“差序格局”形态，家庭圈的范围小至当下自己与直系亲属，大至表亲甚至未来子孙。可伸缩的“家人圈”导致了农民会在农村与城市两地奔波，甚至一连两代、三代人均如此，呈现出“弹性式”进城的情形。在这个过程中，积攒家庭资源并传递给代际子孙，最后从“体面返村”变为“体面进城”。

这种“弹性式”进城模式给予了城市急速发展缓冲的余地，中国农村起到了“稳定器”和“蓄水池”的作用。正如贺雪峰所言，“城市是中国经济发展的增长极，农村是中国现代化的稳定器”②。温铁军认为，中国没有陷入发展中大国通常出现的“过度城市化”困境，并且，中国工业化和城镇化加速时期始终没有伴随出现大规模的贫民窟，全球发展中人口大国仅此一例。③ 农民正是在这个过程中利用自己的“智慧”尽可能地降低城市化带来的风险，使自己从现代化的“牺牲者”变为城市化发展成果的“共享者”。但“弹性式”进城并没有改变农村、农业和农民的被动地位，进城仍被视为“体面”的价值追求。

技术创新型共享——新农业生产的智慧化和社会化。在推进乡村生态文明的战略转型以来，新农业生产逐渐脱离小农经济的桎梏，以创新社会多元参与的方式呈现出智慧化和社会化。农业智慧化是“农业 4.0”时代的标志，即“互联网 + 农业”。具体说来，农业 4.0 是以物联网、大数据、人工智能、机器人等技术为支撑和手段的一种高度集约、高度精准、高度智能、高度协同、高度生态的现代农业形态，是继传统农业（农业 1.0）、机械化农业（农业 2.0）、自动化

---

① 张晓青：《国际人口迁移理论述评》，《人口学刊》2001 年第 3 期。

② 贺雪峰：《谁是农民：三农政策重点与中国现代农业发展道路选择》，中信出版社 2016 年版，第 7 页。

③ 温铁军：《我国为什么不能实行农村土地私有化》，《红旗文稿》2009 年第 2 期。

农业(农业3.0)之后的更高阶段的农业发展阶段,即智能农业。① 农业社会化指针对2017年中央一号文件提出的农业要搞一、二、三产业融合的政策和机制,即农产品生产业、加工业和销售服务业的融合。农产品作为原材料经过加工和销售两个环节达到了价值的二次增值,不仅能实现小农户与大市场需求的直接对接,还能使农民参与产品增值的分配,提高收入,激发农村发展活力和农民生产积极性。

生态化、智慧化、社会化意味着乡村发展不是政府或者农民单方面的行为,未来发展不是要摆脱农业,而是应当推动乡村产业的升级融合,让农民获得实实在在的物质收益和社会身份地位,成为中产阶层的一分子,从而共享经济繁荣果实。但在实际操作中,这种仅强调"现代化""规模化"的生产模式完全是工业思维,是以否定农户家族式经营组织为代价的,破坏了乡村生活的伦理单位,期待以完全现代化的科学组织管理方式取而代之,是极其不现实的。

可见,新乡村社会发展应当是家庭"接力"与技术创新相结合,换言之,家庭经营或者家庭农场才是更加适合当下农业的组织生产模式。农业需要规模经营,但一定要"适度",而这个度,便是以乡村的"家庭"为边界的。追根究底,中国乡村社会是伦理本位的,农业技术的普及脱离了村民的日常生活和理解,难以激发村民内生性动力。

(三)新乡村社会伦理秩序的重构

针对中国具体国情,新乡村伦理的构建只得政府先行,即利用权力构建新的组织形式、新的制度结构和新的核心价值观作为新权威的基础。而接下来就是尽可能引导乡村受众理解并自愿服从新道德权威的规训,这样新权威基础才能真正稳固并深入人心。然而,由于新权威的实质是国家公权力对传统家族私域的入侵,使得日常生活中的道德冲突,尤其是家庭中的两性冲突难以真正接受新道德权威的规训。因此,新乡村社会伦理秩序的重构需要区分两个方面:公域的社会公德和私域的家庭美德。

① 秦志伟:《"农业4.0"已露尖尖角》,《农村·农业·农民》(B版)2015年第9期。

当下乡村的社会公德更多体现在市场经济秩序中“理性小农”的形成，“伴随着中国农村工业化、市场化的改革进程，农民整体的求富冲动和市场理性意识有了明显的提高”①，农民自主选择与个体权利意识觉醒，以功利性和实用性的角度来考虑遵守旧有乡村规范是否能够获益，对规范的理解从“能不能”变成了“愿不愿”，对熟人说的话也并非全然信任。此时，社会已转向“半熟人社会”了，新的权威基础可以依托特定的乡村公共道德平台发挥作用。“近年来，出现在我国不同地区的乡村文化礼堂、文化广场、道德讲堂、家族祠堂、乡村书院等自发而多样、各具特色的文化载体和形式，不断打造出新型的乡村公共道德平台，成为村民自发、自觉、自愿乃至喜爱的聚集和交流平台，也形成了乡村广场舞、乡村春晚、乡村故事会、乡村乐团等道德建设的有效载体。”②丰富村民的业余公共生活，增加村民间的交流，让村民及时了解新规定新政策。

家庭美德冲突主要体现在两性婚恋相处中，婚恋双方本能地强调自身婚恋中权利的享受而有意无意忽略自身责任的承担，忽略了家庭作为承载着情感、教育、经济等多功能社会组织的实质。因此，婚姻不应是“有爱即合，无爱即离”，家庭的长期存续离不开双方的恰当经营。但传统与现代婚恋观交织导致了两性观念的冲突与混乱，而此时，两性双方及其家庭成员作为新道德主体尚未形成相匹配的婚恋中的权利与义务观，一方索取过多却不付出，长期的不公引发矛盾。此时的婚恋冲突多属于家庭私域范畴，社会公权力难以介入并事事给予相对公正的评判。只有恰当地设立介于公域与私域之间的合法机构，例如解决家长里短纠纷的“老娘舅”、婚恋心理咨询机构等，将私域之事私下沟通解决，若无法解决再上升至公域法权力。

总之，新乡村伦理观的构建与起效，离不开“权力—资本—村民”三者合乎伦理秩序的配合与协调，政府的权力引导模式应当从“单一的‘政府首脑—技术精英’结合体转变为更多元、更丰富的‘大众—协调者—政府’结合体”③。简言之，一方面，政府应当做好顶层设计，用改革的办法推进结构调整来引导主

---

① 王露璐：《从“理性小农”到“新农民”——农民行为选择的伦理冲突与“理性新农民”的生成》，《哲学动态》2015 年第 8 期。

② 王露璐：《从“熟人社会”到“熟人社区”——乡村公共道德平台的式微与重建》，《湖北大学学报》（哲学社会科学版）2020 年第 1 期。

③ 郝晋伟：《城镇化中的“潮汐演替”与“重心下沉”及政策转型——权力—资本—劳动禀赋结构变迁的视角》，《城市规划》2015 年第 11 期。

体的行动,尊重农民在乡村生产过程中的选择方式和时机。另一方面,尊重和正视村民的个体道德抉择,引入合法的第三方协商机制,及时给予理解并给出切实可行的政策,作为过渡机制缓解个体对公权力的对抗。推进政府服务型职能的转变,打造有形之手的最高形态——"空气政府",使得政府作用方式从"显性"过渡为"隐性",实现政府公权力的"退场"。

第二章

中国乡村伦理的历史传统与特征

在近两千多年的岁月中，中国传统社会一直维持着“几乎与世界其他大文化完全隔绝，而近乎一种平衡、稳固及‘不变的状态’”①，在乡村社会则体现为以乡土农耕为基础、血缘与地缘为纽带、宗法礼治为秩序的特征。这种对土地有着极大依附性的生产生活方式，使得人们形成了终老是乡、世代定居的生活常态。如费孝通所言，“知足、安分、克己这一套价值观念是和传统的匮乏经济相配合的，共同维持着这个技术停顿、社会静止的局面。”②

因此，相较于市场契约关系主导的交往模式，以血亲关系为主轴的情感互动更能代表传统乡土社会的交往话语。与无偏倚性的第三人称视角道德不同，乡民们更愿意采纳一种以己为中心、以血缘的亲疏与地缘的远近逐渐向上推移的“差序格局”方式去建立伦理联系。因此，第一章中所揭示的“乡土性”特征，无疑可以成为探寻中国乡村伦理历史传统与特征的逻辑起点。具体到基本内容上，家庭伦理关系、经济价值观、农业伦理与礼法秩序这四个方面无疑最为集中地反映了传统乡村伦理的历史状况。

第一节 道德生成和传承的根基：家庭（族）的道德教化和养成

受独特的地缘环境影响，家庭一直在中国传统社会中占据着特殊的地位。其特殊性体现在两个方面。一方面，出于自然环境等因素的限制③，人们必须

① 金耀基：《从传统到现代》，广州文化出版社 1989 年版，第 49 页。

② 《费孝通文集》第 4 卷，群言出版社 1999 年版，第 305 页。

③ 关于自然环境对家庭伦理影响的详细论述，参见李桂梅：《中西家庭伦理产生之源探究》，《伦理学研究》2005 年第 4 期。

依靠氏族纽带所聚合而来的共同体去应对外部因素的挑战，因此以家长制为核心的家庭公社就成了社会生产劳动的基本单元。这种经济上的相互依赖性促成了家庭成员间权利义务的基本形式，父母既有抚育其子女的义务，也有要求其子女赡养自己的权利。与此同时，父亲享有绝对权威，有权支配子女，要求尊敬与服从。另一方面，家庭还划定了私人生活领域的边界与范围，作为家庭关系纽带的血缘亲情成为人们找寻自我认同的基础，这就使得中国传统家庭伦理发展出一套迥异于西方的观念内容。

一、以父子关系为主轴的伦理关系

中国传统乡村社会以血缘关系为其出发点，因而家庭伦理的重点也就落在了父子关系上。当西方哲学家考察家庭伦理时，往往首先想到夫妻婚姻关系，家庭之所以成为家庭，首先要有“夫妻”，而后才能有“父子”(父母与子女)。如，黑格尔指出：“作为精神的直接实体性的家庭，以爱为其规定，而爱是精神对自身统一的感觉。因此，在家庭中，人们的情绪就是意识到自己是在这种统一中、即在自在自为地存在的实质中的个体性，从而使自己在其中不是一个独立的人，而成为一个成员。”①相比西方在个体私有制及其基础上靠商品交换和契约关系所形成的以个体主义为中心的家庭伦理观，传统乡村家庭伦理更多的是将家庭视作一个整体，其规范指向家庭内部尤其是父子关系，这也是乡村父权制社会的一个真实写照。在古人看来，家庭伦理中最为基本的道德观念即“为人子，止于孝；为人父，止于慈”(《礼记·大学》)。

之所以在传统乡村能够生成这种不同于西方的家庭伦理观念，其原因有三：

第一，财富的原始积累方式奠定了父子关系的经济基础。传统乡村的小农经济生产水平落后，这就导致家庭单位的财富积累速度缓慢。“岁有余庆”的小康愿望往往需要几代人的共同努力才能实现，故而确认血缘关系、防止非血缘关系成员分割家庭财富，最终导致财产流失就具有了非同一般的意义。

① [德]黑格尔：《法哲学原理：或自然法和国家学纲要》，范扬、张企泰译，商务印书馆2017年版，第199页。

同时，小农经济的生产方式往往以劳动密集型为主，需要大量的人力帮助征服自然、获取生存资料。“多子多福”不仅仅是一句美好的祝愿，更是后备劳动力的必要保障，故而父子关系自然地超越其他伦理关系，能够占据基础性地位成为家庭凝聚力的核心。

第二，家国一体的政治思维强化了父子关系的思想基础。最早孟子就指出“天下之本在国，国之本在家，家之本在身”（《孟子·离娄章句上》），通过类比的方式，将家庭的地位提升到了前所未有的高度。古代中国不同于西方之处在于，它来源于各个家庭、家族、村落的扩展而非地域性的公民社会。因此我们会自然地认为家庭是国的最小单元。这种家国同构的政治观念又反过来强化了人们对家庭道德状况的认知，将“孝”这一家庭伦理道德规则视作政治生活领域的“忠”这一德性的伦理基础，所谓“移孝作忠”“忠臣出于孝门”。而“孝”在家庭伦理中的核心地位，自然地也就强化了父子关系的重要性。

第三，男尊女卑的文化氛围证成了父子关系的合法地位。如恩格斯所述，“在历史上出现的最初的阶级对立，是同个体婚制下夫妻间的对抗的发展同时发生的，而最初的阶级压迫是同男性对女性的压迫同时发生的。”①采集文明向农业文明的过渡与个体婚制的出现共同孕育着男女不平等的萌芽。而传统乡土社会财产继承的迫切需求使得男性在婚姻上对女性忠贞的要求得到空前强化。换言之，财产继承的稳定成为家庭伦理关系中的“王牌”，对于任何其他形式的关系都具有压倒性优势。这种价值观甚至导致女性自身也倾向于适应“卑”的位置，如《白鹿原》中的吴仙草。在她的思维观念中，嫁与白嘉轩并不是平等的夫妻关系，而是不对等的恩偿关系，而报恩的方式就是为白家传宗接代。虽然她勤劳能干，贤良温婉，与丈夫相处也能做到举案齐眉、百依百顺，但父子关系永远是她生活运作的核心，其家庭地位的来源不在于她与白嘉轩的爱情，而是她为白家生育了三儿一女——这有利于父子关系的延续。可以说，为了保障子女血统的纯洁和财产的正常承续，女性被置于严密的管束之下，甚至被视作私有财产的一部分，或生儿育女、传宗接代的工具。由此，“男尊女卑、男贵女贱”的观念逐渐形成并且为人所接受，伴随男性地位的提升与女性地位的下降，父子关系成为家庭关注的重点也就是不言而喻的了。

---

① 《马克思恩格斯文集》第4卷，人民出版社2009年版，第78页。

总的来说，以父子关系为主轴的古代家庭伦理观，实际上是家国同构与小农经济背景的历史性产物，虽然其中存在着颇多不合理之处，但其仍为传统乡土社会的正常运行提供了良好的家族秩序保障，是农业社会家庭凝聚力增强的重要因素。

二、以孝为核心的道德规范体系

受男耕女织自给自足的小农经济、“家天下”的社会政治背景、封闭且孤立的地理环境、群体本位的价值导向等社会历史条件的限制，中国古代社会形成了一套以血缘关系为依据、以等级差序为基本结构、以父子人伦为主轴的规范系统。其目的不在于保障个人利益，而在于在强调家庭本位的前提下维护一套特定的长幼尊卑秩序，这不仅是家庭结构稳定性的保障，更是家族得以延续的关键。而这些在道德范畴内，则体现为“孝”文化的发展与旺盛。

与“孝”的起源相联系，在乡村伦理生活中，“孝”的内容也体现出两种形态：一种是对在世长辈，即对“活人”的孝；一种是对去世先祖，即对“死人”的孝。

对于在世父母的奉养、尊敬、服从表征着“孝”的世俗含义，经过儒家思想两千多年的浸润与教化，敬养兼施已成为中国古代乡土社会的一种伦理习俗，可以说，一切道德皆从孝道中生发。它通过“三纲五常”的伦理秩序维持着士农工商的社会阶层和家国同构的乡村政治结构。其基本内涵包括以下三点：

第一，养亲与敬亲。“哀哀父母，生我劬劳。……哀哀父母，生我劳瘁。……父兮生我，母兮鞠我，抚我畜我，长我育我，顾我复我，出入腹我。”(《诗经·小雅·蓼莪》)乡村生活中的孝道最初开始于对于父母的敬养，敬养除却要求物质上的供养外，更重要的是体现出一种父母与子女的互爱之情，不仅要有“养”之行，更要有“养”之心。如孔子所言：“今之孝者，是谓能养。至于犬马，皆能有养，不敬，何以别乎?”(《论语·为政》)对于子女来说，“孝行”的关键便是能够时刻保持对父母的爱心，它要求家庭成员将整个家庭视作一个有机共同体。乡土社会生活正是通过相互的情感交流与自然主义的血脉联系搭建而来，任何得到普遍认可的道德习俗，都不是以个人而是以家庭为其基本尺度的。正是基于这样的道德评价标准，乡土社会的人们形成了“亲亲互爱”的历史传统。例如，对于“父子相隐”这一伦理困境，古代乡民会理所当然地将子女为父母做出的隐瞒视作正当，在这种家庭整体的视角下，原子式个体的自由与正义是不可想象的。进一步说，正是“养亲”在行为与情感上的双向要求，赋予了每位家庭成员在乡村生活中的道德意义与道德尊严，让人们在日常生活中建构出一种独特的“自我”概念，它来自人们对家庭角色的“扮演”、对家庭伦理共同体的认同与对“长幼尊卑”价值秩序的崇拜。

第二，侍亲与爱己。在乡土中国的历史传统中，“孝道”还见诸对双亲意愿的尊重。这体现在具体的行动上，即如《孝经》所言：“身体发肤，受之父母，不敢毁伤，孝之始也。”（《孝经·开宗明义》）在传统的伦理观念中，自我身体的完整既是侍奉父母、恪行孝道的前提，更是对双亲意愿的最佳尊重方式。这里可以借用曾参的故事来说明“侍亲与爱己”在孝道中的独特地位。据《孔子家语》记载，曾子在田间耕种时，失手斩断了瓜的根茎。他的父亲因为此事大怒，因而用大棒子打至曾子昏厥。但曾子在房中休息时，仍然大声唱歌，希望他的父亲以为他并无大碍。孔子听说后非常生气，斥责曾子道：“汝不闻乎？昔瞽瞍有子曰舜，舜之事瞽瞍，欲使之未尝不在于侧；索而杀之，未尝可得。小棰则待过，大杖则逃走，故瞽瞍不犯不父之罪，而舜不失烝烝之孝。今参事父，委身以待暴怒，殪而不避，既身死而陷父于不义，其不孝孰大焉？汝非天子之民也，杀天子之民，其罪奚若？”（《孔子家语·六本第十五》）这则故事中体现了“大杖则逃，小杖则受”：其“受”是为了让父母解气，这表现为侍奉父母的一面；其“逃”是为了避免父母蒙羞或愧疚，表现了自我保存的要求。可见，无论是“逃”还是“受”，本质上都是以双亲为出发点做出的判断，都在孝道的范畴之内。这种古朴淳厚的孝道，在面临自我与行孝义务的冲突时所体现的智慧与切合实际，深刻说明了中国古代的伦理传统其本质目的不在于道德说教，而在于将道德规范内化到日常生活之中，成为乡土社会生产生活过程中必不可少的一部分。在侍奉父母的过程中，自然地就蕴含着珍爱身体、珍爱生命的思想，这种理念对于个人行为与价值取向的规范具有重要意义。

第三，以孝立身。“立身行道，扬名于后世，以显父母，孝之终也。”（《孝经·开宗明义》）孝道在乡土社会的施行，直接关系到社会的价值取向与评价系统。人们将“忠”看作“孝”的延伸，要求用来源于血缘关系的“孝”去理解代表着上下级关系的“忠”。“君子之事亲孝，故忠可移于君。事兄悌，故顺可移于长。居家理，故治可移于官。是以行成于内，而名立于后世矣。”(《孝经·广扬名·第十四》)将孝视作忠的前提，并以忠作为孝的结果。相较于现代社会以经济评价为主，传统乡村更拥护道德评价的至上性，建功立业、衣锦还乡、光耀门庭是对父母最大的孝行。相反，乡民们厌恶饱食终日、庸碌一生的行为，会将其定义为“懒惰”，并视作不孝。而孝观念对个人价值的构成作用，也受到了封建统治者的重视，“道德的社会化使其具备了社会心理的基础和行为规范的量化标准，道德的政治化又使孝具备了无须论证的至上合法性以及国家法律的支持。”①历朝历代都试图以“忠孝互通”的意识形态去促进“家国同构”的政治形态，并以此为选拔人才的标准。这种以“孝”为核心的评价方式，在多地的乡规民约、祠堂门联中都有所体现，如徽州冯村冯氏宗祠叙论堂的“叙穆叙昭，祖有德，宗有功，具见诒谋远大；伦常伦纪，孙可贤，子可孝，即能继述绵长”；《永嘉罗溪族谱》的吕氏族规中，对人的首要道德要求便是“为父当慈”与“为子当孝”。这些记载都生动地反映了古人们始于“孝”以修身，终于“忠”以治国，建功立业，恩荣世家，直至青史流芳的最高人生追求。

此外，以孝为核心内容的祖先崇拜对古代乡民而言还具有类似宗教的终极关怀意义。简单地说，在对于去世乡民的“孝”上，其整体含义大约可分为三个层次：首先，是对于先祖的基础性义务，即氏族血脉的生物性延续；其次，在更高的层次上，孝意味着对父母与祖先高级生命的传承，即对文化、气质、家风等方面的认可与执行；最后，在孝的终极目的上，它要求子孙后代能实现先祖或父母一生中尚未了却的某些特殊愿望，或者弥补他们的重大遗憾，这就使得孝具有了一种终极伦理关怀的含义。正是这种注重历史、崇拜祖先的乡村生活道德氛围，能够搭建起上下几代人的血脉联系，使得传统农民能够在家庭内部就获得心灵上的慰藉，感受生活的乐趣。值得注意的是，这种文化信仰的含义与西方世界是不同的，在西方的宗教伦理观念中，每个人都可以通过教会神职人员直接与神沟通，宗教信仰向每一个独立的个体开放，彼岸世界的终极关

① 刘芳：《社会转型期的孝道与乡村秩序——以鲁西南的H村为例》，上海大学博士学位论文2013年，第191页。

怀使得父亲长辈并无相对于子女晚辈的优越权。而中国传统的农耕文明则更注重现实生活中的满足，即便是超越性的终极关怀，也被限定在世俗之内。在乡间随处可见的祠堂，则更像是乡民有关先辈集体记忆的载体，里面供奉的往往不是神像，而是祖先的牌位。一代代人在有关先祖的故事中，学习、感受生活方式，并完成乡土社会成员代际间的价值存取。当人们将祖先神灵化，企图以“礼”来获得祖先神灵的庇佑时，人们也往往愿意相信只有生前对老人孝敬，死后才能得到庇佑，保证家族兴旺、昌盛不绝。这样，在俗世生活中像供养祠堂中的祖先一样去供养父母，将老年人的家族地位上升到贴近神灵与祖先的地位就成了古代乡村的普遍观念，于是“孝亲”“养老”的义务以另一种方式得到了加强。

当然，也应当注意到乡村孝伦理中的“愚孝”现象，孝被普遍视作美德也就意味着父权的空前强化。在履行孝道上，甚至出现了相互攀比以显示自己孝行的做法，于是“不论曲直”、绝对顺从成为对待父母的基本要求。愚孝愈愚，以至畸形，诞生了一些怪诞、残忍的风俗。如在古代盛行的“二十四孝”中，郭巨埋儿、王祥卧冰以及刲股疗亲等得到了极大推崇，乡间对于这些孝行不仅仅是认同，更是效仿。尤其是刲股疗亲最为盛行，据学者统计①，明清两代刲股行为在乡间甚至是一种风尚，并逐渐出现低龄化倾向，如淮阴地区的杨通参一家，杨通参本人、其儿、孙子、孙女等一家七口人都做过为长辈刲股的行为。此事在当地宗族乡绅长老之中一时传为美谈，人们“或旌以扁，或赠以诗文。曰‘同心纯孝’；曰‘奕世忠孝’；曰‘德行文学’；曰‘孝子名士’；曰‘孝顺之门’。亦有未及旌扬者，盖有待也”②。杨氏一门七人也因此被称为“七孝芳”。这些愚孝现象指向了古代乡土伦理的另一面——过犹不及，古代乡土社会看重道德规范，但道德行为是有度的，一旦超过了界限，就势必会使原有的道德宗旨变质，甚至走向对立面。当古代乡民以这些“奇激”行为为荣，甚至竞相攀比时，乡土伦理也就成为畸德、愚德。

概而言之，在乡土社会的世俗生活中，“孝”一直是最为基础的核心观念。它从传统的家庭（族）经济生产方式中产生，并且极大地巩固了家庭中父母与

① 陈爱平：《中国古代愚孝探赜》，《台州学院学报》2013 年第 4 期。

② （明）曹于汴：《仰节堂集（外五种）》，上海古籍出版社 2018 年版，第 41 页。

子女的伦理关系。也正是在“孝”这种淳厚的互爱情感下,整个乡村社会才得以在一种“集体优先”的氛围中互相和谐共存。孝道奠定了乡村礼俗秩序的根本,并经过国家教化与政治强制,逐渐扎根于乡村社会的整个社会意识之中,成为一项涉及日常生活各个层面的历史传统。虽然以今天的眼光看,传统的孝道包含着一些不合理因素,但必须要肯定的是,乡村伦理中所倡导的“以孝侍亲”“因孝爱己”“以孝立身”等思想,对于缓和社会矛盾,促进乡村政治秩序的稳定与生产力的发展,起到了积极作用,同时也为中华传统美德增添了丰富的内容。

三、生产与生活融合中的道德教化

在中国传统乡村的伦理生活中,人们通过共同的生产和生活经验完成道德记忆的传承,在这个过程中后辈自幼便在日常生活中习得了长辈所表现出来的道德判断与评价,这种基于血缘和地缘关系而形成的道德教化,自然而然地赋予了父辈(父亲、师傅等)无法撼动的道德权威力量。

乡村生活的道德教化融入生产生活之中,对于一个农民而言,“做事的本领和处世之道是同一种经验:在他的孩提和少年生活中,耕作技术与家庭的田地联系在一起,像语言或礼节等其他职业生活和社会生活的‘技术’一样,耕作技术是在田地里学到的,并纳入一种生活方式。”①而这种寓教于生产与生活的教化方式,体现出两个特征:

第一个特征是在生产和生活的融合中体现对家风家训的重视。在古代,几乎每个家庭都有家训的存在,它肩负着传播家庭伦理、塑造家风的重要作用。家训的内容通常是家中长者、地位高者对晚辈的道德说教与训诫。它们有的是家中长辈根据自己的生活经验所总结的,有的则是根据史料典故所提炼和归纳的,其目的都是规范和约束家中晚辈的思想和行为。而家风则是家训的客观化结果,它主要代表家庭成员践行家训的状况。出于农耕文明中对安土重迁的心理惯性,中国古代的先民们不会像黑格尔所说的那样,将家庭看作个人通向社会的一个环节,而是直接视家庭为实现人生意义与价值的舞台。

① [法]孟德拉斯:《农民的终结》,李培林译,社会科学文献出版社2005年版,第82页。

“作为我们生存的重要寓所，家和家庭是人为建构的产物，也是我们人之为人的生命得到延伸的产物。”①故此，家风家训就拥有了不同于一般道德箴言的特殊含义，它直接承载了家庭成员长期生活所共享的家庭道德记忆与性格倾向。在传统乡土社会，一个家庭的兴旺不是依靠财富或权势，而是主要依靠家风家训的成功培育。可以说，家风家训在古代的乡村生活中，起到了维持社会秩序、团结乡党百姓的重要作用，也正是由于它强大的功能性，传统家训在我国古代的道德生活中占据了举足轻重的地位。

首先，家风家训源自对日常生产生活经验的总结，它对维护乡土社会家庭内部稳定起到了重要的作用。而传统家训文化所具有的最根本特点，就是它以家庭和家族为单位并且只在具有血缘联系的亲族中流传。换言之，家训必须以家庭为其现实载体，以血缘为基础并对相互的血缘身份予以认同，从而形成一个具有一定排外性的整体；而后还要求必须来源于血缘族群中的德高望重者对人生阅历或感悟的总结。满足以上两个要求后，被撰写成文的家训才能获得其道德合法性，正式流传于后世。

其次，家风家训的内容往往富有时代性。家庭作为道德生活的有机共同体，伴随社会环境的变化，由生产生活经验总结而来的内部规范往往也会随之发生调整。而古代家训承载着道德教育的社会功能，所以每一代人学习家训、践行家风的同时，还必须由当代的德高望重者根据社会现实，对家训内容进行补充或更新，以确保家训家风能够适应不同时期的社会境况。如，流传甚广的《颜氏家训》，就并非由颜之推一人所书，而是以他的教诫为主轴，经由后人不断地增删、调整，融入当下的教育理念，历经多个朝代，流传而来。再比如颇受后人推崇的曾国藩，他认为自己虽然博览群书，但是“独天文算学，毫无所知，虽恒星五纬亦不识认，一耻也”②，所以除却对子孙后代在道德行为上的要求，还将对自然科学知识的重视写入家训中。而这正是当时西方知识的冲击与社会环境的改变所导致的。

最后，家风家训以教化美德为其基本功能。传统乡土社会的教育手段有限，除却少量的官学教育与私塾外，大多数百姓受教育于家庭内部。因此，家

---

① 向玉乔：《家庭伦理与家庭道德记忆》，《伦理学研究》2019 年第 1 期。

② （清）曾国藩，唐浩明编：《曾国藩家书》上，岳麓书社 2015 年版，第 373 页。

风家训就承担起了教化乡民的重要职责，也往往都包含了对教育方法的讨论。换言之，教化性是乡土社会家训文化最为显著的一个特征，而其教化的目的往往在于培育出符合家族气质的家族成员，即教人以美德。这种对于美德的传授明显地体现在家训的语言风格上。先人们在施加教化时，很早就注意到道德规范内化的重要性，因此传统家训的语言是努力将道德表达得浅显明晰，时刻以受教者的真诚接受和认可为基本原则。许多家训甚至直接就是某个历史名人或帝王将相的故事，以平铺直叙的方式加深人们的印象，并将道德规范内化为个人美德。如《颜氏家训》中就直接通过正反两个例子的对比，去说明对子女严格要求的重要性。“王大司马母魏夫人，性甚严正；王在湓城时，为三千人将，年逾四十，少不如意，犹捶挞之，故能成其勋业。梁元帝时，有一学士，聪敏有才，为父所宠，失于教义：一言之是，遍于行路，终年誉之；一行之非，掩藏文饰，冀其自改。年登婚宦，暴慢日滋，竟以言语不择，为周逖抽肠衅鼓云。”[①]可以说正是这种生动的贴合实际的教诫方式，使得家训能够把抽象的道理直观化，将形式化的道德规则转变为具体的家庭道德记忆，为乡土社会家庭的发展提供历史维度的支撑。总的来说，承担起古代道德生活教化功能的家风家训，不但从思想上教育家庭成员牢记自己身份，恪守本责；还在情感上培育了乡村邻里之间的关爱与团结。而家训家规中蕴含的大量的道德行为规范，大多与生活生产有着密切的联系，因此为乡土社会的高效运转提供了保障。当几代人甚至几十代人共同生活的熟人圈社会出现了变动、矛盾时，家风家训所规定的处理原则，不仅有效地保障了社会秩序的稳固，更是作为一种历史文化传承下来，成为乡村伦理的一项重要历史传统。

第二个特征是在日常生产和生活中体现以身示范的道德教化。在古代，师者是“传道，授业，解惑”的主体，切合实际生活需求的教育理念使得人们很早就意识到，师者行为品行的示范作用，若为人师者行为不正，德行不端，学生就会进行效仿，并最终扰乱社会风气。如《礼记·学记》有云：“凡学之道，严师为难，师严然后道尊，道尊然后民知敬学。”因此，在对学生进行道德教化的过程中，教师要做的最重要的一点就是“以身作则”，通过自己的实际行动来为学生树立榜样。《论语·子路》中写道：“其身正，不令而行；其身不正，虽令不

① （北齐）颜之推，王利器集解：《颜氏家训集解》，中华书局1993年版，第13页。

从。”这里明确地指出，施教者在教化百姓的过程中，必须要做到先正其身，才能真正获得受教者的认同与模仿，进而实现教化的目的。而对于承担起乡间教育的道德权威而言，向乡村亲族灌输伦理风尚与道德思想时，更是必须身先示范，展示自身过人的德性，而后才能以德服众。生产生活与教育过程的融合，意味着教育主体本身也必须参与被教育的过程，做到以自身的身体力行作为教育客体模仿、学习的对象。正如有学者指出的那样，“儒家伦理的本色不在‘规范’而在‘示范’，示范伦理学才是儒家伦理在现代意义上对于未来的世界伦理可能贡献的东西。”①在传统的乡土社会中，由于人们共享着几乎一致的生存环境与生活方式，所以对教育者实际参与教育的重视使得道德教化不仅能够“育人”，更能“修身”。榜样示范所产生的贤士、君子愿意主动承担治国化民的职能，并将这份责任感视作自我提升的教育法，进一步反哺道德教化的影响力与质量。

总的来说，乡土社会的道德教化是自生产中来，到生产中去的。它期望在潜移默化中改变人们的心灵，因此强调家风氛围、榜样示范的作用，重视道德情感的培养。如《论语·雍也》中提及的“知之者不如好之者，好之者不如乐之者”，就清晰地反映了传统乡村社会道德教化的最高追求，它希望行为者在生产劳动与日常生活中，不仅形成敏于情境的判断能力，更能拥有与道德判断能力相适应的道德情感状态。这种独特的教化方式一定程度上避免了空洞的理论说教，为“治隆于上，俗美于下”的乡土秩序理想提供了理论途径上的可能。

第二节
道德选择和评价的基础：经济价值观与德性品质的固化强化

每一个经济行为和经济关系的背后，都蕴含着一个与之相关联的道德规范和伦理原则。中华民族的传统伦理思想正是在漫长的小农生产和生活方式

① 王庆节：《作为示范伦理的儒家伦理》，《学术月刊》2006 年第 9 期。

的演进中逐渐形成并积淀下来的。这种伦理思想渗透在种种社会礼仪、风俗和习惯之中，对维护传统乡村社会的秩序和调节人际关系发挥了重要作用。探寻传统乡村道德选择与道德评价的基础，应当遵循的基本逻辑思路是，从乡土社会自给自足的生产方式和生活方式中理解传统乡村经济活动与经济关系的基本特征，从传统乡村经济活动与经济关系的基本特征中理解其伦理关系和伦理原则。

在古代中国，农业占据了极其重要的位置，它不仅是人们生存法则的根本，更是整个社会的基石，与社会人口的多寡、经济的贫富、政治的安危都有着密切的联系。而生产力水平的限制又使得人们必须付出大量的精力去应对诸如雨水、光照、土壤、温度等自然因素方面的挑战。因此，相较于其他经济活动，种植业一方面要求着高于产出的付出，另一方面又能够带来相对稳定的收益。这就使得以农业文明为基础的经济价值观体现出许多与商业模式不同的特点。人们对土地的依恋，一方面制约了人们日常生产生活，使恋土重农的传统伦理思想产生；另一方面也催生了重义轻利、酬勤尚俭的经济价值观。基于这一思路，我们有必要辩证地看待经济基础与道德法则之间的互动关系，完整把握理解中国乡村经济伦理生活之本真状态的理论镜像。

一、重本抑末的传统价值观

中国传统农业文明正是一种“农为邦本”的文明。农业自古在中国人经济生活中有着至高无上乃至近乎神圣的地位，关乎天下存亡兴衰，以至“社稷”一词后来成为国家的代名词。在中国古代传说中，被尊称为神农氏的中华民族祖先炎帝，“身自耕，妻亲织”（《淮南子・齐俗训》），大禹则是“身执耒臿以为民先”（《韩非子・五蠹》），这在一定程度上说明，“古先圣王之所以导其民者，先务于农”（《吕氏春秋・上农》）是一种较为普遍的现象。在中国古代思想史上，不同流派尽管在许多问题上存在观点上的差异甚至对立，但是，在“重农”这一点上，它们却有着基本的共识。孟子从农业角度论及仁政：“夫仁政，必自经界始。经界不正，井地不钧，穀禄不平。”（《孟子・滕文公上》）因此，他主张实行井田制以“制民之产”。墨子也指出：“凡五谷者，民之所仰也，君之所以为养也。”(《墨子·七患》)法家思想家更为明确地提出了“重本(农)抑末(商)”的主张。管子认为:“粟者,王之本事也,人主之大务。”(《管子·治国》)韩非子不但把“本”解释为农,而且把它等同于粮食生产,认为只有农业劳动才是生产劳动,指出:“磐石千里,不可谓富;象人百万,不可谓强。石非不大,数非不众也,而不可谓富强者,磐不生粟,象人不可使距敌也。”(《韩非子·显学》)也就是说,在韩非子看来,只有能够“生粟”的行业才是应当重视和发展的“本业”。法家的这种“重本抑末”论被儒家吸收和改造后成为儒家经济伦理思想的重要内容,并在以儒家思想为主导的中国传统封建社会中成为主流。在这一思想的影响下,土,作为农民谋生的根基,被中国农民依恋崇敬乃至顶礼膜拜①;农,作为一种社会尊重的行业,在中国传统社会中得到至上的道德评价②。这种认识世代相沿,使中国传统农民执着地认为只有通过面朝黄土的农耕活动取得的财富才是正当和可靠的,而对其他离土离乡的谋生与致富手段给予道义上的否定和行为上的拒斥。

还应看到,在中国漫长的封建社会中,历代统治者通过户籍制度、均田限田、法定诸子平分田产等政策,以鼓励乃至强制的手段将农民束缚在土地之上,使农民自愿地从事农耕活动。③ 这些政策的实行,进一步强化了农民重本轻末、安土重迁的行为特征。甚至于当这种以土地为根基的农业生产活动无法勉强维持生活乃至使自己饥饿贫困时,农民依然不改初衷。美籍华人学者许烺光在谈及中国的农业经济时曾指出:“几个世纪以来,中国一直处于人口过剩,耕地奇缺,农业艰难之中,不计其数的中国人营养不良,甚至饿死。但是,这些事实不仅不能激发出开拓甚或商业上的进取精神,反而诱使那些居住

① “土地神”是中国农民心目中最亲切的神。早在汉代,中国农民就有了祭祀土地神的风习。宋代以后,土地神成为村落社会的普遍信仰。在汉族聚居的地区,几乎找不到没有土地庙的村落。庙里的偶像,衣冠简朴,成双成对,以至家室齐全、老幼满堂。这种塑形,象征着农民执着地将家庭扎根于乡土的心态。参见程歗:《晚清乡土意识》,中国人民大学出版社1990年版,第45页。

② 冯友兰认为,在中国的传统社会里,可以把民众按行业分为士、农、工、商四等,士通常是来自地主阶级,农就是从事农业生产的农民,这两种行业受到社会的尊重,任何人出身于“耕读世家”,往往引以为傲。参见冯友兰:《中国哲学简史》,赵复三译,天津社会科学院出版社2005年版,第16页。

③ 在这些手段中,最为常用也最为有效的是户籍制度,它保证了统治者能够方便地获得赋税徭役和维持乡村的地方秩序。从秦汉时期开始,中国的乡村就推行了“乡亭里什伍”制,唐宋以后实行县政权管辖下的保甲制、乡里制和里甲制,每一基层组织都有专人管理户口,这种户口管理体制也在相当程度上限制了乡民的迁徙。参见周晓虹:《传统与变迁:江浙农民的社会心理及其近代以来的嬗变》,生活·读书·新知三联书店1998年版,第46页。

在乡村的人们更加强烈地依恋于他们土生土长的地方，而无视这样一来就意味着那已经很低的生活标准会变得更低的事实。”①

事实上，传统乡土社会“重本抑末”价值取向的形成并非偶然，它对商品经济的拒斥与小农生产方式的维护，有着深刻的宗法主义农耕文明的经济基础。换言之，其目的就在于通过意识形态层面的教化，维护封建小农经济的合法地位。具体来说，这种传统价值观对小农经济的促进主要表现在三个方面：

第一，它契合了传统乡土社会的政治经济结构特点，维护和稳定了血缘宗法体制。从社会生产结构来看，古代中国形成了家庭为单位的自然经济支配下的各产业勾连；从分配结构来看，则是以国家赋税徭役、地主地租、商品交换利润以及土地劳动所得的层级式经济利益群体。虽然表现为严密的层级结构，但各层之间时常出现矛盾，而“重本抑末”的传统价值观创造性地将政治经济问题与社会伦理问题重叠，并从“乡土性”的思维背景中提取解决政治经济问题的信息与方法，将政治或经济的矛盾看作传统伦理与现实境况来化解与处理。故此，“重本抑末”的价值取向及受其引导的道德规范既可以成为培育符合传统乡土社会价值诉求人格的“指南说明”，又能够明确界定政治经济发展的方式与目的，防止其危害社会秩序。这种将社会政治经济结构“道德化”的做法，不仅为人与人之间的利益关系施加了伦理纽带的约束，更为政治上的等级关系与多层次社会结构施加了强大的凝聚力。

第二，重本抑末的传统价值观强化了家庭的基础性地位。无论什么时代，提倡“重本抑末”的思想家们十分看重家庭与家族的地位，相信通过对血缘宗法制度的强化可以使家庭成为最合宜的生产单位，并最终保障经济政治秩序的正常运转。也正是小农经济与伦理规范的结合，创造了古代乡土社会的繁荣。西方古典经济学大多采取理性人假设，即从自利出发去分析生产行为。然而，传统乡土社会却找到了另一种分析生产行为的原点，即家庭宗法为核心的小农经济。它认为在家庭内部，对“重本抑末”观念的认同足以产生经济动力，家族成员们的共同体意识能够将经济生产视为道德情感需求的一部分，以此产生的凝聚力和集体感可以使人关注于社会公益。如经济学家西奥多·舒

① [美]许烺光：《美国人与中国人：两种生活方式比较》，彭凯平、刘文静等译，华夏出版社1989年版，第285页。

尔茨(Theodore W. Schultz)观察到的那样,小农的经济行为……是一个在“传统农业”(在投入现代的机械动力和化肥以前)的范畴内,有进取精神并对资源能做最适度运用的人。传统农业可能是贫乏的,但效率很高。它渐趋接近一个“均衡”的水平。在这个均衡之内,“生产因素的使用,较少有不合理的低效率现象”。总之,小农作为“经济人”,毫不逊色于任何资本主义企业家。①因此,在这样的传统伦理观念下,家庭的重要性被无限地放大,处于乡土社会的人们习惯性地以集体为出发点思考问题。这也使得小农经济的生产方式只要不受到外力的强烈影响,那么就能自然地繁衍乃至繁荣,不依靠自利假设就能实现经济伦理的愿望。

第三,重本抑末的传统价值观还起到了遏制财富差异,保障分配公平的作用。“不患寡而患不均”,历来被用以证明中国传统伦理文化的平均主义特质,农民的平均主义理想,也被视为维护传统乡土社会秩序的强大动力。不过同样需要注意的是,由于自然环境的相对封闭加之科学技术进步缓慢,中国古代的社会生产力很长一段时间都处于停滞状态。因此,社会财富的相对集中与贫富差异相对于“均贫富”的乌托邦式理想追求,反而是常态。历朝历代都出现过大规模的土地兼并事件,农民失去土地而成为佃农甚至无产者,大量的财富汇集到地主阶级手中。然而即使在这样的背景下,贫富差异却一直未能撼动传统社会秩序的基石。这种现象的出现,在一定程度上也是由重本抑末的传统价值观念所造就的。对于农业、家庭的重视使得血亲信任成为交往和分配中的基本道德准则,并体现出十分显见的“差序性”。血缘是乡村社会人际关系的中心,地缘在血缘关系的基础上产生,围绕血缘和地缘,建立起整个乡村社会的人际关系。在这种关系中,人们之间的相互信任产生于相互之间“知根知底”的熟悉,而并非对于契约的认同和遵循。正是这种伦理性鲜明的经济生产结构,保障了乡土社会的相对稳定与繁荣。

二、恋土重农的经济价值观

根据费孝通先生的分析,传统社会的“乡土性”意味着生活于斯的居民与

① ［美］黄宗智:《中国农村的过密化与现代化:规范认识危机及出路》,上海社会科学院出版社1992年版,第2-3页。

土地有着无法分割的联系，熟人社会的格局与生活交往的封闭性导致了经济活动的封闭性。乡土社会的商业行为总是地方性的，如美国人类学家雷德弗尔德说的那样，赋予土地一种情感和神秘的价值是全世界农民所特有的态度①。法国学者孟德拉斯进一步指出，对于传统农民来说，土地是“一种独特的、无与伦比的财产”，它所具有的“崇高的价值”是“整个技术的、经济的、社会的、法律的和政治的系统”所赋予的。② 从技术上来说，每一块土地都是独特的，要想耕种一块土地，首先必须对它有深刻的了解，包括可耕土层的结构和厚度，以及岩石、湿度、光照、地形等。这种知识是农业劳动者的基本技能。传统农民更相信自己通过长期劳动形成的这种知识，而不是技术专家所提供的数据。从经济上来说，“传统的农业经济使土地成为重要的资本和唯一可靠的财富”，并且，“土地的占有是社会等级制的基础和声望的标记”。可以说，在传统农民所置身的法律和经济体系中，“经营者只有拥有自己的土地才能确保自己的经营的持续，也才能确保自己的永远的生存”。因此，对农民来说，拥有土地所有权是在经济、社会和政治上完全独立的必要条件。“耕种别人土地的人，总是以这种或那种方式成为土地所有者的债务人，甚至仆人。”③这种同一方土地上世代相继的经济生产方式伴随着的是深深的土地依恋情结，并在此基础上产生了将利用土地进行耕作的活动视为“正当”或“正业”的经济价值观。对传统农民来说，“金钱不是一种可靠的价值。真正具有价值的只有土地，因此要想富起来必须种好田，而不是进行侥幸的投机，投机似乎会迅速带来收益，但却没有前途。”④孟德拉斯在《农民的终结》中引用法国历史上下比利牛斯地区引进杂交玉米的案例，揭示了一个“根本的和全面的冲突”：冲突的一方是传统的农民理想，即耕作是为了养活自己和确保经营与家庭的延续；冲突的另一方是生产者的利益，即寻求尽可能大量地生产价格最好的产品。在传统的法国农民看来，“人们喂畜禽”的玉米比“制作面包的谷物”小麦更值钱，是“令人愤慨和违背道德准则的”。因此，这种玉米“被视为道德堕落的危险，

---

① Robert Redfield: *Peasant Society and Culture: An Anthropological Appoach to Civilization*, Chicago: University of Chicago Press, 1956, p. 112.

② [法]孟德拉斯：《农民的终结》，李培林译，社会科学文献出版社 2005 年版，第 55 页。

③ [法]孟德拉斯：《农民的终结》，李培林译，社会科学文献出版社 2005 年版，第 55 页。

④ [法]孟德拉斯：《农民的终结》，李培林译，社会科学文献出版社 2005 年版，第 133 页。

而建议种植这种玉米的技术员会被视为引诱人的恶魔”。孟德拉斯认为这种杂交玉米“引导人们进入的那个系统所带来的必然结果”是“传统耕作系统全面解体，被单一耕作所取代，农民失去了独立和经济保障，变为投机家：冒险和道德沦丧”。①

如果说，恋土重农是全世界传统农民的共同特征，那么这一特征在中国传统农耕社会和中国传统农民身上，体现得更为突出和富有代表性。中国传统乡村社会恋土重农的经济价值观，对人们有关“义”“利”的看法产生了深刻的影响。在中外传统思想的价值排序中，道德评价均优先于经济评价。亚里士多德曾将善的事物分为三类，即外在的善、灵魂的善和身体的善，每种类型的善事物都配以相应的德目。在他看来，幸福意味着“生活得好或做得好”，是对所有善事物的获得，是“最高善”，而财富作为“外在善”是多种善事物之一。可见，亚里士多德明确了财富较之幸福的从属意义和工具价值。而中国传统伦理思想对“义”“利”关系的处理，同样以“义以为上”“重义轻利”“贵义贱利”“以义制利”为主流，因此，道德评价也在中国传统伦理思想和道德生活实践中保持着对经济评价的优先地位。道德德行往往在对个体或社会成就的评价中被赋予一种独立品性并获得相对于经济评价的优先性，因此，“为公而绝私，重义而轻利”为乡土社会看待经济价值的集中体现。具体来说，对于“义”“利”不对等的道德评价方式有两种面向。一是自上而下的，它代表着儒家哲学思想对于义利的辩证分析，是“礼治”秩序的重要一环。当面对社会经济活动中产生的矛盾与冲突时，儒家思想家们希望用“义”作为指导去处理复杂的利益关系，反对只注重对私利的追求，要求人们在求私利的同时也要兼顾公利与社会其他群体的利益，要做到以公为重，如汉儒董仲舒所言，“富者愈贪利而不肯为义，贫者日犯禁而不可得止，是世之所以难治也。”②换言之，“义”是作为敦促“利”形成稳固的伦理本位体系的手段而存在的。这种约束对塑造传统乡土社会物质需求与道德追求的比较起到了至关重要的作用。二是自下而上的，它代表着传统社会人民对于“利益”与“道义”的道德理解，在这样一个“生于斯、死于斯”的社会，“每个孩子都是在人家眼中看着长大的，在孩子眼里周围的人

① ［法］孟德拉斯：《农民的终结》，李培林译，社会科学文献出版社2005年版，第132-134页。

② （汉）董仲舒，苏舆义证：《春秋繁露义证》，中华书局1992年版，第227页。

也是从小就看惯的”，因而，“这是一个‘熟悉’的社会，没有陌生人的社会”。① 恋土重农价值观的认同与村民彼此的熟识使得人们更容易注意到不加限制的私利对伦理纽带的破坏性。换言之，传统村庄普遍呈现出以“重人情、重义”为特征的道德逻辑和伦理指向。这种“人情”包含了“帮助”的道德义务和“回报”的道德权利，成为村庄共同体成员普遍遵从的“为人的哲学”。如果为了个人私利而与之相背离，则会被谴责为“没人情”。这种以信任互助为表征的“人情”不仅外在地显现出一种利他的道德逻辑，也潜在地蕴含着一定的经济逻辑。“帮助”和“人情”是可以被需求、供给、消费、拥有、退还、交换、积累的，不过，以人情观念为基础的互助资源的交换与一般的商品交换不同，它并不是一种“一手交钱、一手交货”的现货交易，因而在回报的时间上呈现滞后性。② 缘于此，传统村庄共同体的“人情”是一种潜在的经济逻辑与显见的道德逻辑的统一，并且，正是这种统一超越了纯粹逐利的经济逻辑，从而赋予传统村庄一种特殊的温情感和善意义。

三、酬勤尚俭的德性品质

传统的农业耕作活动以农民的体力劳动为基础，因此，勤劳的四季耕耘是获得产出和增加剩余产品的最基本（甚至唯一）途径，也是农民生存和提高生活水平的基本前提。正是这种“劳”与“得”或“劳”与“食”之间的直接对应关系，使得“劳而有得”“劳而有食”成为传统农民对生产劳动与需求满足之间关系的素朴认识。基于这种认识，农民萌发了通过“日出而作，日落而息”的终日辛劳来改善生活的愿望，在此基础上，产生对劳动的兴趣乃至热爱，并本能地对不劳而获和好逸恶劳者产生厌恶。勤劳被农民视为应当具备的基本素质。正如孟德拉斯所说，“在农民看来，最高的价值是劳动”，并且，“如果他劳动得多，他就能博得自尊和别人的尊重”。③ 在这种生产观念的影响下，“酬勤尚俭”不但逐渐成为生产活动中的基本道德规范，更是人们赖以进行道德评价的一

① 费孝通：《乡土中国》，人民出版社 2015 年版，第 6 页。

② 王铭铭：《村落视野中的文化与权力：闽台三村五论》，生活·读书·新知三联书店 1997 年版，第 172-175 页。

③ [法]孟德拉斯：《农民的终结》，李培林译，社会科学文献出版社 2005 年版，第 73-74 页。

项重要品质。具体来说,“勤”与“俭”有着概念上的联系,所谓勤,代表着依靠自己的劳动去创造价值,许慎在《说文解字》中说“勤,劳也,从力”“执劳辱之事”。清朝魏裔介在《琼琚佩语・勤俭》也论述道:“民生在勤,勤则不匮。”可见,传统社会普遍认为,基本生活需要的满足关键在一个“勤”字,勤劳作为人民生活的根基,不仅是实现家庭小康的动力,更是乡间共同体良好风尚的重要保障。

虽然勤劳是一项重要的美德,但先民们同样认识到,仅仅有“勤”是不够的,还需要能够爱惜物力,懂得节俭,养成节制的美德。“俭”要求人们尊重劳动,合理消费物质财富,不过度沉迷于物质享受,当用则用,当节则节。《左传・庄公二十四年》载:“俭,德之共也;侈,恶之大也。”这就将“俭”提到了哲学的高度,认为节俭可以起到统一各项美德的重要作用。可以说,在传统乡土社会的生产生活中,勤与俭是相辅相成、互为补充的。只有既重勤劳又重节俭,才是正确的持家兴国之道。

对于中国传统农民勤勉耐劳的基本品质,历代思想家和统治者都给予了充分的道德肯定。孟子强调“不违农时,谷不可胜食也”(《孟子・梁惠王上》),荀子提出“春耕夏耘,秋收冬藏,四者不失时,故五谷不绝,而百姓有余食也”(《荀子・王制》),将人们一年四季的辛勤劳作视为个人和整个社会“有余食”的基本前提。墨子不仅明确指出,人与动物的差别在于“赖其力者生,不赖其力者不生”(《墨子・非乐上》),而且更为充分地揭示了传统乡村社会的耕作行为所蕴含的道德要求。他指出:“今也农夫之所以早出暮入,强乎耕稼树艺,多聚菽粟而不敢怠倦者,何也?曰:彼以为强必富,不强必贫;强必饱,不强必饥,故不敢怠倦。”(《墨子・非命下》)管子将勤劳视为财富之源,认为“不务天时,则财不生;不务地利,则仓廪不盈”(《管子・牧民》)。应当看到:一方面,这些思想是通过一种“自下而上”的方式对以日常经验状态存在于中国传统乡村社会的恋土重农和勤勉耐劳伦理观的理论提炼;另一方面,它们又通过“自上而下”的方式,借助于统治者的政治权威力量不断固化和强化传统农民的道德观,使得农民勤勉耐劳的道德品质进一步升华为一种自强不息的精神力量,并成为支撑整个中华农耕文明的灵魂。

从唯物史观的角度看,“酬勤尚俭”能够成为乡土社会最为重要的美德,有着深厚的经济基础背景。马克思指出:“社会为生产小麦、牲畜等等所需要的时间越少,它所赢得的从事其他生产,物质的或精神的生产的时间就越多。正像在单个人的场合一样,社会发展、社会享用和社会活动的全面性,都取决于时间的节省。一切节约归根到底都归结为时间的节约。正像单个人必须正确地分配自己的时间,才能以适当的比例获得知识或满足对他的活动所提出的各种要求一样,社会必须合乎目的地分配自己的时间,才能实现符合社会全部需要的生产。因此,时间的节约,以及劳动时间在不同的生产部门之间有计划的分配,在共同生产的基础上仍然是首要的经济规律。这甚至在更加高得多的程度上成为规律。”①在生产力相对贫困但人口密集的乡土社会,劳动时间的节约对于生产活动来说有着至关重要的作用,而“勤劳”与“节俭”则分别从两个方面节省了相对劳动时间。换言之,乡土社会的“勤俭”并非对于生活资料不足的无奈之计,而是对人类消费水平与生产水平的客观把握,力图在自然生态环境的补偿能力、再生能力和恢复能力的范围内,避免过度奢侈浪费造成的生态破坏。所以,勤俭绝不是禁欲,而是小农经济体制下的现实道德要求。对于安土重迁的中国人来说,家庭财富的积累是子孙延绵、家族兴旺的前提。因此对勤俭的提倡既可以减少家庭生活中的浪费,又可以积累剩余的财富。勤俭德性的宣扬,在个人层面能够树立起良好的性格倾向,家庭层面有助于积累财富、培育家风,社会层面更能够形成普遍的节约风气与对生态资源节制取用的态度,可以说恰到好处地契合了“乡土中国”特征的“乡土伦理”要求,维系着传统乡土社会的道德风尚。

第三节
道德环境与文化的生成:农业伦理的基本属性与价值取向

传统乡村社会最重要的活动莫过于农业生产,“日出而作,日入而息;凿井而饮,耕田而食”(《击壤歌》)的节奏使得乡土社会对自然环境有极大的依赖

① 《马克思恩格斯文集》第8卷,人民出版社2009年版,第67页。

性。村民不仅要适应一年四季二十四节气的天气变化，更要对各种地形、地貌、水土、地质结构等保持高度的敏感，同时还需要把握稻、黍、稷、麦、豆等不同种类五谷杂粮及菜蔬果木的生长规律。在这些传统农业生产过程中，祖祖辈辈凝结的智慧构成了乡村社会道德环境与文化的外部框架，成为乡土伦理观念最为坚硬的“骨骼”。具体来说，农业伦理对乡土伦理的影响大致体现在三个方面：第一，在生产活动上，强调“不违农时”“因地制宜”，在深刻体会人与自然之间复杂关系的基础上通过伦理原则对生产进行更深层次的指导；第二，在生产主体上，强调“天道酬勤”，要求充分发挥主体性，以精耕细作的态度建构人与自然的道德联系；第三，在本体论上，强调“天人合一”，指明人的道德价值源于自然，一切道德观念的设立与变革都要遵循天理规律，实现人与自然和谐共存的终极目标。简而言之，农业生产活动塑造了乡土社会的道德环境与文化氛围，在日复一日的生产劳作中炼造了中国农民的性格与品德，滋养了乡村伦理文化的昌盛。

一、“顺守天时”的自然秩序观

自乡土社会诞生之时，不违农时便表达了乡村居民对农业伦理的初步感受。世代定居，生于斯、死于斯的生活使得乡土社会持有以“循环”为核心的自然观，人类社会与自然界一样，不过是四季流转的不断轮回而已，静止与平衡是自然界的既定状态，需要被说明的是变化与对立的因素。这样的认识论使得先民对农时有着极高的敏感度，早在夏朝，便有了依照时令安排农业生产的文献——《夏小正》，这也成为我国最早记录古人观象授时的真实文献。春秋战国时期，《吕氏春秋》已开始有了关于农时的理论性论述，如：“故圣人之所贵唯时也。水冻方固，后稷不种，后稷之种，必待春。”“所谓今之耕也，营而无获者：其蚤者先时，晚者不及时，寒暑不节，稼乃多菑实。”汉朝时期，《淮南子·天文训》进一步将有关农时的理论丰富为一整套时间体系——二十四节气。北魏的贾思勰又在此基础上，在《齐民要术》中进一步提出“苗生如马耳则镞锄”“苗出垄则深锄”“春锄起地，夏为除草”等观念，尝试区分不同时节下种量的差异，通过对农时的精确把握提升农作物产量。

敬畏农时观念的本质在于将乡土社会看作伴随物候节律而运动、契合严密、协同发展的一个环节,人、社会与自然共同构成了一个等级严密又相互和谐的有机体。这种秩序直接体现为"人法地,地法天,天法道,道法自然"(《道德经》)。它并非源于人类的理性设计,而是产生自对土生土长环境认知的经验性积累。由此,"人类只能在已经'尝试错误'成果的基础上,做出适合农业生产的决策,或称'设计',亦即对已有的时序的适应性安排,而'时序'本体是不能设计,更不能创造的。"①对于时间节点的准确把握构成了乡村道德文化合法性的基础,也因此赋予了节日道德内涵——节日不仅仅是民俗文化的象征,更是对乡土社会时间秩序的服膺与掌握。一系列节日构建的中国历法不仅能有效地助推政令、维持政治秩序,还可以赋予乡村居民一种同时性经验。即便乡村的结构决定了农民总是以家庭为单位行动,并且其穷极一生也只能认识或是碰到广袤中国大地上的一小部分人,但想象他人也在与自己一样依据时序而生活,村民们由此在心中召唤出一种强烈的历史宿命感与共同体意识。如安德森(Benedict Anderson)所言,"他也不知道在任何特定的时点上这些同胞究竟在干什么。然而对于他们稳定的、匿名的和同时进行的活动,他却抱有完全的信心。"②在遵循时序历法的过程中,人与自然融为一体,自然的节奏就是人的节奏,自然的时间节点也是人农作生活的节点。自然时间决定了社会时间,并带来乡土社会按部就班、不紧不慢的道德氛围和敬畏天时的深厚情怀。

除却时序历法带来的必然性秩序外,乡土社会的农业伦理观念还存在着对偶然性的把握——际会。际会意味着某项活动将产生高于时序结构的收益,并且这种收益寄托着更大、更久、涉及面更广的期盼。如任继周所言,"农业活动必须遵循在适当的时间,适当的地点,做适当的事,亦即时间、空间和农业行为三维连续体的完美际会。"③乡土社会的农业生产,不必然表现为"顺应天时—获得产出"的因果性结构,农事活动在多种变量影响下,发展过程可能顺利或艰难,产生吉或凶、泰或否、良或不良、善或非善、宜或非宜的结果。因此,经验丰富的农民不仅能了解时序,更能够结合各方面因素判断际会存在的

① 任继周主编:《中国农业伦理学概论》,中国农业出版社 2021 年版,第 55 页。

② [美]本尼迪克特·安德森:《想象的共同体:民族主义的起源与散布》(增订版),吴叡人译,上海人民出版社 2016 年版,第 24 页。

③ 任继周:《"时"的农业伦理学诠释》,《兰州大学学报》(社会科学版)2016 年第 4 期。

概率。际会具有变动不居的偶然性，在乡村生活中会常有却不常驻，它故而成为农业生产中人与时序协调的终极目标。这种农业伦理观反映到社会生活中，则意味着众多社会关系和而不同的至善境界与包容温和的伦理性观念。人们相信即使看起来相同的行为也会因时间、空间因素的变化而产生迥异的内涵，此一历史时期的“适当”也许为彼一历史时期的“非当”，此一地域的“善”也许为另一地域的“恶”。自然环境和生产、生活方式的差异产生了各自独立的道德环境，因此在面对不同主体时寻找“际会”成为乡土社会居民交往伦理的重要组成部分，以真诚、尊重的态度达至中庸和谐的状态。

总的来说，顺守天时的自然秩序观一方面从宇宙论、本体论的角度论证了乡土社会是一个有机联系、运动不已、生生不息的整体系统，强调以道法自然、寻求均衡、协和万物的态度建构乡村道德环境与文化氛围；另一方面又从因缘际会的偶然性角度论证了修身养性、包容尊重的重要性，以此确保乡村系统的良性协调发展与均衡有序。

二、“崇尚勤劳”的个体生活观

中国农耕经历四千余年长盛不衰的秘诀是什么？美国威斯康星大学的农业物理学教授富兰克林·H. 金(F. H. King)在对中国进行了长达数年的实地考察后指出：“中国传统农业长盛不衰的秘密在于中国农民勤劳、智慧、节俭，善于利用时间和空间提高土地利用率，并以人畜粪便和一切废弃物、塘泥等还田培养地力。”[①]他在这里指出了传统乡土社会农业伦理观念的又一重要特征——崇尚勤劳。乡土社会的自然环境、土地肥力等因素非常强调“人力”的重要性，早在《管子·八观》中就有过“彼民非谷不食，谷非地不生，地非民不动，民非作力毋以致财”的论述。出于对人力重要性的认知，在古代乡土社会，勤劳而不是休闲才是生活的正常状态，人总要处于忙碌状态才被认为是合理的。甚至至今在许多偏远地区的乡村还保留着这一风俗：男人即使无事可做，也不能在家待着，否则会被认为是“懒汉”；聚集在一起闲聊的女性，也总要在手头忙乎着

① ［美］富兰克林·H. 金：《四千年农夫：中国、朝鲜和日本的永续农业》，程存旺、石嫣译，东方出版社 2011 年版，第 13 页。

针线活儿、摘菜等事情，就连儿童也会被要求去做力所能及的事情，诸如拔草、放羊、喂牛等，以此来获得“好媳妇”“懂事的孩子”等积极正面的道德评价。即便是不事生产的统治阶级，勤劳的伦理观念同样约束着他们，皇帝会被要求早起晚睡，日理万机，这样才算是一个在道德上正当的统治者。正如何天爵所观察的，“他们早出晚归，勤奋劳作。岁岁年年，既无星期天也没有其他节假日。一年之中，他们只有三个约定俗成的所谓休息日。”①可以说，勤劳忙碌既构成了传统乡土社会的生活常态，也构成了乡村居民个体生活观念的正当性表彰。

在西方传统伦理思想中，同样不乏对勤劳的尊崇，比如宗教改革中，路德将勤劳解释为上帝的召唤、服侍上帝的义务。“劳动既然被作为上帝为了召唤人们而赋予他的一种职责，那么他必须对此有知足之心。但不必为此感到羞耻。在这种‘下意识的知足’情绪里，产生了约束性的力量——人们与这种职责融为一体的同时，就衍生出了履行召唤职责的义务，就像上帝所希望的那样。……在上帝面前，所有的劳作都是一样的。”②既然任何形式的劳动都是为上帝服务的，那么只要勤劳，任何工作在上帝面前都同样高贵。这使得勤劳对于当时的人来说有着心灵慰藉与救赎的重要价值。进入资本主义社会后，勤劳不但具有宗教含义，还被赋予了特殊的经济价值。就像韦伯在《新教伦理与资本主义精神》中描绘的那样，“合乎理性地组织劳动，以求为人类提供物质产品，毫无疑问是他们（指商人，本书作者注）毕生工作的最重要的目的之一。”③工业革命带来的巨大生产力使得人们将作为宗教虔诚的勤劳精神作用于工作，人们认为勤劳工作并不表明抛弃了宗教目的，而是恰恰相反，这证明了人们对宗教生命的奉献。勤劳工作带来了大量财富的累积，由此推动了一种从未被提及过的生活方式：投资与储蓄，最终奋斗、物质改进、经济增长取代了社会稳定、保持地位的旧观念。可以看出，勤劳在西方伦理观念的作用总是工具性的，它或是用来证明宗教热忱的心灵救赎，或是成为一种以资本积累为目的的生活方式。

---

① ［美］何天爵：《真正的中国佬：西方人眼中的中国》，鞠方安译，光明日报出版社 1998 年版，第 71 页。

② Jürgen Kocka：“Mehr Last als Lust”, in *Jahrbuch für Wirtschaftsgeschichte*, No. 2, Februar 2005, pp. 185-206.

③ ［德］马克斯·韦伯：《新教伦理与资本主义精神》，于晓、陈维纲等译，生活·读书·新知三联书店 1987 年版，第 55 页。

然而,在中国传统乡土社会,勤劳却有着不同的伦理内涵。对于乡村居民来说,勤劳本身就是一种目的或是生活方式。崇尚勤劳的立足点并非个体理性的价值,而是人与自然、人与社会之间的道德关系。因此,作为生活方式的勤劳伦理不要求过分劳作(这也构成了它与西方勤劳伦理的本质区别),一旦过分劳作,就容易造成疲劳和身体透支,这样会引起身体疾病。而疾病会被认为是人与自然关系的不和谐音符,如:"故春秋冬夏,四时阴阳,生病起于过用,此为常也。"(《黄帝内经·素问·经脉别论》)换言之,在乡土社会中,勤劳精神既是客观上基本的生活状态,亦是主观上基本的价值追求,如孟子以周文王为例劝诫梁惠王时说:"以民力为台为沼,而民欢乐之。"(《孟子·梁惠王上》)在某种程度上,勤劳就是乡村居民的内在本质特征之一,尊重劳动、信任"天道酬勤"成为约束人的基本道德规范。这种规范既产生于乡村的自然环境,也来自人们代代相传的生活经验。在资源匮乏时期,脱离劳动生产,立刻就会陷入饥饿状态,这种记忆传承下来,使得乡村居民嵌入了"勤劳生产—美好生活"的生存逻辑,并逐渐转化为崇尚勤劳的朴素道德文化。可以说,以勤劳为核心的生活方式使得中国人自发地形成了赞美劳动、尊重劳动,反对不劳而食和人人自食其力的农业伦理观念并传承至今。

三、"天人合一"的生态伦理观

将"敬畏天时""崇尚勤劳"两个伦理观念统摄起来的超越性观念则是"天人合一"的生态伦理观念,这构成了乡土社会伦理的终极追求。此时的"天"除了表征客观规律外,还体现出一种形而上学观念,它代表着乡土社会文化的信仰体系。宋代的程颢指出:"天地万物一体之仁。"强调天地万物为一体,相依相存,和谐共处,人应该尊重和热爱世界万物,对世界一切事物怀仁爱之心,这也构成了"天人合一"伦理观的基本内涵。

具体来说,"天人合一"意味着一种循环往复的农业生产观,《孟子·梁惠王上》曰:"不违农时,谷不可胜食也;数罟不入洿池,鱼鳖不可胜食也,斧斤以时入山林,材木不可胜用也。"《荀子》曰:"圣王之制也:草木荣华滋硕之时,则斧斤不入山林,不夭其生,不绝其长也;鼋鼍鱼鳖鳅鳣孕别之时,罔罟毒药不入泽，不夭其生，不绝其长也。”上述文献都表达了一个良好的愿景，通过对自然发展规律的遵循，使得乡村生态能够形成闭环，达到“取之不尽，用之不竭”的效果。也就是说，“天人合一”自一开始就是以解决人与自然之间关系的基本为出发点。在有机论自然观的背景下，人与自然具有同一个本源，彼此之间都是相互依存、相互联系的。因此，虽然人的生存与发展是首位的，但必须善待自然。《史记·殷本纪》记载：“汤出，见野张网四面，祝曰：‘自天下四方，皆入吾网！’汤曰：‘嘻，尽之矣！’乃去其三面，祝曰：‘欲左，左；欲右，右。不用命，乃入吾网。’诸侯闻之，曰：‘汤德至矣，及禽兽。’”这说明从远古时期开始，人与自然的和谐共存就是政治秩序的一部分。同时，这种“天人合一”的观念并非来自某种神学想象，而是产生于先民日常的生产生活实践。基于此，“天人合一”不仅是一种伦理观念，同样也是值得追求的生活方式。据史料记载，早在尧舜禹时期便有了关于山川河流及动植物保护的法律条文，秦汉时期更是形成了自然保护的相关制度，[①]其意在引导人民进行农业生产时遵循人与自然和谐共处的道德规范。在传统乡土社会看来，人类并不能赋予自然万物价值，因为自然本身就是一个不断创造生命、永不停息的过程，因此将人类道德价值贯注于自然万物的世界秩序之中，就使得自然秩序呈现出道德价值和道德色彩。而人类也凭借自身劳动完成了“天地本性”赋予人类的神圣使命。对于时序的敬畏使得先民意识到人不可能摆脱自然规律的束缚，人心只有与自然万物生长变化的规律相符合的时候，才能创造出一个与自然万物和谐统一的至高境界。同时，“天人合一”的观念又要求人们不能无条件地顺应天意，它不否认人的主观能动性。如张载所说，“天”要想真正具有活力，必须有人“为天地立心”。

第四节
道德制度和规约的设置：礼治秩序的形成和作用

中国传统乡土社会可以说是一个“无法”却有秩序的“礼治”社会，其秩序

① 方克立：《“天人合一”与中国古代的生态智慧》，《社会科学战线》2003 年第 4 期。

维系并非依靠国家法律的外在强制力量，而是主要依靠以村规民约为代表的各种传统礼俗来解决各种冲突与问题。“礼”作为一种典型的中国话语，最初仅代表着宗教祭祀中的礼仪。而后伴随着农耕文明的到来与生产力的进步，人们逐渐将“礼”升格为经济、政治和日常生活的行为规范和制度体系，以长幼尊卑的等级划分来维护乡间的社会秩序，这即所谓的“礼制”。到了西周时期，礼制被提升到了治国方略的高度，统治者将礼制与天道等思想对应起来形成一整套政治思想体系。通过“明德慎罚”“以德配天”等观念加强社会统治。这样，由“礼”的社会化而产生的以“亲亲”“尊尊”为核心的宗法制度，使得礼制的社会观念逐渐上升为上层意识形态，因而具有了“礼治”的含义。“礼，经国家，定社稷，序民人，利后嗣者也。”（《左传・隐公十一年》）简而言之，礼既包含以外在礼仪、习俗等形式存在的显性或隐性规约系统，也包含以伦理判断和道德心理为内容的道德情感和价值选择，二者共同构成了传统乡土社会的礼治基础。

一、村规民约的自治伦理

在我国传统社会，乡村以自治为主，村民“日出而作，日入而息；凿井而饮，耕田而食”，独立从事生产活动，自主安排日常生活，从而为“皇权不下县”①的管理模式和乡村自治伦理主导的社会秩序提供了可能。自从汉武帝“罢黜百家，独尊儒术”开始，乡村治理便接受了儒家思想的权威性地位，经济秩序与社会秩序都以道德秩序为核心逐步展开并呈现出一种稳定而悠久的常态，为乡族社会进行自我约束、自我管理提供了坚实的基础，使农村在长时期内都呈现出一种虽无显性制度却有道德规则的“自治态”。这种“自治态”所赖以存在的合法性和权威性是不证自明的，因为它建立在道德权威的基础之上。由此产

① 一般说来，在中国传统社会，由皇权派遣的正式官员只到知县一级，乡村通常属于自治状态。当然关于这种说法在学界也有争议，部分学者认为皇权时代是“编户齐民”的社会，农民被束缚在土地上，村庄并没有实质的自治。事实上，在“普天之下，莫非王土”（《诗经・小雅》）的环境之中，乡村自然不会成为皇权之外的自由之地，但“正式的皇家行政，事实上只限于市区和市辖区的行政……一出城墙，皇家行政的威力就一落千丈，无所作为了”（［德］马克斯・韦伯：《儒教与道教》，王容芬译，商务印书馆 1995 年版，第 145 页），编户齐民的目的也主要限于征税和治安，对于村庄内部的具体事务则大多由乡村自治。

生的自治管理程度远远高于城市，实现这种自治管理依靠的“伦理”则往往表现为各种成文或不成文的村规民约。而村规民约的制定和执行，主要依靠家族、宗族或村中声望较高的长老、族长或士绅。并且，“维持礼俗的力量不在身外的权力，而是在身内的良心。”①这些规则的目的简单明确，那就是保障乡村生产劳动的良序运作，维护共同体成员的利益不受损害。村规民约的形成虽然是自发的，却能够具有较强的约束力，在安土重迁的乡土社会成为一种“不必知之，只要照办”的保障系统。在古代社会历史情境中，“传统”意味着风俗、习惯和礼仪的融贯与规约系统，具有康芒斯(John R. Commons)所说的“隐形的制度”②之特征。当人们“在行为和目的之间的关系不加推究，只按着规定的方法做，而且对于规定的方法带着不这样做就会有不幸的信念时，这套行为也就成了我们普通所谓‘仪式’了”③。由此，村规民约就有了“礼”的内涵，它不需要靠外在的强制力量来推行，而是一种“合式的路子，是经教化过程而成为主动性的服膺于传统的习惯”④。乡土社会可以用村规民约来维持和保障秩序，形成自洽自融的自治系统。

早在20世纪初，韦伯就提出了传统中国的“有限官僚制”问题，认为：“正式的皇家行政，事实上只限于市区和市辖区的行政。在这些地方，皇家行政不会碰到外面那样强大的宗族血亲联合体，——如果能同工商行会和睦相处——会大有作为的。一出城墙，皇家行政的威力就一落千丈，无所作为了。因为，除了本身就足够厉害的宗族势力外，它还得面对乡村本身有组织的自治。”⑤美国著名家族史专家古德(William J. Goode)在论及中国的宗族制度时也指出：“在帝国统治下，行政机构的管理还没有渗透到乡村一级，而宗族特有的势力却维持着乡村的安宁和秩序。”⑥还有学者进一步指出，传统的中国社会存在着两种秩序和力量，即“官制”秩序或国家力量与乡土秩序或民间力量。前者以皇权为中心，自上而下形成等级分明的“梯形结构”(trapezoid-structure)；后者以家族(宗族)为中心，聚族而居形成大大小小的自然村落，每

① 费孝通：《乡土中国》，人民出版社2015年版，第68页。
② [美]康芒斯：《制度经济学》下册，于树生译，商务印书馆1962年版，第58-61页。
③ 费孝通：《乡土中国》，人民出版社2015年版，第63页。
④ 费孝通：《乡土中国》，人民出版社2015年版，第64页。
⑤ [德]马克斯·韦伯：《儒教与道教》，王容芬译，商务印书馆1995年版，第145页。
⑥ [美]威廉·J. 古德：《家庭》，魏章玲译，社会科学文献出版社1986年版，第166页。

个家族(宗族)和村落是一个天然的"自治体",它们结成一种"蜂窝状结构"(honeycomb-structure)。[①] 目前国内学界也形成了一种关于中国传统乡村的认识范式,温铁军认为,这一范式可以最简单地概括为"国权不下县"。秦晖将其进一步延伸为:国权不下县,县下唯宗族,宗族皆自治,自治靠伦理,伦理造乡绅。[②] 尽管目前学术界对这一认识范式仍存争议,但是一个基本的共识是,中国传统乡村社会最基层的自治管理程度确实要远远高于城市,而实现这种自治管理依靠的"伦理",往往表现为各种以成文或不成文形式存在的村规民约。所谓村规民约,是指在村民长期的生产和生活中生成的,对村落共同体内部全体成员产生约束力的风俗、习惯、惯例、规约等行为规范的总和。

传统乡村社会以村规民约为基础的管理伦理,在陈忠实的小说《白鹿原》[③]中得到了充分的体现。2012 年由王全安导演的电影《白鹿原》,以白嘉轩在祠堂中带领村民诵读《乡约》的场景作为开篇,可以说抓住了小说的一条伦理主线。陈忠实曾在《白鹿原》的创作手记[④]中提到,自己从蓝田县志上抄录的"乡约"中获得的写作信心和对人物架构的影响:

> 也就在这一刻,我从县志上抄录的"乡约",很自然地就融进这个人的血液,不再是干死的条文,而呈现出生动与鲜活。这部由吕氏兄弟创作的《乡约》,是中国第一部用来教化和规范民众做人修养的系统完整的著作,曾推广到中国南北的乡村。我对族长这个人物写作的信心就在这一刻确立了,至于他的人生际遇和故事,由此开始孕育。

以《乡约》构建心理框架结构的白鹿原人,才从内在里显示着独有的共性和各自的个性。

陈忠实在手记中所提到的《乡约》,正是我国历史上第一个成文的村规民约,史称《吕氏乡约》(亦称《蓝田乡约》)。《吕氏乡约》用通俗易懂的语言规定

---

① Vivienne Shue: *The Reach of the State: Sketches of the Chinese Body Politic*, Stanford Calif: Stanford University Press, 1988.

② 秦晖:《农民中国:历史反思与现实选择》,河南人民出版社 2003 年版,第 220 页。

③ 陈忠实:《白鹿原》,作家出版社 2009 年版。

④ 陈忠实:《寻找属于自己的句子:〈白鹿原〉创作手记》,上海文艺出版社 2009 年版,第 15 页。

了乡党邻里之间关系处理的基本准则，包括乡民修身、立业、齐家、交游应遵循的行为规范以及过往迎送、婚丧嫁娶等种种活动的礼仪俗规，并规定了乡约组织的组成、乡约的执行程序和赏罚措施。这些基本准则、行为规范、礼仪俗规和乡约组织及赏罚措施，构成了《白鹿原》对其所呈现的半个多世纪中国乡村的组织构造、事件变化和人物心理的基本线索。陈忠实曾说："我创作的《白鹿原》，里面有一个完整的道德体系。"可以说，这部《乡约》就是具化了的维系中国乡村社会秩序的道德体系，它构成了整个《白鹿原》伦理叙事的"一条红线"。

在小说中，白嘉轩在听说城里革命没了皇帝、剪了辫子、放了小脚的时候，不由得提出诸多疑问：

> 没有了皇帝的日子怎么过？皇粮还纳不纳？是不是还按清家测定的"天时地利人和"六个等级纳粮？剪了辫子的男人成什么样子？长着两只大肥脚片的女人还不恶心人？

这时，他的姐夫朱先生从抽屉里取出一份抄写工整的文章，并说：

> 发为身外之物，剪了倒省得天天耗时费事去梳理。女人的脚生来原为行路，放开了更利于行动，算得好事。唯有今后的日子怎样过才是最大最难的事。我这几天草拟了一个过日子的章法，你看可行不可行？

朱先生所说的章法，便是《乡约》。白嘉轩将这个"章法"通过抄写、讲解、背记等方式让村民学习，又通过包括"罚跪、罚款、罚粮以及鞭抽板打"的方式处置违反《乡约》的行为：

> 白鹿村的祠堂里每到晚上就传出庄稼汉们粗浑的背读《乡约》的声音。从此偷鸡摸狗摘桃掐瓜之类的事顿然绝迹，摸牌九搓麻将抹花花掷骰子等赌博营生全踢了摊子，打架斗殴扯街骂巷的争斗事件再不发生，白鹿村人一个个都变得和颜可掬文质彬彬，连说话的声音

都柔和纤细了。

其后，白嘉轩又请石匠把《乡约》刻写于石碑并镶立在祠堂正门两边。如果说，此处所描写的是以《乡约》为核心的“礼治”秩序在白鹿原的“立”，那么，在后面的叙事中，“交农”事件带来的《乡约》条文松弛和白嘉轩的整顿、农民协会成立时黑娃的砸碑和白嘉轩对断裂碑石的修补，通过描述这一秩序在白鹿原的“破”与“守”，既表现了涌动的革命大潮对乡村既定秩序的冲击甚至毁灭，又体现了白嘉轩所代表的白鹿原人对传统秩序的顽强坚守和重建。尤其值得注意的是，小说中违背《乡约》礼法的白孝文和黑娃，原先分别代表着既定秩序的继承者和叛逆者，最终却殊途同归地回到了白鹿原，并被白嘉轩允许回归族人祠堂，祭拜祖先，行奉《乡约》。由此，我们不难发现，尽管《白鹿原》在人物叙事、革命叙事和道德叙事的融合中充分展现了历史动荡对乡村道德秩序的巨大影响，但是，作者依然表达了对《乡约》所维系的传统乡村秩序的根源认同和情感依恋。总的来说，乡土社会长期的道德教化氛围已把外在的规则化成了内在的习惯。“维持礼俗的力量不在身外的权力，而是在身内的良心。”世代居住的乡民们不必依靠国家法律的强制力量，而仅仅凭借涵盖社会生活各个方面的村规民约来解决各种冲突和问题，维护家族及村落内部的秩序。可以说，形式多样、涵盖面广的村规民约，是“礼治社会”自治管理的伦理精神和道德规范的体现，它对维护我国传统乡村社会的和谐与稳定起到了十分重要的作用。

二、乡绅长老的道德权威

道德权威是中国乡村传统社会秩序维系中的重要力量，按照费孝通对传统乡土社会中共同体的分析，其构成要素之权力同时表现出社会冲突与社会合作两种面向。从社会冲突的一方面看，“权力表现在社会不同团体或阶层间主从的形态里……是冲突过程的持续，是一种休战状态中的临时平衡。”①因此，他将这种压迫性质的权力称为“横暴权力”。从社会合作的一方面看，“权

① 费孝通：《乡土中国》，人民出版社 2015 年版，第 73 页。

力的基础是社会契约，是同意。社会分工愈复杂，这权力也愈扩大。”[①]这种权力也被他称为“同意权力”。费孝通辩证地看待了乡间社会的演化与发展过程，认为它总是冲突与合作并存的，换言之，这两种互相对立的权力总是同步出现，只是在社会结构的组成上所占比例有所不同。在他看来，只有从两种权力如何配合上方能分析一个社区的权力结构。

道德权威是权力在乡土社会的现实形态。权威是一种获得认同与自愿服从的合法性权力，与代表纯粹强制力的权力不同，它需要追求合法性。按照韦伯的划分，基于不同的合法性基础产生了权威的三种类型，即传统型权威（traditional authority）、魅力型权威（charismatic authority，又称卡里斯玛权威）和法理型权威（legal authority）。其中，传统型权威是一种最古老的权威形式，它“建立在一般的相信历来适用的传统的神圣性和由传统授命实施权威的统治者的合法性之上”；魅力型权威又可称为超人权威或神授权威，它建立在“非凡的献身于一个人以及由他所默示和创立的制度的神圣性，或者英雄气概，或者楷模样板之上”；法理型权威则是“建立在相信统治者的章程所规定的制度和指令权利的合法性之上”。[②] 按照韦伯的观点，中国古代帝权和宗族长老的权威是典型的传统型权威，它拥有着稳固且持久的结构，仅凭文化、道德方面的惯习就足以满足社会的日常需要。同时，传统型权威与魅力型权威之间存在着密切的联系，二者都依赖于将具体人物拥有的权威视为神圣的信念，因此传统型权威中往往包含着魅力型权威的内容，并且在出现必须解决的继承问题时，魅力型权威向传统型权威的转化会频繁地发生。[③]

可以说，费孝通对于乡村社会权力结构的分析同韦伯对权威的分类都揭示了传统中国乡土社会的某些重要的历史传统与特征。如果仅以权力为切入点，无论是同意权力还是横暴权力都需要一定的经济利益为其现实保障，但中国传统的农业性乡土社会缺乏支配强大横暴权力的经济基础，“于是在天高皇

---

① 费孝通：《乡土中国》，人民出版社 2015 年版，第 75 页。

② ［德］马克斯・韦伯：《经济与社会》上卷，［德］约翰内斯・温克尔曼整理，林荣远译，商务印书馆 1997 年版，第 241 页。

③ ［美］莱因哈特・本迪克斯：《马克斯・韦伯思想肖像》，刘北成等译，上海人民出版社 2002 年版，第 320-326 页。

帝远的距离下，把乡土社会中人民切身的公事让给了同意权力去活动了。”而同意权力要求的广泛的社会分工基础，传统乡土社会同样不能完全满足，因为，“乡土社会是个小农经济，在经济上每个农家，除了盐铁之外，必要时很可关门自给。”①由此，形成了中国乡土社会的特殊权力结构——名义上是“专制”“独裁”，但“在人民实际生活上看，是松弛和微弱的，是挂名的，是无为的”②。故此，费孝通认识到，仅从横暴权力与同意权力两方面入手分析中国乡土社会的权力结构是不够的，在他看来，中国乡土社会还存在这样一种权力，“既不是横暴性质，又不是同意性质；既不是发生于社会冲突，又不是发生于社会合作。它是发生于社会继替的过程，是教化性的权力，或是说爸爸式的，英文里是Paternalism。”③进一步说，“教化性的权力虽则在亲子关系里表现得最明显，但并不限于亲子关系。凡是文化性的，不是政治性的强制都包含这种权力。”④在费孝通看来，变迁缓慢的中国传统乡土社会，文化的稳定性使这种教化权力扩大到成人之间的关系。反之，在文化不稳定，传统的办法不足以应付现实问题时，教化权力必然会缩小到亲子关系、师生关系，并限于更短的时间。由此，费孝通对中国传统乡土社会的权力结构进行了总结：“虽则有着不民主的横暴权力，也有着民主的同意权力，但是在这两者之外还有教化权力，后者既非民主又异于不民主的专制，是另有一工的。”⑤

按照费孝通的看法，同意权力和教化权力在中国传统乡土社会中（尤其是在最基层）发挥着更加重要的作用，即以教化维持基本生活秩序的功能。由此，我们可以认为，费孝通对中国乡土社会的权力结构划分，实际上与韦伯的权威分类存在着一定的相似，他同样主张存在基于横暴权力的政治权威、基于同意权力的报偿性权威和基于教化权力的道德权威。并且后两者拥有同样的“共意”基础或利益报偿，可以共享同一套道德话语体系。正是由于中国传统乡村社会的“熟人社会”性质和其历史悠久的礼治秩序传统，才有可能生成基于教化权力的道德权威，村庄共同体与农耕文明的性质孕育了大量能够为乡

① 费孝通：《乡土中国》，人民出版社2015年版，第78页。
② 费孝通：《乡土中国》，人民出版社2015年版，第78页。
③ 费孝通：《乡土中国》，人民出版社2015年版，第80页。
④ 费孝通：《乡土中国》，人民出版社2015年版，第82页。
⑤ 费孝通：《乡土中国》，人民出版社2015年版，第85页。

村主体所识别的伦理守则,故而道德自然地取代法律与习俗成为乡村权威的根基。回到韦伯的观点,中国古代帝权和宗族长老的权威确实都是典型的传统型权威,但是,在"国权不下县"的模式下,传统型权威更多是由"长老统治"来实现的。无论是从中国传统伦理思想还是道德生活史的视角看,道德始终是居于经济之上的。因此,在以血缘和地缘为基础的"熟人社会"中,道德评价始终保持着对经济评价的优先地位,也就是说,能够获得乡村社会评价上的优先性。如果这个分析是正确的,那么作为乡村权威的"长老",其获得信任和服从的权威建立在德性基础之上。由此,道德权威获得了在传统中国乡村社会生成和不断延续的经济和社会基础,并成为一种重要的权威力量。

这里,还需要进一步讨论的问题是基于教化的道德权威在传统乡村共同体中究竟占据了怎样的地位,或者说,它何以成为伦理秩序的核心所在。一般来说,村庄共同体拥有三重边界:一是自然边界,二是社会边界,三是文化边界。① 自然边界构成了人们交往与生产的范围,它一般以地理因素为界,较为清晰。而社会边界意味着村民对于共同体成员身份的确认,拥有社会身份意味着拥有从乡村共同体收益中享受再分配的权利与履行保护村庄、遵守风尚的义务,一般情况下社会边界与自然边界重合。文化边界则较为特殊,它是关乎心灵的边界,意味着村民是否真诚地认可自己的村民身份,是否看重村庄共同体的价值,是否愿意面向村庄而生活。乡土社会最初诞生于自然边界之中,并依靠其中的血缘、地缘关系构成家族,多个家族之间的姻亲联合诞生了宗族,这就逐渐明确了社会边界的范围。然而这一切都还不足以保障乡村伦理秩序的稳固,人们还需要通过教化达到对"礼治"的真心认同,需要一套"信任"体系。故此,基于宗族内部的父权崇拜与长辈优先风尚,权力在基层进行运作时自然地与之发生联系,人们愿意推举德高望重之人负责其宗族的大小事务,根据宗族内部世代沿袭的传统去化解内外纠纷,道德权威也由此诞生。换言之,这种基于"长老统治"或"贤人政治"形式实现的道德权威,往往来源于"伦理的奢侈"②或村民们的经验性评价,而非"自上而下"式的生成。所以,虽然同

---

① 贺雪峰:《新乡土中国》,北京大学出版社 2013 年版,第 55-56 页。

② 谢令纳克(Georg Jelinck,也译为耶利内克)称法律为最小限度的伦理规范(a minimum ethics),其余部分则称为伦理的奢侈(an ethical luxury)。参见王伯琦:《近代法律思潮与中国固有文化》,清华大学出版社 2005 年版,第 16-17 页。

样出于对乡村伦理生活稳定的考虑，但道德权威占据的更多是礼治秩序的基层地位，通过道德权威人们能够找到源自共同体本身的自然边界、社会边界与文化边界，并且反过来不断地强化共同体的封闭性以实现其内部的平衡。

正如林语堂先生所说，在乡村社会，“人们总是避开法庭，95%的乡村纠纷是由那里的长者们来解决的。牵涉到一项诉讼中去，本身就不光彩。体面的人们都以自己一生从未进过衙门或法庭而自豪。”[①]这似乎意味着乡土社会是“无法”“无讼”的社会。但事实上，无论在中国传统思想史还是在漫长的封建统治中，我们都不难发现传统社会里法治思想与较为完备的法律体系的身影。早在秦朝统一中国时，始皇帝下达了“海内为郡县，法令为一统”的措施去加强管理，并且随着国家领土的扩大，秦朝在实行皇帝—官僚统治的政治体制的同时，也不断推行体现皇权意志的统一法令。正如费正清所说，“公元前3世纪法家对于法律的早期运用，是作为协助专制政府实行行政统一的工具。”[②]尽管秦朝以后的中国基本承袭了秦朝的政治和法律制度，有着较为完备的法律体系和执行法律的官僚体系，但是，官僚体系未能全面深入渗透到广阔的乡土社会。也就是说，传统乡土社会并没有明确的法律规则对其施加统治，但同时又不同程度地受到了“律法刑罚”思想的影响，由此产生了独特的法治秩序形式。而对于这一现象，主要有三个方面的原因：[③]

第一，如果说“礼治”对应的是“皇权不下县”，那么这种受到“礼治”秩序约束的“法治”则对应着“国法不下乡”。值得注意的是，国家官僚承载着国家法律的实施与贯彻，因此，从某种意义上说，国家官僚机构延伸到哪里，法律的实施与贯彻就能够到哪里。但是，由于传统中国社会的国家正式机构只设置到县一级，因此，县以下更多依靠村规民约的乡村自治。换句话说，国家法律成为乡村社会的一种制度外壳，并未真正深入到乡村社会内部。

第二，“法治”受到“礼治”约束的最显著特征，即“轻易不告官”。中国传统乡村社会可以通过礼治维系其内部秩序，因此，国家层面的法律失去了其得以利用的空间。并且，经过世代教化的传统农民已将“礼”内化于心，成为一种自

---

① 林语堂：《中国人》(全译本)，郝志东、沈益洪译，学林出版社1994年版，第208页。
② [美]费正清：《美国与中国》，张理京译，世界知识出版社1999年版，第108页。
③ 徐勇：《现代国家、乡土社会与制度建构》，中国物资出版社2009年版，第252-254页。

然而然的生活方式。因此，不到万不得已，人们不会选择“打官司”的形式去寻求法律的保护与支持。因为这种外部力量的介入会造成所谓的“家丑外扬”，破坏村庄共同体在道德生活方面的持续团结；同时，由于传统村落地方性道德知识的存在，来自国家层面的“打官司”行为也无助于获得当事人所要求的公正。缘于此，也就出现了费孝通概括的中国传统乡土社会的“无讼”的历史传统，“打官司也成了一种可羞之事，表示教化不够。”①

第三，传统乡土社会的发展变迁十分缓慢。“不但是人口流动很小，而且人们所取给资源的土地也很少变动。在这种不分秦汉、代代如是的环境里，个人不但可以信任自己的经验，而且同样可以信任若祖若父的经验。一个在乡土社会里种田的老农所遇着的只是四季的转换，而不是时代变更。一年一度，周而复始。前人所用来解决生活问题的方案，尽可抄袭来作自己生活的指南。愈是经过前代生活中证明有效的，也愈值得保守。”②也就是说，在乡土社会通过代代相传累积的经验，可以十分有效地应付生产和生活中出现的各种问题，人们也因此对传统渐生敬畏。如孟德拉斯就指出，传统农民不会怀疑“传统”，而是将“传统”视为理所当然的“生活和工作必须遵循的正常方式”。③ 这是因为如果农民试图打破传统的束缚成为革新者，他必须具备各种主观和客观条件。从主观上说，他“要能够对从父亲那儿继承下来的并被周围的人所接受的传统提出质疑，要了解城市里的学者或邻近地区有创造性的农业劳动者取得的进步成果，要感受到变化的需求，以便打破低层次的但却是保险的平衡，还要具有能够冒实验的风险的经济能力和知识能力”④。即便这些主观条件都具备了，外界的评价和约束仍然会制约他的革新举动。“他周围的人和整个社会系统也必然会反对他，使他感到自己的举动是不适宜的”，甚至是会引起公愤的，“难道他自以为比他的父辈更灵巧、比他周围的人更聪明、比显贵更有知识？否则他怎么敢做显贵们没有想到要做的事呢？他的行动可以说是对其他人的一种侮辱，其他人必然会报以嘲笑和敌意，并运用各种社会约束的武器来令其遵守互识社会中的传统规范。所有的人都预言他将遭到失败，为的是使

① 费孝通：《乡土中国》，人民出版社 2015 年版，第 69 页。
② 费孝通：《乡土中国》，人民出版社 2015 年版，第 62 页。
③ [法]孟德拉斯：《农民的终结》，李培林译，社会科学文献出版社 2005 版，第 37 页。
④ [法]孟德拉斯：《农民的终结》，李培林译，社会科学文献出版社 2005 版，第 39 页。

他这个冒失的人能够摆脱病态的幻想，使一切都能够按照秩序进行，使大家都对传统的无可争议的价值感到放心，因为这价值比一切进步都重要。”①

基于以上这三点原因，在安土重迁的传统社会中，对于“法”的理性认知显得不是那么重要，人们逐渐适应了“不必知之，只要照办”的保障系统，学会了从历史情境中找寻解决矛盾方法的思维方式，“礼治传统”本身就足以代替“法”的作用，或者说容纳“法治”的形式，在乡党之间体现为一种“隐形的制度”。当人们“在行为和目的之间的关系不加推究，只按着规定的方法做，而且对于规定的方法带着不这样做就会有不幸的信念时，这套行为也就成了我们普通所谓‘仪式’了”②。换言之，当人们总是参照传统、合乎“礼仪”地去处理问题，自然也就不需要纯粹外在的强制力去推行规则。当然，正如多次强调的那样，这种“礼治”并非自给自足的，它仍然需要国家权力与法律制度为其提供框架，需要与国家法的内容相一致来证成其合法性。而“无讼”也不意味着乡民们可以完全无视矛盾，只是说不到万不得已，人们不会尝试用普遍性的法律规范去化解冲突，而是依靠乡间自发内生的道德权威去作为法理依据。

具体来说，传统乡村的“无讼”必须要依赖乡间“道德权威”的存在才能发挥作用，从秦汉时期的“缙绅”到明清时期的“绅士”，无疑都是这类道德权威的代表。他们往往是“退任的官僚或是官僚的亲亲戚戚。他们在野，可是朝廷内有人。他们没有政权，可是有势力，势力就是政治免疫性”③。也正是基于此，他们能够成为乡间“礼治”与国家“法治”之间的沟通者，既可以向上表达村民意志与家乡利益，又可以向下传达国家意志或维护统治利益。这些乡间的道德权威不断地在入仕与居家、民间领袖与朝廷官员的不同身份间游走，因而也能更好地兼顾各方的诉求，加之其个人品行、才能方面的优良，很容易受到乡民们的青睐，成为乡土社会法治秩序的代表。也就是说，乡村社会的村民们不是依靠国家法律的强制力量，而是主要依靠涵盖社会生活各个方面的村规民约为制度设置，并通过道德权威的力量来解决各种冲突和问题，维护家族及村落内部的秩序。

---

① ［法］孟德拉斯：《农民的终结》，李培林译，社会科学文献出版社 2005 版，第 40 页。
② 费孝通：《乡土中国》，人民出版社 2015 年版，第 63 页。
③ 费孝通、吴晗：《皇权与绅权》，生活・读书・新知三联书店 2013 年版，第 11 页。

三、纲常礼教的秩序维系

在中国传统乡土社会中,“纲常礼教”构成了公认的秩序逻辑与治理模式。如同费孝通所言,“乡土社会……是个‘无法’的社会,假如我们把法律限于以国家权力所维持的规则,但是‘无法’并不影响这社会的秩序,因为乡土社会是‘礼治’的社会。……而礼却不需要这有形的权力机构来维持。维持礼这种规范的是传统。”①依托儒家经典为理论内核,人们逐渐形成了主动服膺于传统习惯,并且言传身教、世代相传以维系整个乡土社会稳定的习惯。可以说,纲常礼教代表着传统乡土社会的治理伦理,并通过儒学礼仪、节庆风俗、教化舆论和鬼神宗教等方式约束与规范着人们的思想和行为,使得人们能够安土重迁,自发地维护乡土社会的秩序。

礼教秩序对乡土社会道德生活的规范,最初来自先民们对日常德目的归纳。如《左传》中所记载的,“君义,臣行,父慈,子孝,兄爱,弟敬,所谓六顺也”“君令臣共,父慈子孝,兄爱弟敬,夫和妻柔,姑慈妇听,礼也”。而到了先秦时期,孔子对这些繁复的“礼”进行了系统的整理,从中提炼出“知”“仁”“勇”三主德,要求“知者不惑,仁者不忧,勇者不惧”(《论语·子罕》),而三主德又可展开为孝、礼、悌、忠、恕、恭、宽、信、敏、惠、温、良、俭、让、诚、敬、慈、刚、谦、克己、中庸等具体德目。这样就在之前经验性的礼教价值之上构建起一套完整的道德规范体系。孟子继承了孔子的思想,他以仁、义、礼、智为四基德,演绎出“五伦十教”,即君惠臣忠、父慈子孝、兄友弟恭、夫义妇顺、朋友有信。孟子以后,仁、义、礼、智成为代表传统道德精神的“中国四德”。仁者,“人之安宅也”;义者,“人之正路也”;礼者,“人之节文斯二者也”;智者,“知其二者弗去是也”。“居仁由义”“礼门义路”“必仁且智”,可以看出,孟子的“五伦十教”表现出强烈的常识道德性和等级性,但仍然体现在原则规范层面,还未曾表达出强烈的价值信仰。直至西汉,董仲舒在仁、义、礼、智四德之外又加上“信”这个德目,定为“五常”,首次明确提出了“君为臣纲,父为子纲,夫为妻纲”,并在“三纲”前冠以“王道”二字,称之为“王道之三纲”。在董仲舒这里,对君臣、父子、夫妇等级伦

---

① 费孝通:《乡土中国》,人民出版社 2015 年版,第 60-61 页。

理的强调提到了极其重要的地位,“君臣父子夫妇之道取之,此大礼之终也。”[①]同时,董仲舒还进一步强调,“三纲”同“五常”之间并非割裂的,而是由人伦之“五常”而至天伦之“三纲”,这就完成了阴阳五行、天道不变学说同人伦的结合,从而在价值信仰层面赋予人伦前所未有的等级之严。这些形而上色彩浓厚的“三纲五常”在向乡土社会渗透的过程中,由于其价值和规范两个方面的完备,与乡村日常道德生活迅速融合,从而使“纲常礼教”成为乡村社会稳固的道德基石。

宋代以后,纲常礼教又逐渐以乡规民约形式日常化。在我国历史上具有重要意义的乡规民约——《吕氏乡约》也正是在这一时期出现的。《吕氏乡约》中提出了四条基本原则:“凡乡之约有四,一曰德业相劝,二曰过失相规,三曰礼俗相交,四曰患难相恤。”以此为基础,将尊老爱幼、尚齿尚德、抑恶扬善、和睦共处等原则融入其中,以达到“以礼教化约众、以礼约束约众”的目的。这种相劝相规、相交相恤的思想与“三纲五常”主张是一脉相承的,强调上下、尊卑、贵贱的森严有序,其等级秩序与人际关系上的道德要求都被很好地保留下来。总的来说,“三纲五常”在传统乡土社会的道德基础地位日渐巩固,并由日常行为内化为人的道德思维、精神信仰,成为集宗教、道德和法律为一体的“纲常之礼”。以“纲常礼教”为基础的礼治秩序之所以能够在中国传统乡土社会长期稳定地存在,在于它以两个方面的具体措施维系乡土秩序。第一,以伦理风俗为核心的日常行为准则。如费孝通所言,因为传统乡土社会是一个“没有陌生人的社会”,大家都彼此信任,所以社会秩序的维系不能来自自上而下的法律要求,而必须是生长于传统中的礼俗规范。礼与法的最大区别在于,二者维持规范的力量并不相同。法律依靠有形的国家权力,而“礼并不是靠一个外在的权力来推行的,而是从教化中养成了个人的敬畏之感,使人服膺;人服礼是主动的”[②]。因此,“礼治”首先就是内化为传统被人们广为遵从。第二,以宗族权威为核心的治理团体。古代中国的国家权力实际上只到县一级,即“皇权不下县”,维持着乡间社会秩序的是乡民们的自治组织,而这一组织正是以血缘宗族为其核心的。乡绅与宗族不但掌握着政治权力,更重要的

---

① (清)康有为:《春秋董氏学》卷六下,中华书局1990年版,第174页。

② 费孝通:《乡土中国》,人民出版社2015年版,第63页。

是掌握着教化权力，即费孝通提出的“长老统治”概念。

当家族力量成为乡土社会政治秩序的重要维系者，乡规民约也就一定程度上代替了国家律法，差序格局由此诞生。当乡民们面对日常生活中的道德冲突时，这些具有威信的乡绅士族还能起到调节矛盾的作用。这种“调和”并非毫无原则的“和稀泥”，而是建立在“纲常礼教”基础上的道德调节。因此这对调节者提出了两个方面的要求：一是对调节者自身能力的要求，他们必须学识渊博、知书达理、乐善好施，为此才能被村民器重；二是对调节者生活背景的要求，调节者必须是生长于乡族社会之中的内部成员，村民们相信这样更有利于做出合情合理的裁决。这种遇事找寻乡绅的做法既达到了明德、息讼、止争的目的，又不损害乡里的亲情，还使得“礼治秩序”更深入人心。

第三章

近代中国乡村发展与乡村伦理的变迁

（1840—1949）

在传统的乡土社会，城市与乡村的差别并不明显，在居住条件和日常生活方式方面基本都是相似的，所谓城市只是人口相对集中、商贸交易比较频繁的集市。但是近代以来，随着西方资本主义工业文明的兴起，全球范围内开启了现代意义上的城市化进程。从1840年鸦片战争开始，到1949年新中国成立这一阶段，随着西方列强的入侵，中国从封建社会转入半殖民地半封建社会。古老的农业中国也遭遇了近代史上前所未有的“千年变局”，由此开始了农业文明向工业文明的转型，现代意义上的城乡分化也在这一时期开始产生。1840年以后，通商口岸制度在中国沿海、沿江地区建立起来。直到清末，这些口岸总数超过了100个。通商口岸固然都植基于传统的商业街市，但通商口岸的设计和规划基本采取的方案都是西方城市模式，德国人在青岛，英国人在香港、上海等地的港埠设计都是如此。通商口岸城市的出现，不仅加剧了传统城乡之间的分化，也成为近代中国乡村开始走向全面衰败的一面镜子。

通商口岸与传统集市最大的区别在于它意味着中国被纳入了世界资本主义体系。资本主义工业文明的传入与裹挟对中国传统的农业文明影响至深且巨大。然而，这种影响并非不同生产方式的简单替代或直接变更，而是经历了从1840年至1949年这漫长的一百多年的社会变迁。鸦片战争虽然敲开了中国的大门，使西方工业化进程的步伐也踏上了中华大地。但由于晚清政府腐败无能，外国侵略步步为营，资本主义裹挟下的工业化进程在积贫积弱、战乱频繁的中国进展并不顺利。工业化进程受阻的直接后果便是不断增长的农业人口无处转移，农村中农民与地主的矛盾进一步激化，乡村精英不断流向城市，乡村经济日益凋敝，乡村社会迅速衰败。在濒临崩溃的晚清乡村中，伦理失范的社会现象频频发生，道德危机深重。辛亥革命结束了中国长达两千多年的封建统治，使其进入近代史上的民主革命时期。这一时期是中华民族历史上内外交困、矛盾丛生的特殊时期，尽管社会动荡，民不聊生，但民主革命过程中，无论是在国民党统治下，还是在中国共产党领导的革命战争中，对中国社会整体情况而言都是既有破坏也有建设的。中国乡村正是在民主革命过程中经历了从衰败走向重建的复杂过程，作为乡村主体的农民也在这一过程中经历了伦理觉醒与社会秩序的重建。概言之，在近代内忧外患轮番打击、封建帝制与民主革命不断斗争、传统性与现代化纠结撕扯的演进中，中国的乡土社会逐步开启了制度变革与社会转型的进程。在这缓慢却深刻的转型过程中，人们的生产方式、生活方式以及价值观念都发生了巨大变化，近代中国乡村伦理的变迁与转型也蕴藏其中。

第一节 晚清帝制下的乡村衰落与道德危机（1840—1912）

清王朝的治理一方面依赖于统治权向清朝皇族的集中，另一方面也依赖于千百年来逐渐形成和积淀的强固的汉民族伦理文化传统，特别是儒家伦理文化。在晚清几代昏庸腐败与软弱无能的帝治下，中国乡村迅速衰败，衰败带来了各种危机，道德危机也夹杂在各种社会危机中随之而来，表现为乡村伦理秩序的混乱与失范。各种社会危机又加剧了衰败的步伐，在内忧外患的重重危机中，清王朝终于走到了崩溃的边缘。

一、封建统治衰亡与传统乡村道德败落

（一）国家政权的败落与乡村自治的衰微

中国历代地方行政一般以县为最下级行政部门，县衙为政府基层行政单位，县令为政府官员中最基层的行政官员。所谓“皇权不下县”便是对这种社会组织结构的生动描绘。在这种组织架构下，为了弥补县级对乡村治理与统治的不足，又受到传统儒家治理思想影响，如爱惜民力、避免扰民等考虑，再加上一直到晚清之前都还没有面临世界性的殖民和战争挑战，历代君主通常并

不愿过多干预乡村社会,默认在县以下的乡村自治组织施行自我管理与控制模式。特别是唐宋以来,以宗族和乡约为自治主体构筑而成的乡村自治体系在国家力量的引导下使乡村社会得以平稳有序运行,在乡村基层社会管理中发挥着重要作用,因此,这种乡村自治体系便得以沿袭下来。地方自治在一定程度上可以看作王朝统治者最省力、最有效的统治手段,也是君主中央集权统治能力的一种表现。

清朝自康熙以来就试图加强对乡村的控制,康熙二十年(1681)更定了保甲制。自从康熙更定保甲之法后,保甲制一直就是清王朝在乡村社会中的基本控制制度,但乡土组织的坚挺始终使清王朝难以借助保甲制实现完全控制乡村社会的目标。[①] 晚清后期,清政府腐败无能,特别是在1840年鸦片战争之后,中国沦为半殖民地半封建社会。此时的国家政权涣散无能,与西方列强签订的诸多不平等条约也需要大量赔款,清政府急需从民间搜刮更多钱财以支付赔款,并维护其摇摇欲坠的统治地位。因此,国家政权力量开始深入乡村社会,采取各种措施加强对乡村的控制与资源掠夺。1901年,清政府废除了传统保甲制,改为警察制。传统保甲制的废除与现代警察制的兴起,构成了清末民初乡村社会制度变革的主要内容。

然而,现代警察制并没有带来乡村的稳定与繁荣,反之,在国家政权的直接干预下,乡村局面变得更为复杂和混乱。具体而言,在治理能力不断下降的国家政权延伸至乡村时,并没有完全动摇地方乡绅的权威,以血缘与地缘为联结,以族规与礼教为工具的乡绅威权在乡村中依然占有突出地位。但此时的乡绅不再是以往乡村村民的代言人,他们往往与政府官僚勾结,成为压榨与剥削乡村村民的同伙人。据资料表明,清末民初,"绅民冲突"事件不断发生,且呈逐年递增的势态。"当1906年民变风潮持续走高后,绅民冲突的频次也明显增加;当1910年民变发生次数达到这一历史时段的最高点时,绅民冲突的次数也同样达到最高峰。但二者的演进态势并不是等量递增的关系,绅民冲突的递增量显然远远高于民变本身。1906年民变为133起,绅民冲突为31起;1907年民变为139起,绅民冲突为44起;1910年民变虽增至217起,而

① 复旦大学历史学系、复旦大学中外现代化进程研究中心编:《近代中国的乡村社会》,上海古籍出版社2005年版,第52页。

绅民冲突则陡然增为97起，几乎接近民变事件的半数。这一现象揭示了绅民矛盾日趋激化的基本走向。”①“绅民冲突”是民间自治组织结构发生变化的重要表现之一。由于传统儒家文化约束效力的下降，以乡绅为代表的乡村社会上层摆脱了传统伦理的束缚，在乡村社会生活中表现出极端功利的价值取向，利用自身的权威地位追求自己的物质利益，并拒绝履行自己的社会服务义务，导致乡村社会公共服务水平急剧下降，水利、路桥等基础设施不再是原先那种有序的修建和维护状态。失去自治组织保护的农民抗风险能力急剧下降，公共服务精神也日渐消失，背负着政府和民间双重压迫的农民不堪重负，在国家权力挤压的乡村一步步走向崩溃的边缘。

概言之，当国家权力延伸至乡村内部，乡村社会的自治模式被破坏，乡村社会的自主性被大大束缚，村民自我服务与自我管理能力也受到严重削弱。一方面，随着科举制度的取消，西学教育的推进，传统儒家文化制度下产生的士绅阶层社会地位不断下降，在乡村内部产生具有领导力的新威权阶层并不容易，这就造成乡村组织结构涣散，家族与乡约的约束作用也逐渐衰微。另一方面，鸦片战争敲开了中国的大门，传统儒家文化也受到西方文化的冲击，“三纲五常”的伦理秩序遭遇前所未有的挑战与质疑。农民不仅在政治、经济生活上遭受着巨大的压制与剥削，在精神生活上也陷入空前的迷茫并面临价值虚无的风险。

（二）经济内卷化与乡村社会衰败

20世纪前期，中国乡村社会经济问题日益凸显。无论是乡村农业，还是乡村手工业，都陷入停滞甚至倒退的衰败境地。

在农业方面，中国乡村在农业结构上仍是以封建地主土地所有制为主，农业生产方式没有显著变化，生产方法与生产工具没有明显改进，粮食生产的产量也仍然很低，随着人口的不断增长，粮食生产从原来自给自足的状态渐渐转为无法满足基本生活需求。史料表明，清朝中叶以后，人口出现了大幅增长的局面。乾隆六年（1741），全国在册人口总数有史以来第一次突破1亿大关，乾

① 王先明：《乡路漫漫：20世纪之中国乡村（1901—1949）》上，社会科学文献出版社2017年版，第59页。

隆二十七年(1762)、五十五年(1790)又相继突破2亿和3亿,到鸦片战争爆发的1840年,全国人口总数达到了4.128亿。[①][②] 按传统农业发展的历程,劳动力的增长会带来农村经济的发展。但事实恰恰相反,此时的农村经济却每况愈下,传统农业已经无法满足封建剥削和人民基本生活需要。从黄宗智所列举的1700—2003年间中国与其他国家和地区人均GDP(国内生产总值)的比较中可以看出,中国的人均GDP(单位:国际美元)1820年为600美元,1913年为552美元,1950年为439美元,[③]呈大幅下降趋势。由这一系列数据可以看出,这一时期的人民收入水平是直线下降的。究其农业方面的原因,农村人口在不断增长,耕地面积却没有增加,甚至因鸦片种植反而相对减少。大量资料表明,由于晚期大规模种植罂粟,农村经济受到重大的打击。一方面,大面积种植罂粟,使得本就紧张的耕地用于粮食作物种植的面积大为减少,农产品产量急剧下降;另一方面,农村中吸食鸦片的人越来越多,久而久之,劳动力身体素质逐渐下降,无法正常从事农业生产。在这种情况下,人地矛盾日趋紧张,粮食作物减产,粮价不断上涨,加之货币因鸦片外流,购买力下降,人民生活陷入极度困难之中。

在手工业方面,乡村手工业发展并没有跟上城市化进程的脚步,甚至在某些产业还有手工业停滞的情况。虽然随着大批通商口岸的建立,西方先进的生产技术和生产方式开始传播进中国,工业化、城市化的进程开启,这种工业化进程的开启也在一定程度上推动着乡村经济的现代化趋向。传统农业开始向商品化、专业化以及生产的社会化转变,但事实上,在内忧外患的近代中国乡村,这种现代化趋向是非常微弱的。一方面,工业化地区多集中在东部沿海一带通商口岸或靠近通商口岸的地方。据相关资料显示,“从企业与分布地区看,商办企业主要集中于东部沿海一带,其中以上海和广东地区最为密集,上海有31家,广东97家,两地约占总数的84.8%。”[④]由此可以看出,近代工商业的发展是一种城市化的发展,与乡村似乎并没有什么关系,甚至在一定程度上是一种城乡背离式的发展,城市“繁荣”的另一面是乡村的萧条。另一方面,

① 潘洪钢:《细说清人社会生活》,中国社会科学出版社2008年版,第3页。

② 梁方仲编著:《中国历代户口、田地、田赋统计》,上海人民出版社1980年版,第251-254页。

③ [美]黄宗智:《中国的隐性农业革命》,法律出版社2010年版,第8页。

④ 陈国庆主编:《中国近代社会转型研究》,社会科学文献出版社2005年版,第30页。

“近代中国的农业商品化仍是‘穷迫的商品化’，面向市场、以市场为导向的商品化、专业化生产在绝大多数地区仍是空白，多数小农仍是为维持糊口水平的生存而进行生产。”①换言之，乡村家庭手工业并没有从农业中完全分离出来，家庭手工业只是作为农业收入的补充，而不是替代，形成了一种内卷化的农业经济。黄宗智认为这种内卷的家庭手工业是经济衰落的一个重要因素。“内卷化农业构成了灿烂的中国传统文明与落后的近代中国经济这一矛盾事实的基础。……正是这内卷的经济，意味着对现代节约劳动的农业资本化的抵制和随之而来的低农业劳动生产率的维持，以及由此造成的农村低收入。”②这也是其“没有发展的增长”观点的核心所在。换言之，内卷的农业经济造成了乡村收入的低下，加速了城乡的背离化发展，在城乡背离化发展的态势下，乡村社会、经济、文化面临着全面衰退的危机。

尽管学界对于这一时期中国乡村经济的结构和形态有多种不同角度的理解，但基本达成的共识是，这一时期的中国乡村经济是衰败的，农民生活是落后的。究其原因，不仅是外国列强侵略的结果，也与中国乡村政治长期的无序与混乱，政府、军匪、劣绅对乡村的过度榨取，迅猛增长的人口，被鸦片挤占而减少的耕地，繁重的苛捐杂税，连绵不断的天灾人祸等因素有关。这些因素夹杂在一起，导致了近代乡村经济发展停滞，农民生活水平极度低下，乡村社会濒临破产。

（三）鸦片经济与乡村道德危机

鸦片经济在中国的开端始于明朝末年。虽然在唐朝中叶，鸦片就被作为贡品由阿拉伯人传入中国，但在唐宋时期，仅仅作为观赏植物和普通药材少量存在。随后，吸食鸦片的方法渐渐从南洋传入中国，明朝万历十七年(1589)开始对鸦片征税，“定阿片每十斤税银二钱，是为中国征税之始”③。18 世纪中期以前，鸦片在华输入量并不大，但 18 世纪中期之后，形势大变。随着工业革命

① 王先明：《乡路漫漫：20 世纪之中国乡村(1901—1949)》上，社会科学文献出版社 2017 年版，第 344 页。

② [美]黄宗智：《中国的隐性农业革命》，法律出版社 2010 年版，第 38 页。

③ 中国史学会主编：《中国近代史资料丛刊》第一种：鸦片战争第六册，上海神州国光社 1954 年版，第 206 页。

的开展,崛起的英国把对外扩张的步伐迈向了亚洲。“货币是扩张的手段,时—空延伸的手段,因而也就是权力工具。”①以英国为首的殖民者们看到了这一点,开始进行疯狂的鸦片交易,从最初的非法走私,到逼清政府打开国门,进行合法的鸦片贸易,从中国掠夺了大量的黄金白银,也就是货币。鸦片贸易在表面上看来是经济行为,其目的是赚取与掠夺货币,实质上却是政治权力的入侵与扩张。

在英国东印度公司的操纵下,对华鸦片贸易疯狂展开。虽然此时的鸦片贸易是非法的走私行为,清政府从雍正七年(1729)就开始禁烟,特别是在嘉庆、道光年间,禁烟力度更大,但禁烟收效却微乎其微,鸦片贸易愈演愈烈。到1890年,清政府干脆废除了所有禁烟律令,鸦片种植和贸易得以合法化。众所周知,鸦片对人体身心健康有严重危害与摧残,鸦片能把人引入地狱,也能把一个国家引向灭亡,还给这个风雨飘摇的国度中的伦理道德带来严重的冲击。在“皇权不下县”、官法监管缺失的中国乡村,鸦片的泛滥更是肆无忌惮。1892年,山西文人刘大鹏作《鸦片烟说》写道:“当今之世,城镇村庄尽为卖烟馆,穷乡僻壤多是吸烟人。约略计之,吸之者十之七八,不吸者十之二三。”②在这种大面积吸食鸦片毒品的局面下,乡村也随之出现了各种道德危机现象。

在民间曾有“罂粟生烟祸,烟祸生烟盗,烟盗出烟匪”之说。对乡村居民而言,最为典型的烟害正如刘大鹏在《鸦片烟说》中指出的,“其在草野农人,时已春矣,人皆及时而播种,而吸烟者尚晏处于家,迨时已促迫……由是家用不给,仰不足以事父母,俯不足以蓄妻子,年复一年,穷困无聊,始则变卖田宅,继则典质衣物,终则鬻妻售子,家屋兼丧,只留自己一人,即欲为人佣工作苦,而人亦不用,吸烟至此,虽欲不乞讨,其可得乎?此农人吃烟之害也。”③事实上,鬻妻售子、败光家当、只能靠行乞度日还只是对烟民个人的摧残,对乡村社会乃至整个社会而言,鸦片带来的不光是钱财流失,还有各种高利赌娼、盗窃抢劫、杀人卖人等道德滑坡与败坏现象。如此种种的道德危机现象不胜枚举,仅以娼妓业乱象为例,便管中窥豹,可见一斑。

---

① [英]安东尼·吉登斯:《民族—国家与暴力》,胡宗泽、赵力涛译,王铭铭校,生活·读书·新知三联书店1998年版,第156页。

② 刘大鹏遗著,乔志强标注:《退想斋日记》,山西人民出版社1990年版,第11页。

③ 刘大鹏遗著,乔志强标注:《退想斋日记》,山西人民出版社1990年版,第11-12页。

尽管娼妓这一行业在封建社会一直就有，但毕竟不是正大光明的营生之业，妓馆也一直是官方禁止开设的。但到了晚清时期，随着鸦片流毒的侵蚀，娼妓业竟出现了繁荣景象，原因在于官方和民间都以此业为谋生的出路之一。一方面，清政府为了敛财，对《大清律》中严禁开妓馆的条文视而不见，反而变本加厉，抽收妓捐。光绪三十一年(1905)设巡警部，复设内外域巡警厅，抽收妓捐，月缴妓捐者为官妓，反是者为私妓。京师官妓，已为法律所默许。① 另一方面，由于民间吸食鸦片的人数暴增，多数家庭无法长期承担巨额的鸦片开销，到最后连基本生活所需都维持不下去，只能将女儿卖给妓院以换取银两维持生计。还有部分女子吸食鸦片，自己又无力为生，只能靠出卖肉体换取吸食鸦片的钱财和维持生活。

娼妓业的繁荣是一个社会出现道德危机的典型表现之一。特别是与吸毒捆绑在一起的烟娼业，它是鸦片经济流毒、政府腐败无能的恶果，对社会伦理秩序、家庭关系和经济发展危害巨大。有报道曾说："花烟馆之害甚于他妓，上海之妓有三等：上等俗称长三，陪观剧洋钱三元，宿又三元，欲宿先宴，宴需十三元，非多金不能往，非多金也不屑诱也；中等俗称幺二，陪吸鸦片烟一二口，洋钱一元，宿又二元，虽非多金者亦可往，而无金者尚不能往也，被害虽多犹少也；下等俗称花烟间，即花烟馆是也，陪吸鸦片一二口，钱仅百文，宿则一元，于是贫者亦往矣。小肆之伙计、徒弟，以及小本经营，肩挑雇工之辈皆往，费虽少，以日计则少，合岁计则多。……且取精多而用物宏，男女皆易生毒疮。于是被害者或宫，或废，或亏空而逃，或饥寒而死，害可胜言哉！"②自古以来，卖淫嫖娼不仅影响家庭夫妻关系，也对国民身心健康都有害无益，而烟娼业的畸形繁盛无疑会严重破坏社会伦理秩序。素来以儒家"礼义廉耻"文化为传统教养的中国人在鸦片面前却不再顾忌传统礼教，只为能吸上一口欲死欲仙的短暂的"快活"鸦片，便抛弃了曾经视为生命尊严的礼义廉耻。

除了罔顾礼义廉耻的烟娼业繁盛之外，鸦片经济在乡村还催生了大量的买卖妻女、偷盗抢掠和溺杀女婴的社会乱象。有资料记载，"夫鸦片流传历有年矣，愈久吸愈众吸而害愈深，如，倾家荡产者有之，败节隳名者有之，累租及

---

① 章伯锋、卞修跃：《近代中国社会面面观》，四川人民出版社 1999 年版，第 258 页。

② 《上海新报》1869 年 11 月 20 日。

没者有之，断子绝孙者有之，卖妻鬻孥者有之，青年亡身者又有之，历年以来闻者多见者广，世人尽知勿庸絮赘也，然犹有人焉，既识其害，而竟洋洋自得恋恋不舍，爱之若珍宝依之若性命者，其意何在哉?”[①]除买卖妻女之外，在晚清中国乡村，溺杀女婴也随处可见。除了受重男轻女的封建生殖观念的影响外，中国人多地少的国情，加之大面积种植鸦片，土地更为稀少，难以养活繁多的人口，于是女婴便成为农村家庭的极重负担而被溺杀。可见，当鸦片把家中财物消耗殆尽时，吸毒者便将毒手伸向了至亲骨肉，或变卖换取钱财，或直接溺杀以减少家庭开支。此时的中国乡村在道德状况方面已是人伦尽丧、危机深重的黑暗局面。

概言之，烟娼繁荣、盗杀掠抢、买卖妻女、溺杀女婴等道德败坏的现象是庞大社会危机的诸多症候表现，它意味着社会生存压力的加剧，赤贫阶层在社会生活中只能靠这些来缓解生活压力。鸦片让中国乡村经济陷入万劫不复的衰败境地，也导致了乡村社会前所未有的道德危机现象。尽管辛亥革命推翻了腐朽的清王朝，但鸦片并没有随着清王朝的灭亡而消失，国民吸食鸦片的情况仍然严峻，故孙中山先生提出“对鸦片宣战”的口号，把鸦片立为全民公敌。但各省都督却并不真正执行这一主张，政商勾结从事鸦片买卖活动仍是常事，鸦片的毒害仍然是戕害中国人民的一颗毒瘤。

二、外国侵略对乡村伦理文化的影响

鸦片战争以来的内忧外患，既使乡村组织结构发生变化，国家政权力量的延伸打破了传统的乡村自治模式;也使自给自足的乡村自然经济在各种剥削与挤压下日渐衰败;还使得乡村伦理文化遭受到严重的创伤与劫难。就文化冲击的形式而言，既有西方列强烧毁盗抢的直接侵略，也有以西方传教士为主进行的文化干预，以及各种形式的文化渗透，致使传统乡村伦理文化遭受巨大冲击，影响深远。

外国侵略势力对中国文化渗透最直接的表现在对中国语言、文字的干预与策划方面。有外国学者指出，清末以后，以新教传教士为主的西方人士也曾关注

① 《万国公报》1877 年第 470 期。

中国的语言问题，并就旨在取代汉字的书写方案进行了探讨。他们最初的目的是教育中国信徒，但其视野却并非囿于传教，还涉及中国社会与语言的各个方面，如识字、教育、标准语、社会近代化等问题，其中不少观点后来也为中国人所认同。① 在传教士们的不断活动与推广下，改造中国文字与语言的努力和尝试一直在进行中。19 世纪 50 年代以后，"随着中国逐步开放各埠和新教传教士活动日趋活跃，用罗马字符拼写中国各种语言的尝试在东南沿海正式开始，不久即波及内陆和北部官话地区。"②虽然经历了民国时期的平民教育运动、"五四"时期的新文化运动等重要文化事件，中国统一国语的最终确立仍以中国人创制的拼音和汉语表达方案为标准，但这个过程中，也深深地打上了西方传教士的文化渗透印记。

鸦片战争后，随着西方列强的一次次入侵，清军的一次次惨败，特别是在甲午战争中，一向以大清帝国自居的清政府被邻近小国日本打败。在屡屡惨败与严重损失的刺激下，清政府意识到西方先进武器与科技的进步，因此也开始向西方列强学习先进技术，培养西学人才。在文化层面，最重要也对中国乡村影响最深的举措莫过于 1905 年宣布废除科举制度，兴建西式学堂和女子学堂。新式学堂的大规模兴起使受教育的人数大大增加，对所触之处皆是文盲的封建旧社会而言无疑是一种极大的进步。通过办建女子学堂，女性能够走进学堂，接受知识教育，这是一种前所未有的突破。

科举制度是中国封建社会千百年来儒家文化传承的制度性体系，这一制度的废除，意味着传统儒家文化的绝对统治地位开始动摇，贫困落后的中国乡村也在这样的体制变革下渐渐开始接触到西方先进的科学技术与民主、平等的价值理念。尽管等级森严的传统儒家文化礼教在中国大地有着深厚的历史积淀，即便是科举制度的废除也不可能在一夕之间撼动儒家文化的主导地位，但文化结构的变化总是在不同文化形式和价值理念的慢慢渗透下逐渐改变的，西方列强的入侵给风雨飘摇的中国带来深重灾难的同时，也改变着中国社会的文化价值观念，在黑暗中孕育着新生的力量。

---

① ［日］森时彦主编：《二十世纪的中国社会》上卷，袁广泉译，社会科学文献出版社 2011 年版，第 3 页。

② ［日］森时彦主编：《二十世纪的中国社会》上卷，袁广泉译，社会科学文献出版社 2011 年版，第 11 页。

然而,参照西方模式开始进行的新学教育虽然给沦为半殖民地半封建社会的旧中国带来了新生的希望,但学堂的分布与学费、教学内容的变化都在一定程度上加剧了乡村文化的衰败。一方面,学堂的布局直接引导着知识分子的流动方向,新式学堂的分布与规划主要集中在城市,乡村分布数量相对较少。城密乡疏的不平衡布局直接造成了乡村人才向城市的流动,而日渐衰败的乡村也无力吸引外流的人才再回归到乡村。另一方面,乡村新式学堂不但数量少,而且学费比旧式学堂高昂,许多穷人子弟因不能承担昂贵的学费只能放弃入学接受教育的机会。同时,由于新式学堂过于强调破旧立新,在教学内容方面也一味参照国外的教学内容,脱离中国乡村生活实际,这也使一部分农民送孩子入学就读的兴趣和动力下降,从而导致乡村教育中失学率增高的局面。由此可见,当时新式学堂在形式和内容上都远未真正普及和深入中国广大乡村,乡村学子向城市流动的趋向已经比较显明,这种流动造成的最直接结果就是乡村精英人才的流失。人才流失既是乡村文化衰落的一种显著表现,同时也是乡村伦理文化衰落的一个重要原因。乡村精英是乡土伦理延续与新兴文化传播的最重要载体,他们从乡村的脱离与流失让破败的中国乡村更显荒凉。

三、动荡局势对乡村伦理本位格局的冲击

中国旧社会是一个“伦理本位”的社会形态,中国乡村社会也是如此。如梁漱溟所指出的,“假如我们说西洋近代社会为个人本位的社会、阶级对立的社会;那末,中国旧社会可说为伦理本位、职业分立。”[①]具体而言,近代西方社会“始终在团体与个人、个人与团体,一高一低、一轻一重之间,翻复不已”[②]。这种“翻复”的根源在于西方社会事实上是一种集团社会,西方人在集团生活中体现个人的权利与价值。而中国传统社会组织构造却因缺乏集团生活无法映现个人问题,“始于家庭,而不止于家庭”的伦理本位现象在社会构造中尤为显见。在家庭方面,人必“亲亲”,即家庭产生的天然血缘关系是最基本的人际关系,家庭、宗族在宗亲情谊基础上约定的礼俗不仅影响家庭成员,并推及影

① 梁漱溟:《乡村建设理论》,上海人民出版社 2011 年版,第 25 页。
② 梁漱溟:《乡村建设理论》,上海人民出版社 2011 年版,第 26 页。

响到师徒、邻里、朋友等其他关系成员。在经济方面，有“分财”“共财”之义，即按照亲缘关系的远近和财产的多少来分配财产，并且，同一家族内部成员，推及亲戚、朋友甚至邻里，在经济上应当互相扶持和帮助，彼此承担不同程度的财产义务。在政治方面，依靠家庭伦理关系的延伸和扩展安排政治组织，由家而国，按照伦理关系中各自所处的地位，承担相应的伦理义务，这与西方国家以保障个人利益为责任的政治体制是截然不同的。

然而，随着清政府统治的日渐衰败，这种“伦理本位”的社会构造也渐渐发生着变化。在封建统治内部它缓慢解体，在晚清内忧外患的动荡局势中它渐渐迷失，特别是太平天国运动与义和团运动的爆发，使这种“伦理本位”的社会构造变得混乱不堪。

（一）太平天国运动

太平天国运动是清朝咸丰元年到同治三年（1851—1864）期间，由洪秀全、杨秀清等组成的领导集团，从广西金田村发起的反对清朝封建统治和反对外国资本主义侵略的农民起义战争，是由大规模社会危机所推动的、中国历史上规模最大的农民革命。太平天国运动不仅有力地打击了清王朝的封建统治和外国资本主义列强的侵略，加速了封建社会的崩溃，也为辛亥革命的到来埋下了伏笔。但太平天国运动过程中，也有一些滥杀无辜、烧杀抢掠的残暴行为成为社会动荡与不安的因素之一，不仅带来了社会伦理秩序的混乱与失范，也加剧了中国乡村伦理本位的迷失与混乱。

太平天国运动历时 14 年之久，活动范围波及 18 个省份。在运动中，太平军固然杀死了一些贪官污吏、地主恶霸，但这仅仅是少数人口。在整个动乱过程中，清朝武装和太平军还杀死了不计其数的无辜群众，数量之多已经造成人口锐减，成为中国近代史上人口锐减的转折点。太平天国战争前人口有 4.3 亿多，战后人口统计不及 3 亿。有学者估计，这一时期全国死亡人口占总人口数的 1/3。“其中，安徽省是太平军和清军的必争之地，战场几经易手，争夺极为惨烈，受创最为深重。譬如，皖南的广德县，就几乎损失了所有的人口。”①据容闳

---

① 熊月之、熊秉真主编：《明清以来江南社会与文化论集》，上海社会科学出版社 2004 年版，第 14 页。

记载,“彼两广总督叶名琛者,于此暴动发生之始,出极残暴之手段以镇压之,意在摧残方茁之花,使无萌芽之患也。统计是夏所杀,凡七万五千余人。以予所知,其中强半,皆无辜冤死。”[①]战争波及的主要地区,昔日繁盛的情景被萧条凋落的局面所取代。同治初年(1862),时任江苏巡抚李鸿章外出巡查时注意到,“苏省民稠地密,大都半里一村,三里一镇,炊烟相望,鸡犬相闻。今则一望平芜,荆榛塞路,有数里无居民者,有二三十里无居民者。”[②]根据相关研究数据,就人口损失而言,清朝武装和太平军都有不可推卸的责任。就杀人方式而言,太平天国的某些手段有时比清政府处理死刑的方式更残忍。“清朝的死刑,有绞、有斩首,十恶不赦者,才用凌迟。但太平天国的死刑,有点天灯(活活烧死),五马分尸,还有桩沙(把人放在大石臼里舂死)和剥皮,当然也有凌迟。凡是被视为犯了重罪的,都这样大刑伺候。”[③]无论是清政府的武装力量,还是太平军,他们滥杀无辜且手段极端残忍的行为本质上是背弃人伦的反人类行为,大量的屠杀不仅导致家庭破碎,村庄凋敝,也使整个社会陷入极度恐慌和黑暗之中。

太平天国运动的发起是从拜上帝教开始的,其运行和管理模式是政教合一的。洪秀全为了树立上帝权威,一方面,他拼命宣扬上帝“无所不在、无所不知、无所不能”,并鼓吹“同教一家”以吸引教徒。然而,随着其“天兄”代言人萧朝贵在长沙牺牲,“天父”代言人杨秀清为韦昌辉所杀,“天兄”“天父”的非自然死亡不言自明地暴露了上帝“无所不能”只是个骗局。另一方面,他粗暴对待儒、佛、道等传统文化,要求独尊上帝,下令禁古书,毁庙宇。“凡一切孔孟诸子百家妖书邪说者尽行焚除,皆不准买卖藏读也,否则问罪也。”[④]有史料记载,太平军在天京(即南京)城内“搜得藏书论担挑,行过厕溷随手抛,抛之不及以火烧,烧之不及以水浇。读者斩,收者斩,买者卖者一同斩”[⑤]。这种类似“焚书坑儒”的手段在中国历史上并不陌生,残暴独断的方式试图斩断人们对传统伦理

① 容闳:《西学东渐记》,湖南人民出版社1981年版,第30页。

② (清)李鸿章:《李文忠公全书奏稿》。

③ 张鸣:《天国梦魇》,重庆出版社2016年版,第88页。

④ 中国史学会主编:《中国近代史资料丛刊·太平天国》一,上海人民出版社、上海书店出版社2000年版,第313页。

⑤ 中国史学会主编:《中国近代史资料丛刊·太平天国》四,上海人民出版社、上海书店出版社2000年版,第735页。

文化的情结，却并不符合伦理文化的发展规律。以儒家为代表的传统伦理文化在中国存在并延续了上千年，其中的优秀品质和精髓仍然吸引着很多人并使之所喜好，特别受文人雅士的推崇。并且，随着西方科学、民主观念的渐渐传入，唯上帝教独尊的价值追求和暴烈的毁灭式手段都与当时的时代精神格格不入。

尽管洪秀全自创拜上帝教，高喊“凡天下男人皆兄弟、天下女子皆姊妹”，鼓吹要建立一个处处平等的太平世界，但他只是从基督教小册子《劝世良言》中捡来了这些教义作为口号，并没有真正将平等落实到具体的实践中去。尽管太平天国也颁布了《天朝田亩制度》，要求“耕者有其田”，看似是一种平等的实践，但只是把农民的平均主义思想在文字形式上发展到了一个高峰，而不是真正的平等。事实上，在太平天国中也并不太平，社会制度的实际安排远没有其宣扬的那般平等，反而处处都是森严的等级制度，其《太平礼制》中的各种特权和不平等待遇甚至比清政府有过之而无不及。太平军占领南京之后，洪秀全、杨秀清就开始大建王府，广选后妃，过起荒淫无度的宫内生活。在王府方面，洪秀全改两江总督府为天王府，极尽奢华营造天王府。在后妃方面，仅洪秀全一人就有后妃八九十人。由此可见，他们“立国”并没有把为人民谋取太平生活作为真正追求的目标，而是把自己享受特权放在了首要地位。所谓“凡天下男人皆兄弟、天下女子皆姊妹”的口号，只是他们为了鼓动人心而使用的幌子。

不可否认，太平天国也制定了一系列道德规范，但领导阶层并不按自己制定的道德规范去执行，而是只要求普通百姓去遵守和执行，是一种双重标准的约束行为，而且那些道德规范和要求也常常背弃人伦，执行起来相当困难。例如，对宫中妇女的管理规定了“十该打”，即“服事不虔诚”“硬颈不听教”“起眼看丈夫”“问王不虔诚”“躁气不纯静”“讲话极大声”“有喙不应声”“面情不欢喜”“眼左望右望”“讲话不悠然”，都该被打。[1] 可见，他们仍然采取了封建道德规范来约束身边的宫女，并对她们的一举一动、一言一语，甚至面部表情、姿态都有具体规定，丝毫不得有违，违者便要被打。这些规范和要求无疑是将封建道德中的男尊女卑、三从四德的不合理要求发挥到了极致。又例如，金田起义

① 中国史学会主编：《中国近代史资料丛刊·太平天国》二，上海人民出版社、上海书店出版社2000年版，第435-436页。

之时规定男女分馆，自秦日纲以下所有官员将士虽夫妇不得同宿。但实际上违反这一规定者不乏其人。高级官员陈宗扬夫妇被斩首，卢贤拔被革职。[①] 由此例可以看出，一方面，不让夫妻同宿有违人伦天性；另一方面，也体现出统治阶层内部也同样存在显著的不平等。秦日纲以上官员就可以夫妇同住，并且洪秀全、杨秀清等领袖人物还可以坐拥“后宫佳丽三千”，这是一种明显的不平等待遇。尽管这些不平等待遇都被冠以上帝的指示，被说成是上帝的安排，但无论如何遮掩，都难以掩盖其封建化政权的本性，并且，太平天国制定的所谓道德规范比起清王朝统治下的封建束缚是有过之而无不及的。

（二）义和团运动

19 世纪末，中国近代史上又一次大规模的农民运动“义和团运动”爆发了。义和团，又称义和拳。义和团运动也称“义和团事件”“拳匪”“拳乱”“庚子拳乱”等，是一场以“扶清灭洋”为口号的农民运动。义和团成员结构非常复杂，虽然是以农民为主，但也包含了一部分城市手工业者、小商贩、运输工人等城市贫民以及部分军官、富绅，后期还混入各种氓流人员，这种极为松散的组织方式使义和团运动的成效并不显著，也成为其运动过程中混乱无序状态的重要原因。尽管学界对义和团运动的看法与评价褒贬不一，但基本达成的共识有两点：一是义和团运动在遏制帝国主义瓜分中国野心方面所起的作用是不可否认的；二是义和团运动以残暴的方式盲目排除一切“洋夷”事物，是一场与中国社会正在进入全球化、以“西学东渐”开启近代步伐的潮流（尽管是完全被动并付出惨痛代价的方式）相悖的倒退。就其对中国乡村伦理文化的影响而言，义和团掀起的狂热的迷信乱象，因排斥一切“洋人”“洋物”而造成的滥杀无辜、烧杀抢掠的暴行对中国乡村伦理秩序的混乱起到了加剧作用。

与太平天国独尊拜上帝教不同，义和团的宗教信仰异常复杂，可以说是多神主义的。“它没有独尊的教主，也不是用崇拜一种宗教去打倒另一种宗教。团民们信仰的，五花八门，有佛（如来、观世音之类），有道（玉皇大帝、洪钧老祖、张天师等），有儒家传统尊奉的人物（姜子牙、诸葛亮、关公、刘伯温等），也

---

① 王庆成编注：《天父天兄圣旨》，辽宁人民出版社 1986 年版，第 165-166 页。

有戏曲舞台上的著名角色和名不见经传的民间传说中的超人。”[1]在各地的义和团组织中，很多首领干脆就直接用这些神或被神化的历史人物作为自己的名号以树立统领团员的权威。在确立了各路大神的权威之后，义和团便依靠吹鼓神力，用画符、扶乩使神明附体等宗教迷信方式来发动和组织群众与“洋人”作战。义和团团民通常以练习拳技为名，实质上只是一边演诵符咒，诡称神灵附体，一边舞枪弄棒、装疯作癫。据史料记载，“(义和团)如欲赴某村讹抢，则分送传单，先期征召，迨齐集后，逐一吞符诵咒，焚香降神，杂遝跳舞。为首者指挥部署，附会神语，以诳其众。临阵对敌……其头目手执黄旗，或身着黄袍，背负神像；其徒众分持枪刀及鸟枪抬炮，群向东南叩头，喃喃作法，起而赴斗，自谓无前。”[2]这种愚昧的迷信行为在真枪实弹的“洋人”面前毫无真正的战斗力，还给本就混乱的社会秩序带来更多的无辜伤亡，使家园被毁。当然，团民多半以目不识丁的农民为主，还有一些社会下层群众，他们深受外国侵略之害，饱受压迫，又受封建皇权思想支配，在没有先进阶级领导和物质武器支持的情况之下，只能靠空想来制造精神武器对付敌人，因此他们的防抗行为充满了荒诞的宗教迷信色彩。尽管从历史观点来看，该运动不应受到太多苛责，但就其造成的不良后果也无须讳言。确实，这样愚昧、狂乱的暴行给已经生灵涂炭的中国乡村又增添了几分混乱与萧瑟。

义和团以“扶清灭洋”为口号，其斗争对象非常明确，便是“洋人”与“洋货”。他们一心认为只要把所有“洋人”都杀尽便可以恢复大清一统天下的局面。因此，排除一切“洋人”“洋货”，以及与“洋人”“洋货”有关的人便是他们主要的任务。在民间，义和团将“洋人”称为“大毛子”，将信“洋教”的教民称为“二毛子”，提出“华人与洋人往还，通洋学，谙洋语者，其间分别等差，共有十毛”[3]，凡属“十毛之人，必杀无赦”。正是在这种信念下，义和团开始在各地开展这种“杀无赦”的灭洋活动。据史料记载，在山西，团民“见二妇，一抱小孩，

① 齐鲁书社编辑部编：《义和团运动史讨论文集》，齐鲁书社1982年版，第232页。

② 《山东巡抚袁世凯摺》光绪二十六年四月二十一日，《义和团档案史料》上册，第93页。

③ 中国史学会主编：《中国近代史资料丛刊·义和团》一，上海人民出版社、上海书店出版社1957年版，第271页。

称系入教之人,用刀遽劈,伤重倒地,并将同来之幼童,一人顺手砍伤”[①]。义和团这种任意杀生行为随处可见,无辜受戮者不知凡几,路上行人见其都纷纷避让而行,一时间人心惶惶而不可终日,社会秩序极其混乱。刘大鹏在光绪二十七年五月十五(1901 年 6 月 30 日)的日记中写道:“王郭村于本月初四日又将被诛教民之尸舁入洞儿沟棺三十,亦系左右村庄之民帮舁,车四十辆教民乘坐。十二日又将三贤村之尸舁入洞儿沟,未知棺木之数。”[②]这一年,他所在的乡村地区“瘟疫之起,由于去年义和拳纷杀教民血肉淋漓之所致耳”[③]。类似王郭村的情况不胜枚举。义和团团员多半是农民出身,这种混乱而令人恐慌的生活充斥于彼时的中国乡村。

除了排斥“洋人”之外,义和团还排斥一切“洋货”。据史料记载,《南京义和团揭帖》中宣布其行动方案明确为:“先将教堂烧去,次将电杆毁尽,邮政、报房、学堂自当一律扫净。”[④]尽管扒铁路、毁电杆是一种斗争策略,无论是“洋人”建造的铁路、电杆,还是清政府建造的铁路、电杆,在这种大规模的反帝国主义侵略运动中作为一种斗争手段都无须苛责太多,但团民们不仅仅毁损铁路和电杆,连学堂和治病救人的医院都不放过,实为背弃人伦的暴力行为。据刘大鹏记载,“去岁[⑤]大旱,又加义和拳之乱,四民皆失其业,莫能温饱。今年又加洋夷肆虐、勒索民财,教民纷纷横行乡里,指使邑令缧绁其邻里乡党,民无一日之安。”[⑥]可见,在义和团活跃的乡村,民间纷纷抱怨,苦不堪言。

纵观义和团的暴力活动,尽管从其立场出发可以理解他们深受帝国主义侵略之害,因此对“洋人”抱有巨大仇恨,但不分青红皂白摧毁一切跟“洋”有关的人和物的行为之暴烈、手段之残酷却令人匪夷所思。自鸦片战争以来,晚清帝制下的中国虽然以惨重的代价开启了现代化进程,尽管是以“落后就要挨打”的完全被动局面开始与世界融合,中国乡村也在这一历史进程中渐渐看到了长久以来封闭的封建统治之外的一线曙光,但义和团的暴力毁灭方式将这

---

① 中国史学会主编:《中国近代史资料丛刊·义和团》一,上海人民出版社、上海书店出版社 1957 年版,第 500 页。

② 刘大鹏遗著,乔志强标注:《退想斋日记》,山西人民出版社 1990 年版,第 99 页。

③ 刘大鹏遗著,乔志强标注:《退想斋日记》,山西人民出版社 1990 年版,第 98 页。

④ 中国史学会主编:《中国近代史资料丛刊·义和团》三,上海人民出版社 1957 年版,第 62 页。

⑤ 光绪二十六年,即 1900 年。

⑥ 刘大鹏遗著,乔志强标注:《退想斋日记》,山西人民出版社 1990 年版,第 100 页。

一惨重代价换来的现代化进程也险些毁灭。随后《辛丑条约》的签订进一步加重了已经处于崩溃边缘的中国社会的负担，特别是对于乡村的压力更为明显，因为清政府国库早已无力支付不平等条约中的巨额赔款，巨额赔款的负担最后仍然是落到了广大乡村农民身上，这无异于是压垮中国乡村社会的最后一根稻草。就其对中国乡村伦理文化的影响来看，义和团热衷迷信，拒绝西方现代科学，带有鲜明的反科学、反启蒙、反理性的暴力倾向，与现代文明进程的潮流背道而驰，而其主张迷信与多神论的反智主义恰是中国传统文化与现代科学文化水火不容却又根深蒂固的重要内容，对于刚刚受到一线启蒙的中国乡村社会而言，这无疑是一种精神桎梏。

纵观太平天国运动和义和团运动等大规模农民运动可以看出，在中国近代史上，农民在反抗外来侵略的抗争中做出了巨大的贡献和牺牲，对加速封建统治的灭亡和对抗外来侵略起到了非常重要的作用。但也不可否认的是，无论是太平天国运动，还是义和团运动，都加剧了社会秩序的混乱与传统伦理的衰败。本质上看，这些自发的农民运动都是以谋求吃饭、穿衣等最基本的生存条件为起点和归宿的，是一种谋求基本生存权利的自发抗争。然而，长期以来贫困的经济地位、落后的政治意识、蒙昧的文化水平都成为他们抗争中的制约因素，他们只能凭借感性经验和直觉来判断形势和局面，对未来也没有独立、理性的思考和规划。在他们的抗争过程中，仍然到处充满了封建迷信、等级纲常、皇权思想等他们反抗的对立面所具有的意识形态，因此，即便他们通过一些有组织的抗争得以建立自己的政权，但也立即陷入新的混乱与不堪。概言之，农民运动所带来的乡村社会的动乱对乡村伦理本位秩序造成了巨大冲击。这种冲击带来的影响是多方面的。一方面，农民各种形式的抗争反映了社会底层人民反压迫反侵略的心声，他们的抗争尽管没有撼动封建统治基础，但是在一定程度上扰乱了封建社会秩序。另一方面，尽管社会秩序的破坏让乡村更为衰败，但在持续的破坏和衰败中，也渐渐萌动着一股反封建反压迫的力量，这种力量催生着各种救亡图存的思想和运动。

总而言之，在这一时期，乡村自治体系结构的破坏和经济衰败等内在性的因素，加之近代西方个体本位和权利思想传入的外在性原因，中国社会以伦理关系支撑的传统社会结构遭受强烈冲击，特别是在乡村社会，伦理本位的秩序在各种因素撕扯下迷失而混乱。近代西方思想中对个人权利的强调和伸张在一定程度上撼动了中国传统社会以家庭为重、强调义务的伦理本位思想。在个人与家庭关系方面,家族成员之间要求自身权利,不再以父子、兄弟、邻里之间的血缘宗亲情谊为重,特别是在财产关系上,西方家庭成员之间并不负有共同承担财产风险的义务,对中国社会传统结构中的“共财”结构形成巨大冲击。在个人与国家关系方面,伦理本位的中国传统社会中,政治关系的和谐稳定依赖于统治者与人民之间的伦理关系约束,而近代西方思想的传入在很大程度上消解着这一伦理约束关系,政治伦理约束机制被打乱,中国思想界陷入进退维谷的境地。概言之,在长期以血缘关系和地缘关系为基础形成的乡村社会关系中,伦理本位是一种重要的社会秩序表达,但随着政治、经济结构的变化,传统的伦理本位秩序渐渐迷失在近代社会转型的历史进程中。新的社会秩序尚未确立,伦理的觉醒也还在孕育之中。

第二节
民主革命时期的乡村建设与伦理觉醒(1912—1949)

晚清社会是一个伦理本位迷失的混乱社会,在这个礼崩乐坏的大时代里,也有着充满忧患意识和“以天下为己任”的知识分子,他们以各种形式进行了对国家和民族的挽救与变革,迎来了中国近代史上社会、思想变革的转型时代。正如有学者指出,“晚清—民国是皇权专制退潮而近代潮汐拍岸来而的又一大转型期,士绅觉醒,绅权日张,西学东渐,格局开放。”[①]在这些知识分子与新的阶层中,孙中山的“三民主义”思想影响最为突出。孙中山以“三民主义”为旗帜,领导辛亥革命推翻了清朝政府,结束了中国长达两千多年的封建统治。辛亥革命之后,中华民国政府在孙中山的“三民主义”的指导下,以建设现代化的富强的民族国家为目的,开始在乡村进行国家建设的任务。“三民主义”作为现代中国最重要的政治思想之一,为中国文化现代化的进程起到了重要的助推作用,为中国乡村伦理的觉醒注入了重要的思想力量。

① 吴钩:《中国的自由传统》,复旦大学出版社 2014 年版,第 6 页。

一、三民主义对乡村伦理觉醒的积极作用

1866年，孙中山在广东省香山县翠亨村的一个农民家庭出生，家境贫寒，童年在艰苦的农村环境中度过。农民家庭出身使孙中山天然地关注农村局面，同情农民生活。宋庆龄曾说："孙中山是从民间来的……他生于农民的家庭……他下了决心，认为中国农民的生活不该长此这样困苦下去。中国的儿童应该有鞋穿，有米饭吃。"①1911年，孙中山以"三民主义"为旗帜，领导辛亥革命推翻了清朝的统治，结束了中国两千多年来的封建帝制，进入一个全新的国民社会。但此时的中华民族依然苦难深重，特别是衰败已久的中国乡村，人民仍然生活在水深火热之中。孙中山深知，"农桑之大政，为生民命脉之所关"②，并认为在国家治理方面应当"以农为经，以商为纬，本末备具，巨细毕赅，是即强兵富国之先声，治国平天下之枢纽也"③。在《中国国民党宣言》中，他也特别指出，国民党要致力于"清查户口，整理耕地，调正粮食之产销，以谋民食之均足。……改良农村组织，增进农人生活，徐谋地主佃户间地位之平等"④。可以看出，孙中山对农业非常重视，他把农业看作经，商业看作纬，重农并不抑商，主张农商协调发展。

虽然辛亥革命推翻了封建统治，但国民革命尚未取得真正成功，孙中山意识到国民革命的队伍壮大有赖于广大农民的参与，要把农民吸纳进来作为基础力量，革命才能取得成功。他在《在广州农民运动讲习所第一届毕业礼的演说》中指出："农民是我们中国人民之中的最大多数，如果农民不参加革命，就是我们革命没有基础。国民党这次改组，要加入农民运动，就是要用农民来做基础。要农民来做本党革命的基础，就是大家的责任。大家能够担负这个责任，联络一般农民都是同政府一致行动，不顾成败利钝来做国家的大事业，这便是我们的基础可以巩固，我们的革命便可以成功。如果这种基础不能巩固，我们的革命便要失败。"⑤正是基于这种对中国国情和农民情况的清醒认知，为了呼吁农民参加国民革命，他积极向农村宣传"三民主义"纲领。

---

① 宋庆龄：《为新中国奋斗》，人民出版社1952年版，第5页。
② 《孙中山全集》第1卷，中华书局1981年版，第18页。
③ 《孙中山全集》第1卷，中华书局1981年版，第6页。
④ 《孙中山全集》第7卷，中华书局1985年版，第4页。
⑤ 《孙中山全集》第10卷，中华书局1986年版，第555页。

(一) 民族主义——“驱除鞑虏，恢复中华”对乡村社会爱国热情的动员

民族主义是“三民主义”纲领的出发点，也是孙中山领导国民革命最早举起的战斗旗帜。1894 年，孙中山等人筹划的反清革命团体兴中会在广州成立，提出革命目标为“驱除鞑虏，恢复中国，建立合众政府”。1905 年，孙中山在日本成立同盟会，将革命目标定为“驱除鞑虏，恢复中华，创立民国，平均地权”。1923 年，在《中国国民党宣言》中，孙中山进一步指出：“吾党所持之民族主义，消极的为除去民族间之不平等，积极的为团结国内各民族，完成一大中华民族。”①从兴中会到《中国国民党宣言》提出的革命目标语词变化中不难看出，孙中山在不同时期对“民族”的理解和看法是有变化的，但总体而言，民族主义的基本要义是消除民族不平等，完成中华民族的统一事业。

尽管“驱除鞑虏”这样的口号带有鲜明的“排满”色彩，孙中山也因此被认为抱持的是一种以华夏民族为中心的“狭隘”族类民族观。事实上，自清朝建立之后，满汉之间的斗争从未真正停息过，当腐朽透顶的晚清政府不但自身不断压榨剥削着中国老百姓，还逐步成为帝国主义殖民中国的傀儡政权时，孙中山此时带有“反满”情绪的民族主义思想却含有强烈的现实意义，对动员农民参加革命运动无疑起到了积极的宣传作用。他指出：“中国退化到现在地位的原因，是由于失去了民族的精神。所以我们民族被别种民族所征服，统治过了两百多年。从前做满洲人的奴隶，现在做各国人的奴隶。现在做各国人的奴隶所受的痛苦，比从前还要更甚。长此以往，如果不想方法来恢复民族主义，中国将来不但是要亡国，或者要亡种。所以我们要救中国，便先要想一个完善的方法，来恢复民族主义。”②对于当时历史条件下长期受到清政府高压剥削的汉族人来说，这样的阐释和引导更容易鼓舞人民的斗志和勇气，更有利于唤醒民众的民族意识，恢复民族精神。

“近代是民族国家自我发现的时代，尽管不同的国家自我发现的方式不同。民族国家的自我发现过程也是国内民族关系重建的过程。这一过程对于

---

① 《孙中山全集》第 7 卷，中华书局 1985 年版，第 3 页。
② 《孙中山全集》第 9 卷，中华书局 1986 年版，第 231-232 页。

中华民族来说当然显得更为曲折艰难。”[①]中国古代并没有现代政治意义上的国家观念，所谓“华夷之辨”也只是一种以华夏文化为认同对象的民族思想表达。在古代，所谓“中国”，即“天下”。“普天之下，莫非王土；率土之滨，莫非王臣。”（《诗经·北山》）这种天下观是在古代观测条件极其有限的情况下做出的一种对统治范围地理性的判断，与现代意义上的国家观念相去甚远。特别是在中国乡村，对广大农民而言，除了作为皇家天下的子民，他们日常生活中的族类观念更多的在于“家族”或是“宗族”。正如孙中山所说，“中国人最崇拜的是家族主义和宗族主义，所以中国只有家族主义和宗族主义，没有国族主义。”[②]

阿马蒂亚·森（Amartya Sen）曾指出：“如果我们生活在一个具有固定观念和特定习惯的地方，地域狭隘性就可能是一个我们意识不到也不会去质疑的结果。”[③]长期以来，中国都采取闭关锁国的基本政策，中国农民更是被传统农业生产方式禁锢于其耕种的土地上，近代手工业的微弱发展也没有让他们能够走出自己生活的乡村。因而在西方现代性未侵入中国之前，他们并没有意识到他们的家国观念有任何问题，也无法意识到国家政权对于国民的真正意义。直到孙中山提出“三民主义”纲领，把民族主义作为反帝反封建的宣传旗帜，以农民为主体的中国人民才真正开始了解并意识到反抗帝国主义侵略、反抗清政府统治，建立一个现代民主国家的重要性。在此意义上，民族主义思想作为一种进步思潮，在唤醒中国人民的民族意识、形成现代国家观念方面发挥了巨大的引导作用，并在鼓励农民参加国民革命、为实现民族独立和国家解放而浴血奋战的宣传中起到重大推动作用。

尽管民族主义的宣传给贫穷落后的中国人民注入了现代国家观念，但也应当看到，对于有着两千多年封建文化传统、此时又深陷水深火热之中的中华民族而言，民族国家的自我发现过程充满了紧张与困顿。具言之，西方民族国家的形成是与商品经济的普遍发展、统一国内市场的形成、参与世界市场的竞

---

① 唐凯麟主编，李培超、李彬著：《中华民族道德生活史·近代卷》，东方出版中心 2015 年版，第 383-384 页。

② 《孙中山全集》第 9 卷，中华书局 1986 年版，第 185 页。

③ ［印度］阿马蒂亚·森：《正义的理念》，王磊、李航译，刘民权校译，中国人民大学出版社 2012 年版，第 120 页。

争等现代性过程紧密联系在一起的,而中国的民族主义却并非如此。它"即非伴随国家资本主义与资产阶级的成长而出现,也不是本土现代性的产物,更无关乎以现代性为基础的民族殖民扩张,而是反殖民、反扩张的产物,是对西方冲击的一种回应"①。它导源于外国列强的坚船利炮将中国人的"普天之下,莫非王土"这种天下观的撕裂,当时中国的经济、政治、文化环境也都不具备西方走向现代化的那些条件,便也无法复制西方现代民族国家的形成模式,从而陷入了一种民族性已失、现代化未立的困境。一方面,昏庸无能的晚清政府在帝国主义控制下实际上已经使中华民族的独立主权丧失了,民族性的丧失急迫需要中华民族重新建立一个主权国家。但另一方面,现代化滞后的境遇又迫切呼唤和依赖西方先进的生产技术、政治制度以及文化观念。"科学"与"民主"的现代观念也正是在这种背景下西学东渐,传入中国的。然而,"科学"与"民主"的鼻祖——西方帝国主义列强们,也正是将中国置于半殖民地半封建社会的罪魁祸首,这便意味着在弥补现代化滞后的过程中,难以回避地面临着另一种被殖民化的风险(尽管比军事殖民更为隐秘)。因此,孙中山以民族主义为旗帜的救亡图存道路从其理论开端似乎就陷入了一种难以解脱的认同危机。在实践过程中,国民党本身的阶级局限性和有限的领导能力也难以应对异常复杂的国内外环境,因而并未能够带领中国人民走出一条真正适合的民族独立与解放道路。

(二)民权主义——"主权在民"思想对乡村主体权利意识的呼唤

"主权在民"是孙中山民权主义的核心内容。在创立中华民国之初,孙中山即将国之主体确立为全体国民。"夫中华民国者,人民之国也。君政时代则大权独揽于一人,今则主权属于国民之全体,是四万万人民即今之皇帝也。国中之百官,上而总统,下而巡差,皆人民之公仆也。而中国四万万之人民,由远祖初生以来,素为专制君主之奴隶,向来多有不识为主人、不敢为主人、不能为主人者,而今皆当为主人矣。"②由此可以看出,主权在民的主要思想是要确立人民的主体地位。如孙中山在呼吁恢复人民的民族精神时所说,我们的民族

① 陶东风:《社会转型与当代知识分子》,上海三联书店1999年版,第27页。
② 《孙中山全集》第6卷,中华书局1985年版,第211页。

失去了民族精神，与此同时也失去了民权意识。就农民而言，孙中山指出："中国把社会上的人分成为士农工商四种。这四种人比较起来，最辛苦的是农民，享利益最少的是农民，担负国家义务最重的也是农民。在农民自己想起来，以为受这种辛苦、尽这种义务，这是分内应该有的事；这种应该有的事，是天经地义、子子孙孙不能改变的；祖宗农业受了这种辛苦，子孙也应该承继来受这种辛苦，要世世代代都是一样。"①在长达两千多年的封建统治下，中国农民早已经习惯了被奴役、被压迫、被剥削的处境，他们对于国家政权也没有什么概念，并不觉得国家政权跟自己密切相关，那是统治者的国家权利，而他们只是统治者的子民，顺从便是他们的责任，权利则与他们无关，因此他们也普遍不关心国家政权的真正意义。在孙中山看来，要唤起农民的主体意识，当务之急是要告诉广大农民他们在这个国家中的地位和权利。只有让农民知道了他们在这个国家中有什么地位，有什么利益，才能让他们承担起争取民族独立、国家奋发图强的责任。因此，孙中山认为："我们现在用政治力量来提倡农民，就是要用国家的力量来打破这种思想，就是要一般农民不要从前的旧思想，要有国家的新思想；有了国家的新思想，才可以脱离旧痛苦。要一般农民都有新思想，都能够自己来救自己的痛苦，还是要农民自己先有觉悟。"②只有唤醒农民的主体意识，让农民意识到自己是国家的主人，国家是属于人民的国家，革命事业才有可能获得成功。

为了将民权主义的思想落到实处，《中国国民党党纲》明确规定了具体措施："民权主义：谋直接民权之实现与完成男女平等之全民政治，人民有左列各权：(一)选举权；(二)创制权；(三)复决权；(四)罢免权。"③通过"四权"的行使，人民才能真正把握手中的权利。孙中山深知，中国的现实是民智未开，绝大多数民众没有管理公共事务的想法和习惯，因此他提出，人民要真正行使权利需要一个有能力的政府，"国民是主人，就是有权的人，政府是专门家，就是有能的人。"④这种权能分开的管理体系能够更好地将民权落实到实践中去，并且孙中山一再强调，政府官员包括总统在内都是人民的公仆，他们的职责是为

① 《孙中山全集》第 10 卷，中华书局 1986 年版，第 555 页。
② 《孙中山全集》第 10 卷，中华书局 1986 年版，第 555-556 页。
③ 《孙中山全集》第 7 卷，中华书局 1985 年版，第 5 页。
④ 《孙中山全集》第 9 卷，中华书局 1986 年版，第 331 页。

人民服务。“今知主权在民,官吏不过为公仆之效能者。”[①]他在一次纪念黄花岗烈士的演说中就指出,烈士们虽然失败,以死亡告终,但他们死得其所,因为他们是为四万万人服务而死的,这是人类道德观念的一种进步。“古时极有聪明能干的人,多是用他的聪明能力,去欺负无聪明能力的人。所以由此便造成专制和各种不平等的阶级。现在文明进化的人类,觉悟起来,发生一种新道德。这种新道德就是有聪明能力的人,应该要替众人来服务。这种替众人来服务的新道德,就是世界上道德的新潮流。”[②]

由是观之,孙中山主权在民思想蕴含了政权与治权两层意思:一方面,他清楚“四万万为今之皇帝”,人民才是国家的主人,但是国民自己的主体意识还很薄弱,因此要不断呼吁国民的主体意识;另一方面,他提出让具有管理能力的政府来治理国家,这样才能真正实现主权在民,否则便会陷入“民治未立,民权无寄”[③]的境地。

(三) 民生主义——以“民生”为中心的道德救国理想对乡村社会的激励

民生主义是孙中山“三民主义”理论的实践核心。何为民生?在孙中山看来,“民生就是人民的生活——社会的生存、国民的生计、群众的生命便是。”[④]在这里,“人民的生活”含义较为丰富,除了指人民日常生活所呈现的状态之外,还包括隐藏在日常生活现象之后的物质资料的状况,人民为获得物质资料而采取的谋生之道,以及一个社会为提供物质资料和谋生之道而采取的具体政治、经济措施等。他认为:“要把历史上的政治、社会、经济种种中心都归之于民生问题,以民生为社会历史的中心。先把中心的民生问题研究清楚了,然后对于社会问题才有解决的办法。”[⑤]人民是社会和历史存在的最基本前提,因而民生问题也成为社会和历史的中心问题。然而,孙中山也清楚地看到,“中国的人口,农民是占大多数,至少有八九成,但是他们由很辛苦勤劳得

---

① 《孙中山全集》第 11 卷,中华书局 1986 年版,第 536 页。
② 《孙中山全集》第 10 卷,中华书局 1986 年版,第 156 页。
③ 《孙中山全集》第 11 卷,中华书局 1986 年版,第 536 页。
④ 孙中山:《三民主义》,九州出版社 2012 年版,第 165 页。
⑤ 孙中山:《三民主义》,九州出版社 2012 年版,第 183 页。

来的粮食，被地主夺去大半，自己得到手的几乎不能够自养，这是很不公平的。”①正是基于如此残酷的民生现实问题，他在民国政府建国大纲中指出“建设之首要在民生”②。

在确立了民生问题既是人类社会生存和发展的根本问题，也是国家治理的基本问题之后，接下来所面临的便是如何解决民生问题，即如何践行民生主义。孙中山指出：“民生主义的第一个问题，便是吃饭问题。”③吃饭问题换言之便是农业问题，农业问题中最重要的便是农民问题，如何让农民能够吃饱饭是民生主义第一个亟待解决的问题，对此，孙中山提出了具体的兴农之法：其一，国家实行“耕者有其田”以及其他保护农民的政策。规定法律，对于农民的权利有一种鼓励，有一种保障，让农民自己可以多得收成。其二，体制上，必须“设农官”，解决农业发展中的许多问题和困难，把自发性的农业生产引向自觉性的农业生产。其三，耕作管理上，实行科学种田的增产“七法”，即第一是机器问题，第二是肥料问题，第三是换种问题，第四是除害问题，第五是制造问题，第六是运输问题，第七是防天灾问题。④

在农民问题上，孙中山还强调：“至于将来民生主义真是达到目的，农民问题真是全解决，是要‘耕者有其田’，那才算是我们对于农民问题的最终结果。”⑤那么，如何做到“耕者有其田”呢？对此，他认为：“解决土地问题的办法，各国不同，而且各国有很多繁难的地方。现在我们所用的办法很简单很容易的，这个办法就是平均地权。”⑥然而，孙中山提出“平均地权”的土地政策并不是基于农民与土地所有权相分离的事实，而是出于土地溢价的分配不公。“地价涨高，是由于社会改良和工商业进步。……推到这种进步和改良的功劳，还是由众人的力量经营而来的；所以由这种改良和进步之后所涨高的地价，应该归之大众，不应该归之私人所有……这种把以后涨高的地价收归众人公有的办法，才是国民党所主张的平均地权，才是民生主义。”⑦由此看出，他认为地价

① 孙中山：《三民主义》，九州出版社 2012 年版，第 203 页。
② 孙中山：《建国方略》，中华书局 2011 年版，第 321 页。
③ 《孙中山全集》第 9 卷，中华书局 1986 年版，第 394 页。
④ 《孙中山全集》第 9 卷，中华书局 1986 年版，第 399-408 页。
⑤ 孙中山：《三民主义》，九州出版社 2012 年版，第 204 页。
⑥ 孙中山：《三民主义》，九州出版社 2012 年版，第 193 页。
⑦ 孙中山：《三民主义》，九州出版社 2012 年版，第 194-195 页。

上涨是众人经营力量的结果，因而这种收益成果也应该由众人共同分享，不能由地主独占。具体办法在于："每县开创自治之时，必须先规定全县私有土地之价，其法由地主自报之，地方政府则照价征税，并可随时照价收买。自此次报价之后，若土地因政治之改良、社会之进步而增价者，则其利益当为全县人民所共享，而原主不得而私之。……土地之岁收，地价之增益，公地之生产，山林川泽之息，矿产水力之利，皆为地方政府之所有，而用以经营地方人民之事业，及育幼、养老、济贫、救灾、医病与夫种种公共之需。"①概言之，"平均地权"的真正目的在于让土地收益增长的部分用于公共民生事业，而不是真正赋予农民以土地所有权。因此，就实践效果而言，"平均地权"并没有给农民带来多少切实利益，反之，地主和大资产阶级却通过地位优势在自己报价与国家收买的过程中获得了利益。

质言之，孙中山的"平均地权"理论没有解决农民的土地所有权问题，并未能从根本上触动以封建土地所有制为基础的封建式生产关系。身为民族资产阶级利益的代表，他始终无法摆脱其阶级固有的软弱性和妥协性，因而他试图以和平手段实现生产关系变革的改良行动最终也只能以失败收场。但是，也应当看到，尽管"平均地权"的土地政策并没有能够真正改善农民的生存状况，但按照"平均地权"的设想，一方面可以减轻地主对农民的剥削，抑制私人资本的膨胀；另一方面将土地收益应用于民生事业，有助于实现社会产品公平分配。这在一定程度上能够调动广大农民的生产积极性，并体现出一种"以民为本"的伦理思想。这种"以民为本"、关心人民疾苦，并努力改善人民生活状况的决心和理念还是给水深火热中的劳苦大众带来了温暖和鼓励，对中国乡村伦理的觉醒有着重要的激励作用。

总而言之，在孙中山看来，"我们三民主义的意思，就是民有、民治、民享。这个民有、民治、民享的意思，就是国家是人民所共有，政治是人民所共管，利益是人民所共享。"②不难看出，孙中山的"三民主义"纲领旨在通过国家政权的建设实现三方面内容：一是民族自强，国家能够维护国民利益；二是民族自立，国民能以国家主人的主体意识去治理国家；三是人民共享，在独立自主的

① 孙中山：《建国方略》，中华书局2011年版，第322页。
② 孙中山：《三民主义》，九州出版社2012年版，第198页。

国家体系中共同分享国家建设的成果，从而进一步促进国家和民族认同感。由于辛亥革命之后成立的新型国家是在半殖民地半封建社会瓦解的废墟之上建立起来的，百废待兴的另一面是巨大的财政需求，而为民族和国家集聚财政资源的重担最后又主要落在了农民身上。对农民而言，这无异于新的压榨又开始了。因此，尽管"三民主义"纲领的蓝图看似很美好，在民间的宣传和号召也很努力积极，但最终农民的真正参与热情并不高，甚至出现更严重的后果——农民持续破产和乡村经济进一步衰退。因此，严格意义上而言，这种国家政权建设在中国乡村并没有取得真正成功。

尽管如此，思想的光辉并不能因此被磨灭。孙中山的"三民主义"纲领对于中国在现代化进程中的作用举足轻重，特别是在促进中国乡村伦理精神的觉醒方面具有至关重要的作用。"三民主义"思想之所以能够在乡村伦理精神方面发挥重要作用，得益于两方面优点。一方面，它是传承的，或是某种意义上"复古的"。"以民为本"的伦理精髓发源自传统儒家伦理思想，而儒家伦理思想是中国社会千百年来的主流意识形态，深入每一个华夏大地上生长的人的骨髓和心灵。"三民主义"的推行实质上也是在弘扬中华民族传统文化优秀的部分，并让其成为中华民族继续发展的伦理文化基础。因此，传承于儒家文化的"三民主义"纲领对脱胎于封建社会基底中的中国农民而言具有很好的亲合力，易于被接受和消化。另一方面，它又是革命的，或是向现代文化潮流"前进的"。它主张学习西方先进的技术和文化观念，将自由、民主、博爱等西方价值观引入中国，并对中外文化采取互相调和、取长补短的态度。正是这种兼容并包、中西合璧的思想理论和文化观念，它将民族性与时代性相结合，在一个动荡、迷失的社会里呼唤起农民的主体意识，让一直甘于沉默、盲目顺从的农民开始认识到自身的存在不应仅是作为别人的依附和工具，他们开始有了当家作主的欲望和维权意识，开始有了理性的国家观念和民族认同感，开始真正懂得追求民族独立、民权在民、民生共享的意义。在此意义上，"三民主义"思想可以说是引领中国社会走出黑暗迷途的火把，它点亮了中国乡村开始走向现代文明的光芒。

二、乡村建设运动对乡村伦理秩序的塑造

民国时期,许多有识之士意识到伦理文化对乡村社会发展的重要作用,特别值得关注的是梁漱溟和晏阳初所推行的"乡村建设运动",以及胡适提出的"乡村救济"策略。在他们看来,当时中国社会严重的文化失调是社会秩序混乱的重要原因,特别是在乡村,旧道德完全被否定、新道德尚未形成,文化和道德危机更加显见。因此,他们都将改革的目光投向中国乡村,在乡村进行了一系列富有成效的文化改革和道德建设活动。梁漱溟从中国传统社会组织构造的伦理特性出发,认为中国的主要问题不是帝国主义侵略和国内军阀混战,而是"极严重的文化失调,其表现出来的就是社会构造的崩溃,政治上的无办法"①。梁漱溟眼中"伦理本位,职业分立"的特殊社会形态使他认为社会改造必须从乡村入手,以教育为手段开展乡村建设运动,以恢复中国乡村社会伦理本位的社会秩序。晏阳初则本着"民为邦本、本固邦宁"的深刻认识和对人民的深厚情感,认为中国的主要问题在于民众的贫、愚、弱、私。对此,他推行以"平民教育"为主要内容的乡村建设运动,培养乡村农民的知识力、生产力、强健力和团结力以提高劳动者素质,从而达到强国救国的目的。胡适在乡村问题上提出了与梁漱溟、晏阳初截然相反的一种思路。在胡适看来,面对积贫积弱的乡村,休养生息、尽量减轻农民负担的"无为"养民策略比积极建设更为重要。

国难当头,究竟是该积极建设,还是无为而治?尽管从今天的视角回顾这一段历史,无论是梁漱溟、晏阳初的各种乡村建设策略,还是胡适实用主义的休养思路,都没有能够对农村局面起到实质性的扭转作用,彼时的中国乡村仍然飘摇在生死存亡的关头。因此,学界对这一时期的各种乡村建设运动存在着褒贬不一的理论评价,但基本值得肯定的是,乡村建设运动是中国农村社会发展史上一次十分重要的社会运动,其理论和实践都有着丰富的伦理内涵,对当代农村伦理文化建设也具有重要的借鉴意义。

① 梁漱溟:《乡村建设理论》,上海人民出版社 2011 年版,第 23 页。

（一）晏阳初——平民教育运动

晏阳初是中国和世界平民教育运动及乡村建设运动的重要倡导者和组织者。20世纪20—30年代，中国农村社会的衰败和农民知识水平的低下让他深感忧虑。受中国传统文化中“民为邦本、本固邦宁”思想的影响，及对人民群众的深厚情感，他回到国内后便发起了旨在提高平民知识水平的教育运动。他认为，民族的衰老、堕落及涣散的根本原因在于“人”的问题，即“人”得了几千年积累而成的大病，所以要对“病人”施以“手术”。“国家社会的基础是人民，大部分的人民在广大的乡村，所以要到乡村去，我们的工作不是烘托、粉饰，供人欣赏、参观。主要是把我们对象的‘人’能使他们自觉，由自觉进而知道自己改革，自己创造，自己建设。”①晏阳初看到解决中国落后问题的根本方法在于从“人”出发，探寻转变问题之“人”的办法，通过施以救亡图存的教育来改变“人”，从而改变民族，改变国家。“我们内受国家固有文化的陶育，外受世界共通新潮的教训，自觉欲尽修齐治平的责任，舍抱定‘除文盲、作新民’的宗旨，从事于平民教育的工作而外，别无根本良谋。”②简言之，要建设乡村，首当建设乡村的人，即平民。

平民是指那些年龄超过12岁且不识字或即使识字却缺乏基本常识的人。③ 晏阳初指出，根据中华教育改进社调查统计，有80%的国民根本不识字，这清楚地说明了当时中国大多数人未能接受教育的基本状况。这些未受教育的人中，除了一小部分学龄儿童还有可能因国家政治发展改变受教育的状况，大多数的青年和成人已经不幸地失去了受教育的机会。晏阳初特别关注这一群人，把他们认定为平民。在他看来，平民受教育程度之高低关系国家之强弱，如果绝大多数国民不识字，本则不固，邦也难宁。如果80%的民众以“下流”自居，这样的民众代表着国家，就必然使一个原本物产丰富、文明久远的国家逐渐退步成“下流”的国家。“如愿中国上流，那惟一著手的办法，就是把这许多目不识丁的男女同胞，设法上流起来。如要达到这个目的，非各省教

① 晏阳初著，宋恩荣编：《平民教育与乡村建设运动》，商务印书馆2014年版，第354-355页。
② 宋恩荣编：《晏阳初全集（1919—1937）》第1卷，湖南教育出版社1989年版，第115页。
③ 晏阳初著，宋恩荣编：《平民教育与乡村建设运动》，商务印书馆2014年版，第20页。

育家一面拼命地提倡,一面下死工夫去研究平民教育不可。”①

1923年,在晏阳初领导下,中华平民教育促进会成立了。中华平民教育促进会工作经历了文字教育、农村建设和县政改革三个阶段。在平民教育活动开展的过程中,晏阳初逐步形成乡村建设的整体思路。“识字教育仅是一种基本教育,其目的不在使民众识字,而在使其达到整个生活改造的目标。”②民众最主要的是农民,民众生活的改造必然要求进行乡村建设。随后,晏阳初在河北定县开展了乡村建设实验,通过培养知识力、科学的生产力、组织能力,实现“民族再造”使命,把平民教育运动推到了一个新的阶段。具体而言,他认为农村问题千头万绪,而“愚、贫、弱、私”四种问题是基本问题。愚,指缺乏知识,甚至目不识丁;贫,指生活水平极端低下;弱,指缺乏科学治疗和必要的公共卫生而导致的体质虚弱;私,指因为缺乏道德陶冶和公民训练而出现的没有团结力,不能合作的问题。晏阳初认为要解决这四个问题,就要从事“文艺教育、生计教育、卫生教育、公民教育”四种教育工作。因为中国人愚昧,所以要培养知识力来攻愚,这就需要文艺教育;因为中国人贫穷,所以要培养生产力来攻穷,这就需要生计教育;因为中国人多病,所以要培养健康力来攻弱,这就需要卫生教育;因为中国人散漫自私,所以要培养团结力来攻私,这就需要公民教育。③

第一,文艺教育。文艺教育是为了解决“愚”的问题,“从文字及艺术教育着手,使人民认识基本文字,得到求知识的工具,以为接受一切建设事务的准备。凡关于文字研究,开办学校,教材的编制,教具教学方法的研究,以及于乡村教育制度的确立,都是属于这部分工作范围以内的。”④在认识基本汉字并接受相关的基本常识后,民众则会有继续求学的兴趣。供从平民学校毕业后的学生所使用的补充读物《新民》《乡民》等,除了灌输实用知识、指导正当娱乐

---

① 晏阳初著,宋恩荣编:《晏阳初全集(1919—1937)》第1卷,湖南教育出版社1989年版,第31页。

② 晏阳初著,宋恩荣编:《晏阳初全集(1919—1937)》第1卷,湖南教育出版社1989年版,第390页。

③ 晏阳初著,宋恩荣编:《晏阳初全集(1938—1949)》第2卷,湖南教育出版社1992年版,第281页。

④ 晏阳初著,宋恩荣编:《晏阳初全集(1919—1937)》第1卷,湖南教育出版社1989年版,第247页。

外，还会引导关注增进公私道德问题，可见在文字教育中也渗入了道德教育。艺术教育是文艺教育的另一重要内容，主要通过图画、无线电广播、平民戏剧等形式丰富平民精神生活，提高学习知识的兴趣，同时提升自己的民族意识和国家观念。

第二，生计教育。生计教育主要是为了解决平民“穷”的问题。“此段生计教育，在城市则注重工业；在农村则注重农业，改良其技术，改善生活，使之生计稳定，生趣盎然。”[①]通过生计教育，在农业生产、农村经济、农村工业等方面努力，农民可具备生产技能，成为能够自立的国民。在农业生产上，在种植和畜牧相关领域把握农业科学，提高生产。在农村经济上，通过合作社、自助社，运用合作方式教育农民，使农民得到补救办法。在农村工业上，通过改良手工业，开展其他副业，提高经济生产能力。在生计教育中，从开展农民生计训练到成立农民合作经济组织，是在逐步改善农民生活状况，促进农村经济不断发展。可见，生计教育本质上是农业职业技术教育问题，但其中自然会涉及农业从业者职业道德的一些基本问题。

第三，卫生教育。卫生教育主要是解决“弱”的问题。“注重大众卫生与健康，及科学医药之设施。使农民在他们的经济状况之下，有得到科学治疗的机会，能保持他们最低限度的健康。”[②]在卫生教育工作中，建立由村到乡到县的系统化的保健组织，并确立乡村保健制度。村保健员从平民学校毕业生同学会中选择，在短期训练后可以带着保健箱入村进户开展施诊工作。区或者乡保健所的医生、护士治疗保健员不能医治的病患并巡回指导保健员工作。县里的保健院则是设备规模较为完善、医生执业技术较高的医疗组织，负责治疗区或乡保健所医生不能医治的病患。这一卫生保健制度从当时中国农村经济发展状况的实际出发，符合国情，简单经济，易于推行。晏阳初的卫生教育思想注重积极预防，在实施卫生教育的过程中，一方面要促成民众增强体质，另一方面也要输送现代卫生观念，保护公共的卫生环境。

第四，公民教育。在晏阳初看来，平民教育的核心内容就是公民教育，其

① 晏阳初著，宋恩荣编：《晏阳初全集（1919—1937）》第1卷，湖南教育出版社1989年版，第85页。

② 晏阳初著，宋恩荣编：《晏阳初全集（1919—1937）》第1卷，湖南教育出版社1989年版，第248页。

公民教育有广义和狭义两个层面的含义。广义上的公民教育，意指良好国民所需要的各种教育。“公民教育这个名词的含义有种种不同。我这里所用的是指以养成好国民为目的的教育全体说的。我以为教育的正当目的，不仅是养成良好的个人，却是养成健全的公民。健全的公民应该有何种知能，公民教育内就得包含着何种相当教育。”①因此，公民教育必然包含生计教育、科学教育、卫生教育在内。他认为，平民完成其公民资格以及平民教育之最后目的的实现，都要靠公民教育。而狭义上的公民教育则更为直接地表现为道德教育，主要解决“私”的问题。“我们知道中国最大多数人民是不能团结、不能合作、缺乏道德陶冶，以及公民的训练。”②言下之意，公民教育主要在于培养公民的道德意识和道德素质。晏阳初希望通过对平民开展道德教育并进行良好的公民训练，激起人民的道德观念，提升人们的公共心、团结力，使之具备最低限度的公民常识、政治道德，为地方自治打下基础。“根本的根本，就是人与人的问题，大家要都是自私自利，国家就根本不能有办法，绝没有复兴的希望。所以我们办公民教育，用家庭方式的教育，在家庭每个分子里，施以公民道德的训练，使每一个分子，了解一个人与社会的关系，以发扬他们公共心的观念。其次我们在这困难严重的局面下，还要注意唤醒人民民族意识，把历代伟大人物，可歌可泣的故事，用通俗的文字写出来，用图画画出来，激励农民的民族意识。”③

晏阳初还对当时中国所谓的“新教育”进行了批判，认为其实质是对国外模式的一味模仿，并不是真正新的东西。他认为，真正的“新教育”应当建立在自尊自信、自我创造的基础上。因此，平民教育运动本身是一次重大的创新，具体体现在以下四个方面。其一，就教育目标而言，平民教育运动要实现的目标是“除文盲，做新民”，也即通过提高人们的文化水平和道德素养，使其成为有文化、有道德、会谋生的新型国民，展现了教育目的的创新。其二，就教育对象而言，平民教育运动立足农村，教育主要面向广大劳苦大众，特别是已过学龄期限且不识字的民众，这也是教育对象上的创新。其三，就教育内容而言，

---

① 晏阳初著，宋恩荣编：《晏阳初全集(1919—1937)》第1卷，湖南教育出版社1989年版，第63页。

② 晏阳初著，宋恩荣编：《晏阳初全集(1919—1937)》第1卷，湖南教育出版社1989年版，第247页。

③ 晏阳初著，宋恩荣编：《晏阳初全集(1919—1937)》第1卷，湖南教育出版社1989年版，第248-249页。

晏阳初通过对近代中国农村具体情况的分析，发现了农民存在的主要问题，定位了平民教育的主要内容，也即文艺、生计、卫生和公民“四大教育”。其四，就教育方法而言，晏阳初强调对不同人群采取不同的教育方法，并强调家庭教育、学校教育和社会教育的结合：对于青年要开展学校式的教育，“因为青年脑筋灵敏，思想活泼，用形式的、有系统的训练，收效甚易”；对于成人教育则采取社会式的教育，“成人年龄已长，事务较多，脑筋纷杂，记忆薄弱，只能施以社会式的教育”；生计教育上采取“表征式”方法，“凡事徒空谈理论而没有实验证明，往往不易使人信服；尤其是平民厌听空话，爱看实验”。[①] 学校式教育中的挂图学校、幻灯学校，社会式教育中的讲演、喜剧、展览、电影、音乐等形式在当时都是能够提升教育效果的新的教育方式。

晏阳初还提出平民教育运动应当将学校教育和家庭教育结合起来。在他看来，学校教育是有限制的，家庭教育是无限制的，学校教育的作用固然很大，但是家庭教育中家长对子女的影响更大。“家长的一举一动，影响于子女者甚大；而教师的一言一行，影响于学生者甚小。有人以为家庭不过吃饭与睡觉的处所，对于儿童教育没有关系。其实家庭是造人的工厂，要想制造有学问有道德的好人，须看家长是否有学问有道德的好人。倘家长受过平民教育，便有好习惯以教训灌输于子女。同时，学校教育得到家庭的协助与合作，定可收最大的效果。”[②]可见，在平民教育运动实践中，晏阳初主张用家庭教育的方式，在各个家庭中，开展公民道德训练，使家庭成员都能了解自己与社会的关系，从而发扬他们公共心的观念。

（二）梁漱溟——乡村建设运动

梁漱溟是20世纪二三十年代中国乡村建设运动的倡导者。在他看来，中国原有的社会结构是“伦理本位”的，但这一社会组织构造在鸦片战争之后的几十年里遭到了巨大打击与破坏。“‘伦理本位、职业分立’八个字，说尽了中

---

① 晏阳初著，宋恩荣编：《晏阳初全集（1919—1937）》第1卷，湖南教育出版社1989年版，第130页。

② 晏阳初著，宋恩荣编：《晏阳初全集（1919—1937）》第1卷，湖南教育出版社1989年版，第126页。

国旧时的社会结构——这是一很特殊的结构。”[①]他认为传统伦理文化失调是导致中国社会混乱的根本原因，要想解决中国社会问题，就需要重构中国伦理文化，而乡村则是文化重新建构的起点。因为乡村是中国社会的根基和主体，中国社会的宗法、礼仪、文化、制度规范都以乡村文化为基础。中国绝大多数人口和区域都在乡村，因此，梁漱溟将改造中国的目光投向了广大的乡村。

在《乡村建设理论》中，梁漱溟全面阐述了他对乡村改造、建设的理论思路。他指出：“所谓建设，不是建设旁的，是建设一个新的社会组织构造——即建设新的礼俗。”[②]在政治上，他试图通过对基层社会的全面改造来提升人民政治素质，为建立民主政治社会奠定群众基础；在经济上，他主张引进西方先进生产技术，开展农业合作化生产模式，以农业引发工业的产业道路促进经济整体发展；在文化上，他重申中国传统文化的伦理内涵，希望通过恢复传统伦理文化来培养农民的道德精神，并建立互助、和睦的乡村文明；在社会管理上，他力图用群体协商方式取代行政命令，用伦理道德规范取代法律规范，要求农民摒弃生活陋习，积极培养健康的卫生习惯，并建立地方自卫队，试图以此构建平等、和谐的乡村社会团体。

在实践层面，他以“乡农学校”这一组织形式在山东邹平地区进行了为期七年的乡村建设实验。乡农学校以“德业相劝、过失相规、礼俗相交、患难相恤”为基本规范和要求，实质上是一种集政治、经济、军事、教育和礼俗为一体的村社组织。这种新的村社组织以教育为手段，以复兴儒家礼俗为主旨，以改革乡村社会为目的，并以向上向善的精神启发乡村自立自强；以具体的生产知识教育和指导乡民，促进生产技术进步；以理想社会的非阶级性质来规范社会组织的合理性，追求理想社会的实现。通过七年的努力，邹平地区在农业生产、教育训练、乡村自治方面都取得了一些成就，匪乱和盗窃现象不复存在，良好的乡村风气和生活环境得以形成。艾恺(Guy S. Alitto)的调查显示，1937年的邹平实验县基本已经实现了教育的普及，吸毒、贩毒得到严厉的禁止，赌博、缠足等封建陋习也得以改造。[③]

---

① 梁漱溟：《乡村建设理论》，上海人民出版社2011年版，第32页。

② 梁漱溟：《乡村建设理论》，上海人民出版社2011年版，第131页。

③ [美]艾恺：《最后的儒家——梁漱溟与中国现代化的两难》，王宗昱、冀建中译，江苏人民出版社1996年版，第259-275页。

梁漱溟的乡村建设理论有其显见的局限性，他推行的乡村建设运动在当时不仅受到国民党一方"不推行党化教育"的指责，也遭到马克思主义者的严厉批评。从某种意义上说，梁漱溟的乡村建设理论可谓"成也伦理，败也伦理"。他虽然看到了中国乡村社会的基础作用及其中伦理文化的重要影响，却过度倚重传统伦理道德的力量，而忽视其在经济社会变迁中应有的现代转换。尽管失败了，但梁漱溟直接从中国传统乡村社会的伦理关系入手进行的这场乡村建设运动，在理论与实践方面都对中国近代乡村的伦理变迁产生了重要影响，特别是对于农民在伦理思想方面的教育与鼓舞作用尤为明显，具体表现在以下三个方面：

第一，以民为本，激发农民进取心。民国时期，中国社会正处于"旧已毁而新未立"的状态，传统的风俗习惯、宗法礼仪、思想观念都被打破了，导致农民在精神上陷入迷茫之境，失去了价值判断的基础。在梁漱溟看来，要改善这一现状，必须先为农民求得精神上的出路。"我们的乡村组织，本乎古人《乡约》之意而来，充分发挥中国古人的理性精神，从伦理情谊来调整社会关系，增进社会关系，以成团体；而团体则以大家齐心向上学好求进步为目标。"①通过宣扬这种"个人的向上"与"社会的向上"的道德精神，来昭苏农民的进取心，克服农民思想观念中固有的浅薄的个人主义和功利思想，从而为农民寻求精神上的出路奠定思想基础。

第二，以合作促进乡村发展。当时的中国是以农业为主的社会，散且弱是农民的基本状态，梁漱溟意识到乡村建设的前途必须依靠合作才能完成。乡农学校除了能在思想上激励农民的进取心，还能在形式上将散漫的农民聚合起来，促成其组织，从而"农村合作社"的模式在当时已具雏形。正是这种合作形式和合作精神，得以从经济上充分加强社会的一体性。梁漱溟曾经以浙江建设厅在下乡推广新蚕种方法时与当地农民发生冲突这一事件为例，指出冲突发生的根本原因在于建设厅下派的推广员与农民"不相熟"，尽管推广员本身充满了热情和干劲，却很难被村民接受。因此梁漱溟指出，要想解决这一问题，就需要依靠乡农学校来做推广。其原因是乡农学校的教员长期与村民生活居住在一起，彼此熟悉，能够打成一片。由于农民对乡村教员已经形成了相

① 梁漱溟：《乡村建设理论》，上海人民出版社 2011 年版，第 266 页。

当程度的熟悉感和亲切感，因此他们传递的信息很容易为村民所接受，不会招致村民的反感。由此看出，在乡村建设运动中，通过乡农学校增进社会关系的伦理特性，在倡导人生向上的道德理想主义指引下，使“合作主义”成为农民精神层面的信仰与追求，是乡村经济得以发展的重要经验。事实上，传统的中国社会是一个具有伦理互助、互保性质的社会，乡村建设运动倡导的合作与此种“互助互保”间既有关联又有区别。合作社通过合作形成乡产、村产，代替了以前的族产、家产，并且在乡村组织中，通过合作增殖的财富具有更强的公有性，从而增强了社会经济的一体性。同时，合作之路虽不能使乡民同时致富，但可以给乡民创造更多的机会，从而使贫富不均的人们在经济上同样地向前增进，这对于缩小乡村社会的贫富差距也起到了十分重要的作用。

第三，以信用激活乡村经济。乡村经济发展不仅受人力、物力、科教等因素的影响，顺畅的金融流通也是影响经济发展的重要因素。而金融的流通顺畅与否又以农民彼此之间的信任和乡村社会的信用度为基础。“农民有了组织，就有保证，信用就增加；而照我们那样的组织——伦理情谊人生向上的组织——当更易有信用。”①因此，旨在激发伦理情谊和人生向上的乡农学校形成的组织，大大增加了农民之间彼此信用的程度和金融安全系数。

总体而言，以晏阳初和梁漱溟为代表的民国有识之士发起的平民教育运动、乡村建设运动，是中国社会历史上非常重要的农村运动。他们都看到了乡村在中国社会发展中的重要地位，认识到乡村伦理文化对中国乡村经济和社会整体发展的重要作用，并对此付诸改革与建设实践。虽然成效并不明显，但其意义不仅仅在于救济乡村。救济乡村只是乡村建设运动的第一层意义，在一定程度上这一意义是被动性的。晏阳初曾特别指出：“若竟把农村运动，全看作就是农村救济，还未免把农村运动的悠久性和根本性抹杀了。”②乡村建设还担负着“民族再造”的使命，其更重要的意义在于创造新的文化，改善民族衰老、堕落、涣散的社会现状，这对于近代中国乡村伦理文化的转型具有直接的影响和推动作用。

（三）胡适——乡村救济

国民党当局对乡村建设运动并不积极支持，因为乡建运动虽有建设之名，

① 梁漱溟：《乡村建设理论》，上海人民出版社 2011 年版，第 268 页。

② 晏阳初著，宋恩荣编：《平民教育与乡村建设运动》，商务印书馆 2014 年版，第 86-87 页。

但并非真正的实业建设，也不是破坏性的革命运动，而是以道德教育和伦理规范来培育良好生活习惯的一种乡村文化运动，是一项需要长期投入且收效缓慢的文化工程。要真正取得成功，必须有大量且稳定的经费投入和财力支持，这个财源只有依靠政府力量才能实现。梁漱溟也清楚地认识到这一点，他说："至于我们落到依附政权，则也有不得不然者。头一点，说句最老实的话，就是因为乡村运动自己没有财源。"①然而，民国政府并无此财力投入，甚至还要依靠从乡村税收中获取的财源以维持庞大的军队与政府开支。因此，乡村建设运动终究逃脱不掉失败的命运，只能以乡村不动的局面收场。

民国政府为了应对动荡不安的社会秩序问题，一方面，在地方政治建设中，试图将地方自治回归于保甲制度。② 但不同于传统保甲制度的是，传统保甲制受地方乡约、士绅的权力限制明显，对地方自治并不构成明显影响；而新的保甲制则把自上而下的国家警察制度这条政治轨道延伸到了乡村内部，在征税和征募兵役方面作用明显。另一方面，民国政府也实行了一系列发展农村经济的具体措施，主要包括组织农村合作社、指导和推广农业技术、开展农村信贷业务等。对此，国民党内部也有不同意见，以胡适为代表的一批知识分子就极力反对这种积极的"建设"之治，主张"无为"之治。胡适认为："积极的救济如农民借贷，如合作运动，如改良农产和改良农业技术，这都是应该努力去做的事。但此种积极事业必须假定两个先决条件：第一要有钱，第二要有人才。有多少钱，才可以办多少事；有了钱而没有相当训练的人才，也往往靡费扰民而无功。所以此种积极政策的可能范围必须受财力与人才的限制；在这种无钱又无人的状况之下，积极救济的可能范围是很有限的。"③事实也正如胡适所言，在无钱又无人才的现实状况下，政治方面新保甲制度的施行，不仅扰乱了传统的社会组织，也弱化了乡村自治能力；经济方面的诸多措施也因动荡不安的战乱局面无法取得实际成效。

面对时局动荡、硝烟弥漫的中国社会整体状况和破产衰败的农村现实局面，加之对民国政府乡村建设策略的反对，胡适决定辞去民国政府委任的"农村复兴委员会"委员职务。在辞职时，他指出："农村的救济有两条大路，一

① 《梁漱溟全集》第2卷，山东人民出版社2005年版，580页。

② 王先明：《变动时代的乡村政制与国家权力——20世纪初年乡制变迁的时代特征》，《南开学报》(哲学社会科学版)2008年第3期。

③ 欧阳哲生编：《胡适文集》第11卷，北京大学出版社1998年版，第328页。

条是积极的救济,一条是消极的救济;前者是兴利,后者是除弊除害。在现时的状态之下,积极救济决不如消极救济的功效之大。兴一利则受惠者有限,而除一弊则受惠者无穷。这是我要贡献给政府的一个原则。"①对于"现时状态",他认为:"现时内地农村最感痛苦的是抽税捐太多,养兵太多,养官太多。纳税养官,而官不能做一点有益于人民的事;纳税养兵,而兵不能尽一点保护人民之责。剥皮到骨了,吸髓全枯了,而人民不能享一丝一毫的治安的幸福!"②基于对此现时状态的认识,胡适认为:"救济农村必须赶紧努力做到减轻正税和免除一切苛捐杂税;而减除捐税必须从裁官、省事、裁兵三事下手。"③

可以看出,在胡适的乡村救济思路里,为农民减负是第一要务。他将削减军队装备与军费开支作为一种消极的救济。一方面,他认识到在当时状态下,兴利式的积极救济并不具备可能的实现条件;另一方面,他一向反对流血牺牲较多的战争状态,因此主张裁军减负作为一种有效的救济手段。在他看来,"'以建设求统一',话是积极的,其实等于空谈。'以裁兵求统一',看起来像是消极的,其实是积极的,是富有可能性的,因为这是全国人人心里所渴望的,因为这是有全国人民的理智与情感作后盾的。"④胡适之所以说这是全国人人心里所渴望的,是全国人民的理智与情感作后盾的,是因为他也深知中国是一个农业国家,乡村人口占全国人口的绝大多数,乡村的兴衰对于国家存亡的意义也无与伦比。尽管从民国初年起,由诸如晏阳初、梁漱溟等各种人与民国政府等各种力量发起的旨在救治中国乡村的建设运动在各地展开,但成效并不明显,农村依然破败不堪,甚至越来越差。对此,胡适以《独立评论》为阵地,对所谓乡村建设或乡村救济的合理性进行质疑并提出反对意见。"裁官,停止建设,裁兵,减除捐税,这都是消极无为的救济。读者莫笑这种主张太消极了。有为的建设必须有个有为的时势;无其时势,无钱又无人而高倡建设,正如叫化子没饭吃时梦想建造琼楼玉宇,岂非绝伦的谬妄?今日大患正在不能估量自己的财力人力,而妄想从穷苦百姓的骨髓里榨出油水来建设一个现代式的

---

① 欧阳哲生编:《胡适文集》第11卷,北京大学出版社1998年版,第328页。
② 欧阳哲生编:《胡适文集》第11卷,北京大学出版社1998年版,第329页。
③ 欧阳哲生编:《胡适文集》第11卷,北京大学出版社1998年版,第329页。
④ 欧阳哲生编:《胡适文集》第11卷,北京大学出版社1998年版,第410页。

大排场。骨髓有限而排场无穷，所以越走越近全国破产的死路了！”[①]随后，胡适在《独立评论》中的意见掀起了一场激烈的讨论：国难当头，究竟是该积极建设，还是无为而治？尽管对此问题很难有统一意见，但此问题的提出，一方面反映出当时中国乡村所面临的巨大困境，另一方面也将胡适所代表的资产阶级改良派知识分子对于社会状况的体察、认识与态度表达出来。

虽然胡适“无为”而治的乡村救济方案看似消极，却蕴含着他从西方社会中汲取的实用主义价值观念。实用主义（又称“实验主义”）哲学的代表人物是美国哲学家杜威（John Dewey）。1915 年秋，胡适进入哥伦比亚大学，师从哲学系系主任杜威，从此实用主义哲学成为他学习的重要内容。他认为：“自从这个‘拿证据来’的喊声传出以后，世界的哲学思想就不能不起一个根本的革命，——哲学方法上的大革命。于是十九世纪前半的哲学的实证主义（Positivism）就一变而为十九世纪末年的实验主义（Pragmatism）了。”[②]可见，在他看来，实用主义哲学是哲学史上的一次重大革命，他在日后的工作、生活中也推崇和践行实用主义哲学的方法与态度。在对于中国乡村建设所面临的问题是积极建设，还是消极救济的选择中便直接透露出他鲜明的实用主义态度。他主张救济的道路要立足于中国乡村破败不堪、无财无人的现实情况，在这种情况下，“此时所需要的是一种提倡无为的政治哲学。古代哲人提倡无为，并非教人一事不做，其意只是教人不要盲目的胡作胡为，要睁开眼睛来看看时势，看看客观的物质条件是不是可以有为。”[③]不难看出，他的“无为”立场实际上出自一种实用主义的立场，不是真正的一事不做，而是要考虑现实情况，在有实现可能的条件下去做一些现实可行的改造或建设，而不是盲目的建设。

不仅对于乡村建设如此，对于当时中国所面临的救亡图存这一时代课题，胡适也是如此态度，反对空洞的口号，注重实际效果，对于各项计划与建设提倡以务实的态度进行。他还特别重视科学和教育在国家救亡图存中的作用，并且呼吁以实业强国。他的这些基于实际情况而提出的建设意见对积贫积弱的中国社会而言，是具有积极参考意义的实践策略。尽管从历史视角来看，胡适在政

① 欧阳哲生编：《胡适文集》第 11 卷，北京大学出版社 1998 年版，第 329-330 页。
② 欧阳哲生编：《胡适文集》第 10 卷，北京大学出版社 1998 年版，第 353 页。
③ 欧阳哲生编：《胡适文集》第 11 卷，北京大学出版社 1998 年版，第 330 页。

治、经济上的温和的改良主义态度和民族资产阶级立场对当时的中国社会都不具备彻底的解放作用,但他开明的科学观念和实用主义的价值倾向,对处于极度迷茫中的落后、保守的中国乡村而言,是一种富有启发性意义的精神引导。

总体而言,从这一时期乡村运动的结果来看,无论是积极的建设运动,还是消极的救济运动,乡村的物质面貌都没有明显改善,仍然是处处贫穷衰败的状况。究其原因,各种乡村建设与救济运动都只是改良性活动,并没有从根本上改变乡村的封建经济结构,一些官僚士绅在这一过程中转变为新的地主阶级,反而加剧了对乡村农民的压榨与剥削。正如孙冶方指出:“一切乡村改良主义运动,不论它的实际工作是从哪一方面着手,但是都有一个共有的特征,即是都以承认现存的社会政治机构为先决条件;对于阻碍中国农村以至阻碍整个中国社会发展的帝国主义侵略和封建残余势力之统治,是秋毫无犯的。”[①]然而,不可否认的是,“三民主义”思想的宣传与推广,平民教育与乡村建设运动的深入开展,以及提倡“无为”而治的乡村救济思路,都对这一时期的乡村伦理精神的觉醒与重构起到了极为重要的作用。虽然中国乡村仍是苦难重重,但乡村人民渐渐自觉意识到了作为国家主体的权利与责任,意识到民族存亡关头更需要通过农民自身的斗争来获得民族独立与解放。科学、民主、自由的现代精神也渐渐成为他们思考的内容和奋斗的力量。当中国共产党正式成立之后,渐渐觉醒的农民在中国共产党的带领下,开辟了一条新的革命道路,中国乡村也从此开启了现代化进程的真正道路。

三、早期中国共产党的乡村革命理论与实践

1921 年 7 月,在共产国际的帮助下,中国共产党第一次全国代表大会在上海召开,会议正式宣告了中国共产党的成立,并明确要把工人、农民、士兵组织起来,为实现党的根本任务而斗争。中国共产党的诞生揭开了中国民主革命新的历史篇章,也是中国乡村伦理经历百年变迁最重要的历史转折点。一方面,中国共产党选择的革命道路唤醒了农民的阶级意识,领导的武装斗争开辟了乡村治理新局面,进而带来了乡村伦理秩序从封建主义向社会主义的内在

---

① 孙冶方:《为什么要批评乡村改良主义工作》,《中国农村》1936 年第 5 期。

转型;另一方面,中国共产党推行的土地改革、民主制度建设和乡村文化建设对中国乡村伦理新秩序的建构与发展起到了重要的推动作用。

(一)武装斗争与乡村伦理秩序的转型

中国共产党在成立之初便深知农民阶层作为中国革命力量的重要性和农民问题所在。1921 年 4 月,上海共产主义小组出版的《共产党》月刊第 3 号发表了《告中国的农民》一文,深刻分析了当时农村的阶级状况与农民问题。该文指出,占全国人口多数的农民如果能够参与到阶级斗争中来,那么我们的社会主义和社会革命就极有可能成功。① 可见,在中国共产党筹划的革命蓝图里,农民阶级具有非常重要的地位,但农民绝大部分是文盲,并且为了应对最基本的生存温饱问题需要整日劳作,并不懂得那些革命大道理。因此,农民阶级的觉悟需要靠具有先进思想的知识分子和共产组织成员来动员和引导。只有将阶级斗争的革命思想传输给广大农民,才能使农民成为有效的革命力量。随着中国共产党正式成立,早期中国共产党党员开始深入农村,号召农民兄弟依靠自己动手,夺回自己耕种却吃不上饭的土地,动员分散落后的农民阶层同工人阶级一道参加革命运动。在中国共产党的领导下,广大农村开启了艰苦的农民革命运动。

1927 年 4 月,第一次"国共合作"全面破裂,国民革命失败。在蒋介石"清党"、汪精卫"分共"的"宁可枉杀一千,不可使一人漏网"的口号下,共产党党员和革命群众遭到大规模逮捕和屠杀,革命力量遭到极大摧残。从这次大革命失败的惨痛教训中,中国共产党人认识到武装斗争的重要性,也逐步把工作重心从城市转向农村,建立农村革命根据地,开始了农村包围城市,武装夺取政权的革命道路。1927 年 7 月,南昌起义打响了武装反抗国民党反动派的第一枪,有力回击了国民党反动派的屠杀政策,在全党和全国人民面前树立了坚持武装斗争的旗帜,写下了中国革命武装夺取政权的新篇章。对广大中国乡村而言,积极的革命宣传与动员唤醒了农民的阶级觉悟和斗争意识。武装斗争不仅开辟了乡村治理的新局面,也为乡村社会秩序恢复稳定争取到重要的时机和环境。

1937 年 7 月 7 日,日军在卢沟桥挑起事端,发动全面侵华战争。中华民族

① 王全营、曾广兴、黄明鉴:《中国现代农民运动史》,中原农民出版社 1989 年版,第 49-50 页。

到了生死存亡的严重关头,为了促进抗日民族统一战线形成,中国共产党呼吁:“平津危急!华北危急!中华民族危急!只有全民族实现抗战,才是我们的出路。”在中国共产党的呼吁和全国人民强烈要求抗日的怒潮逼迫之下,国民党政府同意国共合作,共同抗日。至此,第二次“国共合作”实现,由共产党倡导的抗日民族统一战线也正式形成,全国人民团结起来一致抗日。在抗日战争以前,中国农民尚不具有一种明确的革命意识,他们始终受到愚昧自私的小农观念和意识的困扰,对于国家、民族、主权等现代政治观念并无清晰的体验和认识。全民族的抗日战争恰似一种催化剂,让沉睡中的中国农民空前觉醒。正如国际社会的观察者戴德华(George Edward Taylor)在他 1940 年的著述中所言:“(日本人的)暴行无疑是游击队存在的一个绝佳理由,但只有在下述情况下,这样的理由才成立,那就是,游击队已经在一个地区待了足够长的时间,已组织农民并向他们灌输一种新的道德及政治观念。”①在戴德华看来,日本人的入侵与共产主义者的全力组织是激发农民参与反抗斗争的关键因素。抗日战争激发了中国历史上空前的农民自觉和革命斗志,共产党人的成功在于将广大农民在内的社会各个阶层联合起来,共同对日作战,并在战后进行有效的组织管理,将容易分散的农民阶级团结在自己的阵营中。

1941 年到 1942 年是世界法西斯势力最猖狂、中国抗日战争最艰苦的时期。1941 年,毛泽东发出“自己动手,丰衣足食”的伟大号召,号召解放区军民开展大生产运动,开荒种地,纺纱织布,不仅为长期战争准备了必备的物质基础,也减轻了农民对战备的负担,而且还在广大军民中培养了“自力更生,艰苦奋斗”的延安精神,为后期的农村各项建设积累了宝贵经验。在共产党的带领下,革命根据地将分散的农民团结在一起进行各项政治、经济建设,取得明显成效。解放区政治民主、经济进步、文化发展与国统区政治腐败、经济凋敝、文化萎缩日益形成鲜明对比,这也吸引着越来越多的人向往解放区,在各地掀起了一股“参军热”。经过多年浴血奋战,中华民族终于打败了日本帝国主义,取得了抗日战争的胜利。抗日战争胜利后,国际国内形势都发生了巨大变化,国内主要矛盾突出表现为以中国共产党为代表的中国人民群众,同以国民党反

---

① George E. Taylor: *The Struggle for North China*, New York: Institute of Pacific Relations, 1940, p. 78.

动派为代表的大地主与买办资产阶级之间的矛盾。1946年6月,蒋介石调集兵力,大举进攻中原解放区,全国解放战争由此开始。中共中央在毛泽东同志的领导下,在农村,一方面坚定依靠贫农,团结中农,解决农民土地问题,另一方面对地主和富农区别对待,缩小打击面,以稳定解放区后方;在城市,依靠工人阶级和一切进步分子,争取一切可以争取的中间力量,最终取得了解放战争的全面胜利。1949年10月1日,中华人民共和国正式成立,一个全新的政权在中华大地开始新的历史征程。新中国的乡村虽然仍旧贫穷落后,但现代中国乡村伦理秩序已经从这里开始孕育和起步。因此,无须讳言,武装斗争是近代中国乡村伦理变迁的一股重要力量。

(二)制度建设与乡村伦理新秩序的重建

危机四伏下的中国乡村社会,既是传统伦理溃散的场域,也是新的社会制度孕育生长的地方。20世纪二三十年代,是近代中国乡村最为黑暗的时代,也是近代中国乡村伦理变迁最为关键的转折点。在这一转折中,早期中国共产党在乡村中的一系列制度建设尤为重要:在经济方面,通过土地改革奠定了乡村社会伦理新秩序的经济基础;通过民主政治制度建设,使乡村社会伦理新秩序获得了制度保障;并通过文化制度建设,进一步推动了乡村社会伦理新秩序的变革与发展。

1. 土地改革——奠定乡村社会伦理新秩序的经济基础

自鸦片战争以来到民国政府统治时期,中国乡村在经历了各种盘剥与战乱之后,以农业与手工业为主的自然经济凋敝,农村濒于崩溃,农民生活暗无天日。至1927年前后,民国政府在乡村的基层政权近乎瓦解,第一次“国共合作”破裂后的中国共产党则抓住机遇,在革命根据地广泛动员农民群众,进行土地改革。土地改革动摇了中国乡村千百年来的封建土地所有制,从根本上改变了农村的组织结构和社会生活状态,为近代中国乡村社会伦理新秩序的建立和发展奠定了经济基础。

封建地主所有制是原来中国乡村沿袭千年的土地制度,在这一制度下,广大农民深受地主阶级的剥削与压迫。中国共产党深知土地对于农民生活的重要性,也深知土地问题能否解决是关系到中共政权能否得到广大农民群众认可的关键问题。在建立中华苏维埃政权的早期，中共就指出："解决土地问题，深入土地革命实在是目前苏区最中心的问题。这问题的解决之正确与否，立刻影响到群众对苏维埃政府的信仰。在中央苏区，土地的平均分配，从上述地主剥削之残酷看，可以知道是迫不容缓的急须解决的问题。"[①]因此，在根据地政权建立之后，中共便顺应民意，开始领导农民进行土地改革，打土豪、分田地，并将这一系列举措以政治制度确定下来。1928 年 12 月，毛泽东主持制定了《井冈山土地法》，第一次用法律形式肯定了中国农民获得土地的神圣权利。经过不断实践与改进，到 1931 年，苏区已经逐步形成一条完整的土地革命路线和土地分配政策，其基本内容是：依靠贫雇农，联合中农，限制富农，保护中小工商业者，消灭地主阶级，变封建和半封建土地所有制为农民的土地所有制。[②] 简言之，土地改革是中国共产党在农村工作中的重点内容，其主要目的在于推翻封建地主所有制，实现"耕者有其田"的土地制度，保障农民的土地所有权。

抗战时期，为巩固和发展抗日民族统一战线，团结一切可以团结的力量，中共对农民已经取得的土地所有权以法律形式维护，对未经分配土地的区域停止没收土地而采取减租减息政策。这一政策适当照顾到农村各阶层的利益，使地主权益和农民佃权得到保障，提高了农村各阶层的抗战和生产积极性，对革命根据地的局势稳定起到重要作用。虽然这一政策并不触及封建地主所有制，但它带来的社会变革却是深刻的：一方面，可以削弱封建剥削，改善群众生活，提高农民抗日和生产的积极性；另一方面，在这一政策背景下，土地由集中走向分散的趋势加快，中农、贫雇农获得了较大利益，农村阶级差距逐渐缩小，为抗日民主政权建设和军事斗争奠定了有利的经济基础和社会基础。随着革命运动深入发展，解放战争中农民对土地问题的解决要求迫切，为彻底解决土地问题，实现"耕者有其田"，1946 年 5 月 4 日，中共中央发出《关于清算减租减息及土地问题的指示》，将抗日战争时期的减租减息政策重新调整为没收地主土地，分配给农民。1947 年 7 月—9 月，全国土地会议通过了《中国土

① 江西省档案馆、中共江西省委党校党史教研室：《中央革命根据地史料选编》上，江西人民出版社 1982 年版，第 396 页。

② 许庆朴、张福记主编：《近现代中国社会》上册，齐鲁书社 2002 年版，第 446 页。

地法大纲》,规定"废除封建性及半封建性剥削的土地制度,实现耕者有其田的土地制度",①进一步以法律形式保障农民土地所有权。

土地改革的完成,摧毁了旧的封建地主所有制,实现了"耕者有其田"的革命目标,一方面提高了农民生产积极性,保证了农民对粮食的基本需求;另一方面也激发了农民的生产和政治参与热情,促进了抗日战争、解放战争的胜利。并且,土地改革为新中国成立后的社会主义改造和各项建设奠定了初步的经济条件,积累了丰富的社会经验。就乡村局面而言,贫雇农是土地改革运动中最大的获益阶层。"农民喜气洋洋,新年春节,红火的秧歌出现在街头,每个人脸上都露出了笑容。"②经济上翻身的贫农,在政治上也开始居于乡村的核心地位。在很多革命运动中,他们成为革命的先锋,先锋的付出与牺牲也换来了话语权。在乡村诸多工作中,"贫农团即使人数不占大多数,也自然成为领导核心。乡村中一切工作,特别关于土地改革中的一切问题,必须先经贫农团的发启和赞成,否则,就不能办。"③可见,乡村社会权力结构已经发生了根本性变革,以贫农阶层为核心的乡村社会阶级和权力关系的结构性变动,持久而深远地影响着中国农村社会发展的路向。

2. 民主政治制度建设——维护乡村社会伦理新秩序的制度保障

第一次"国共合作"破裂后,中国共产党就开始独立领导人民进行革命,乡村新的民主政治制度建设也从此时开始孕育,其间经历了中华苏维埃政权建设、抗日民主根据地建设、解放区人民民主根据地建设,民主政权建设稳步推进,直至 1949 年解放战争胜利,中华人民共和国成立,乡村建设也迎来一个全新的民主治理模式。在此过程中,各个阶段的民主政治制度建设都为维护乡村社会伦理新秩序的运行提供了制度保障。

苏维埃政权是一种工人、农民和城市小资产阶级联盟的政权,它的建立使中国劳苦群众看到了一种从未经历过的民主政治制度。陈独秀曾指出:"苏维埃不仅是整个的无产阶级联合机关,而且是一种广大而富于伸缩性的组织形式,一切觉醒起来,反资产阶级反地主的城乡被榨取的劳苦民众,都能够参加

① 许庆朴、张福记主编:《近现代中国社会》上册,齐鲁书社 2002 年版,第 447 页。

② 《东湖土地改革的几点经验》,《晋绥日报》1947 年 2 月 20 日。

③ 中央档案馆编:《中共中央文件选集(1946—1947)》第 16 册,中共中央党校出版社 1992 年版,第 598-599 页。

进去。苏维埃政权不是由少数人在上面统治民众，而是由民众从下创设起来的政权，除了游手好闲靠榨取他人血汗以生活的社会寄生虫，都有参加这一政权的公民权利，它废除了立法权和执行权无益而有害的分立，它撤去了人民和政府间的障壁，它引进了广大民众直接参加国家的政治及经济之管理，它废除了以官吏为职业的特权阶层，它扫清了国会及地方议会等猪圈，它实现了直接选举一切公务人员和随时撤换的彻底民权。”[①]尽管苏维埃政权的民主范围实质上相对狭窄，在这种政权模式中，地主、富农以及大资产阶级是专政的对象，中农权益也几乎不受保障，并不利于当时全面团结一切可以团结的力量的抗战需求。然而，对于长期受压迫的中国乡村农民而言，这却是他们历史上第一次享有制度性的基本权利保障，因此，对于农民加入苏维埃政权的积极性而言，其作用和影响是不言而喻的。

与苏维埃工农政权相比，抗日根据地民主政权所包括的范围更为广泛。它是中共领导的以工农联盟为基础的各抗日阶级和阶层的联合专政，不但民族资产阶级可以参加，一切赞成抗日、赞成民主的阶级和阶层，包括地主阶级的一部分开明绅士都可参加。抗日民主政权因贯彻“三三制”原则，因而也称三三制政权。“三三制”是指抗日根据地的民意机关和政权机关在人员配备上，共产党党员占 1/3，他们代表无产阶级和贫农；非党“左派”进步分子占 1/3，他们代表小资产阶级；中间分子占 1/3，他们代表中等资产阶级和开明绅士。[②] 中共领导的抗日根据地的范围在这一时期主要还只是县以下的乡村，此时的抗日根据地政权同苏维埃时期一样，基本仍属于乡村政权。在这一政权中的主要力量也仍然是乡村中的穷苦农民。在中国共产党领导下，抗日根据地采取普遍、平等的选举制以确保人民当家作主的权利，这让从未真正参与过政治生活的农民终于有机会参政，行使民主权利，从而使农民阶层逐渐告别了惯常的冷漠与保守，抗战热情高涨，参与政治的热情也大大提高。概言之，在中共领导的民主政权建设中，传统乡村中的宗族与乡绅的领导地位逐渐被以贫苦农民和进步青年为骨干的新乡村领导者所取代。新的政权形式，新的乡

① 吴晓明编选：《德赛二先生与社会主义——陈独秀文选》，上海远东出版社 1994 年版，第 344 页。

② 许庆朴、张福记主编：《近现代中国社会》上册，齐鲁书社 2002 年版，第 439-440 页。

村领导者，新的乡村治理模式，一切都是前所未有的尝试与努力。在中国共产党的领导下，中国乡村传统的社会结构正在发生彻底而深刻的变革。

3. 文化制度建设——推动乡村社会伦理新秩序的发展力量

长期的社会经济衰落也使中国的乡村文化生活陷入低谷。经济危机和社会动乱使众多乡村的村民无力以传统的方式庆祝或纪念他们一生中红白喜事的重要时刻，各种宗教迷信却成为乡村渴望救济的救命稻草充斥在民间。传统文化在乡村的支撑结构已然衰败不堪，新的文化力量随着西学东渐的步伐和五四运动的开展而广泛传播，高举“民主”和“科学”大旗的新文化运动也在中国乡村封建、落后的传统土壤中落地生根。对中国乡村而言，最为关键且影响至深的文化思想无疑是马克思主义。

1915 年 9 月，陈独秀在上海创办《青年杂志》，次年更名为《新青年》。陈独秀、李大钊、胡适、鲁迅等一批知识分子以《新青年》为阵地，以“民主”和“科学”为武器，掀起了以反对专制、反对孔教、批判封建纲常为主要内容的新文化运动。尽管新文化运动的阵地《新青年》肇始于上海这样的城市，但随着五四运动的开展，民主与科学精神很快传播到中国乡村，特别是陈独秀、李大钊等早期中国共产党知识分子在这一运动中所做出的动员与宣传，对中国乡村文化影响巨大。李大钊在《青年与农村》(1919 年 2 月)中指出：“我们中国是一个农国，大多数的劳工阶级就是那些农民。他们若是不解放，就是我们国民全体不解放；他们的苦痛，就是我们国民全体的苦痛；他们的愚暗，就是我们国民全体的愚暗；他们生活的利病，就是我们政治全体的利病。”①他清楚看到农民阶层在国民全体中的分量，以及他们在国民革命中的主体作用；他也深知在中国农村中精神文化还处于非常落后的地步，农民对民主政治没有直接的感悟，更勿论参与民主政治的热情与自觉。对此，他发出号召，让进步的知识青年作为现代文明的导线深入到农村中去，使民主主义的精神文化、政治理念能够真正扎根于农村，从而带动中国农村现代文明的进展。在《“少年中国”的“少年运动”》(1919 年 9 月)中，他再次呼吁：“我们‘少年运动’的第一步，就是要作两种的文化运动：一个是精神改造的运动，一个是物质改造的运动。……我们要作这两种文化运动，不该常常漂泊在这都市上，在工作社会以外作一种文化的

① 《李大钊全集》第 2 卷(修订本)，人民出版社 2013 年版，第 422-423 页。

游民;应该投身到山林里村落里去,在那绿野烟雨中,一锄一犁的作那些辛苦劳农的伴侣。……中国今日的情形,都市和村落完全打成两橛,几乎是两个世界一样。都市上所发生的问题,所传播的文化,村落里的人,毫不发生一点关系;村落里的生活,都市上的人,大概也是漠不关心,或者全不知道他是什么状况。这全是交通阻塞的缘故。交通阻塞的意义,有两个解释:一是物质的交通阻塞,用邮电、舟车可以救济的;一是文化的交通阻塞,非用一种文化的交通机关不能救济的。在文化较高的国家,一般劳农容受文化的质量多,只要物质的交通没有阻塞,出版物可以传递,文化的传播,就能达到这个地方,而在文化较低的国家,全仗自觉少年的宣传运动,在这个地方,文化的交通机关,就是在山林里村落里与那些劳农共同劳动自觉的少年。只要山林里村落里有了我们的足迹,那精神改造的种子,因为得了洁美的自然,深厚的土壤,自然可以发育起来。那些天天和自然界相接的农民,自然都成了人道主义的信徒。"①在新文化运动早期,在李大钊等一批知识分子的共同努力下,民主、科学的现代文明精神传播到落后、沉闷的中国乡村,山林村落里的树影炊烟逐渐有了些许现代文化的气息,农民革命运动也在这样的新文化气息中日渐壮大。

新文化运动后期,随着中国共产党的发展壮大,马克思主义也逐渐在思想文化领域占据主导地位。"阶级""剥削"等马克思主义革命斗争观念开始进入乡村,并作为农民革命的指导思想在民主革命与乡村改造中得以实践。这不仅意味着马克思主义作为一种社会思潮进入中国乡村,也意味着新文化运动从最初的文化批判转向了意识形态的实践探索。这种转向对中国乡村的发展道路影响深远,对近代中国乡村伦理的变迁也至关重要。更为重要的是,马克思主义在中国乡村的传播并不是一个单向的、被动的接受过程,而是一个从认同、接受到创造性解释、运用的互相作用的复杂过程。在这一过程中,农民作为革命的参与者,为了改变长期以来被剥削、被压迫的社会地位,认可和接受了中共宣传的马克思主义革命理论,但也因袭中国农民自身的传统文化,对马克思主义理论进行了符合自身特色的创造性理解与运用,从而也推进了马克思主义中国化的进程。

在具体政策方面,针对中国农村文化落后,迷信盛行,工农大众被剥夺了

① 《李大钊全集》第3卷(修订本),人民出版社2013年版,第67-68页。

受教育权利的事实，中国共产党从建立苏维埃起，就将普及文化教育作为苏维埃社会的重要事业。1927 年 9 月，《江西省革命委员会行动政纲》明确指出，要实行“免费的、强迫的、普遍的和工艺的”儿童教育和校外社会教育、幼儿教育等“普及教育”纲领。1931 年 11 月召开的第一次全国苏维埃代表大会通过的苏维埃宪法规定，中国苏维埃政权以保证工农劳苦民众有受教育的权利为目的，在能所做到的范围内，施行完全免费的普及教育，并积极引导青年参加政治和文化的革命生活，发展新的社会力量。这样，人民普遍享有平等的受教育权就以法律形式被确定下来。① 在抗日战争和解放战争时期，根据地政府都沿袭了这一教育理念，大力发展农村儿童教育和扫盲教育，在农村打破了旧的封建教育制度，建立起新民主主义教育体系，为支援革命战争和经济建设提供了有力的文化保障，也为推动乡村社会伦理新秩序的建立提供了重要的文化动力。

在中国共产党领导的乡村，随着根据地土地改革、民主制度与文化制度建设的不断推进，农民的物质生活虽因为战争仍然贫困煎熬，但农民的价值观念与行为方式都发生了巨大变化，农村的人际关系和精神面貌都焕然一新。中国乡村开始呈现出一种活泼健康、积极向上的生活风貌，具体表现为两性关系的变化和价值观念的变化等。

在中国持续两千年之久的封建社会中形成的以男性为中心的制度，在社会各个方面都表现为一系列男尊女卑的现象，特别是在中国农村，重男轻女的封建思想尤为深重。尽管五四运动带来了中国传统家庭伦理的深刻变革，一夫多妻、童养媳、早婚、阴婚等陈规陋习都遭到了新文化运动的明确反对，但这些新思想往往只在大城市及知识青年中传播，在农村，妇女依然受到封建礼教的严重压迫，妇女地位并没有明显改善。共产党开始领导农民革命后，在红色根据地提倡妇女解放和婚姻自由。《红色中华》1934 年 4 月 26 日发布《中华苏维埃共和国婚姻法》，第一条明确男女婚姻以自由为原则，废除一切包办强迫和买卖的婚姻制度。禁止童养媳。第二条实行一夫一妻制，禁止一夫多妻与一妻多夫。并在结婚、离婚、离婚后男女财产处理、离婚后小孩抚养教育、私生子问题等方面做了详细规定。红军战士成了姑娘们选择对象的首选目标，革

---

① 许庆朴、张福记主编：《近现代中国社会》上册，齐鲁书社 2002 年版，第 466 页。

命婚姻成为红色根据地婚姻的时尚。[①] 在中共的政策鼓励下，广大农村妇女赢得了解放，她们在社会地位方面显著提高，在思想方面也更加积极进步，她们纷纷走出家门参与到抗日战争中去。在抗战最困难时期，边区乡村妇女发挥了重要作用，毛泽东对边区妇女生产给予了很高的评价。他指出："妇女的伟大作用第一在经济方面，没有她们，生产就不能进行……广大妇女的努力生产与壮丁上前线同样是战斗的光荣的任务。"[②]可以看出，根据地妇女解放取得了显著成效，妇女开始与男子一样在社会活动中担任重要的角色，也为革命事业做出了重要的贡献。

一直以来，中国乡村社会都是以家庭为单位的自然经济结构方式运行的。这种农业与手工业结合、自给自足的自然经济下的农民被固守在自己耕种的土地上，活动空间和范围比较狭窄，因此农民的价值观念也相对保守和狭隘。他们过着面朝黄土背朝天的日子，忙于耕种、生产以求能供养家庭，他们无暇关心外面的世界，并且在长期的封建皇权统治下，有着根深蒂固的贱民思想，也无意主动参与政治生活。随着中国共产党成立，并将斗争策略从城市转移到农村，将革命火种在广袤的农村大地传播开来，农民的价值观念与精神世界也开始发生翻天覆地的变化。他们开始意识到自己并不是生来就要为地主阶级、资产阶级做牛做马的，他们也可以当家作主，为自己耕种、生产而不受剥削与压迫。他们开始关心政治，积极参与革命斗争；开始有了阶级意识，要为农民争取应得的权益；也开始意识到封建迷信的愚昧，对现代科学知识充满热情。简言之，在中国共产党领导的革命根据地，科学、民主、自由、平等的现代观念日渐深入人心。

马克思曾指出，"随着经济基础的变更，全部庞大的上层建筑也或慢或快地发生变革"[③]。随着中国乡村经济基础的变革，乡村伦理的变迁也是必然的，但这种变迁绝不是一个轻松、坦然的过程。它不仅充满经济、政治的利益摩擦，文化、思想的价值碰撞，也充满了巨变的动荡和超越的艰辛。在裂变和新

---

① 周伟主编，魏亚萍编著：《变迁：101 年中国社会生活全印象》，光明日报出版社 2003 年版，第 68-69 页。

② 《延安市妇女运动志》编委会编：《延安市妇女运动志》，陕西人民出版社 2001 年版，第 292-293 页。

③ 《马克思恩格斯文集》第 2 卷，人民出版社 2009 年版，第 592 页。

生中，也无不蕴藏着伦理的延续性与复杂性。秦汉以来，以儒家思想为主的中国传统伦理制度历经了两千多年的发展，几乎笼罩了国家、社会、家庭生活的各方面，特别是在乡村，传统伦理思想更是根深蒂固。历经两千多年积累的伦理文化并不是短短几十年就能够轻易彻底变革或完全改造的。一方面，历史的长期性造成了旧伦理的固守性。虽然武装斗争和一系列政治革命改变了乡村社会的经济基础、政治体制，但长期根深蒂固于乡村生活中的道德体系并不会因此而完全瓦解。另一方面，传统儒家思想中本身也具有优秀的成分，自五四运动以来的反传统实质上是反专制，具体到伦理文化方面便是反对传统伦理文化中的专制成分；传统文化中除专制统治外的合理价值与优秀文明还是得以延续下来，并被中国共产党在新的政权中发扬光大，继续对乡村生活秩序起着重要的维护作用。

第四章

计划经济体制下乡村伦理的交织与冲突

不可否认，早期的中国共产党人在乡村社会进行的经济基础、政治制度以及文化思想等方面的建设，对于创建乡村社会伦理新秩序、推动乡村伦理关系新发展具有重要的维护作用和深远的指导意义。但同样需要明确的是，在缺乏新政权给予的权利维护与政策保障的大背景下，这种建设是不全面的，相应的作用发挥和意义拓展也是有局限性的。这一点在新中国成立之初已经有相当程度的体现，为此，党和国家在中央的集中统一领导下，先后开展了土地改革运动、农业社会主义改造以及人民公社化运动。在这一系列的运动中，农村实现了由土地私有向集体所有、私有制经济向公有制经济、小农经济向集体经济的转变，而农业集体化作为服务于国家优先发展重工业的经济方针，不仅为工业化提供了大量资本的原始积累，也卓有成效地推动了农村经济的快速发展。但是，随着农业合作化、集体化步伐的加快，人民公社的规模之大和公有化程度之高逐渐脱离了当时的实际生产水平。人民公社的集权模式发展使本来美好的“现代化富强+社会主义平等”发展目标发生偏离，即过于注重公社内部的“社会主义平等”而忽视其必需的生产力发展和经济富足，农民顺从于公社集权的发展话语与权力，从而形成了一种新“权威”领导下的“底线平等”意识。此外，人民公社一贯践行的“集体所有、统一经营”政策特点也将“左倾”“冒进”的实践推向极致，直接导致社会主义的集体主义道德精神僭越成为绝对的平均主义倾向，继而产生农业生产效率低下，农民“恐私”“怕富”，缺少积极性、主动性、创造性等一系列问题。从本质上讲，这是人为地将以集体为本位的农业生产与以个人为本位的农业生产严格对立起来的结果，而数十年包产、包干到户的历史经验告诉我们，只有站在以农民为本的人本主义的立场上，适当推动农民个体生产积极性与集体生产积极性的相互转化与融合，达到既发挥农民互助合作的优越性，又在集体经济内部充分调动农民个体生产积极性的双重目的，才能有效推动农村经济和农业生产全面快速发展、保证乡村社会伦理秩序和伦理关系得到系统建构。

第一节 权力集中与农民平等意识的增强

为了达到废除封建剥削制度，调动农民积极性，解放农村生产力的目的，新中国在成立之初就由国家政权介入土地产权界定而展开了轰轰烈烈的土地改革运动，而这次土地改革运动也确实以其实现"耕者有其田"的历史成就增强了农民在经济、政治等方面的平等意识。然而，随着人民公社化运动的兴起，一种集权化的农村生产和供给模式随之展开，农民顺从于新的政治活动和发展权力，从而形成了一种新"权威"领导下的平等意识。具体而言，这种平等意识的产生是人民公社这一集权式的乡村发展体制错误实践"现代化富强＋社会主义平等"发展目标的结果，即在实际操作中重心过度偏向保障公社集体内部平等，为此甚至不惜牺牲农业生产效率和农村生产力发展，继而导致"现代化富强"的目标在一定程度上被遮蔽，"社会主义平等"失守并演变成平等主义和共同贫穷的过程。

一、土地改革增强了农民的平等意识

新中国成立初期开展的土地改革运动是新中国处于特定历史阶段、面对特殊历史事实、统筹考量历史现实与未来所做出的必然选择。[①] 在现有研究中，土地改革运动通常被看作在党的集中统一领导下，以土地所有权变更为表征，旨在实现"耕者有其田"的农民"分地"运动。它之所以卓有成效地促进了农村社会经济的迅速发展、增强了农民群众政治意识、重组了农村社会组织体系和权力架构，主要得益于其宏大的过程叙事、"理想"的目标设定以及高效的成果展现，土地改革运动前承民主革命任务、后启社会主义建设的历史角色及时代价值得以彰显。与此同时，土地改革运动的诸多成就也"搁浅"了对运动

① 陶艳梅：《建国初期土地改革述论》，《中国农史》2011 年第 1 期。

本身的透视，这种片面的研究无疑造成了土地改革运动内涵和意义的"矮化"。实际上，土地改革运动本身内隐着农民在经济、政治两个层面的平等意识的进步。

首先，土地改革增强了农民的经济平等意识。在土地改革运动前夕，中共中央就围绕"运动以何种形式进行"展开了基本内容的讨论，即没收地主阶级的土地等生产资料和多余的财产并分配给贫雇农。在《关于土地改革问题的报告》一文中，刘少奇明确指出，土地改革的基本内容是变更封建地主土地所有制为农民土地所有制①；同期颁布的《中华人民共和国土地改革法》中也明确规定"废除地主阶级封建剥削的土地所有制，实行农民的土地所有制"②。可见，把地主阶级的土地无偿分配给无地少地的农民阶级的举措在理论和法律层面皆已得到充足的论证，这意味着土地改革基本内容中蕴含着的对"耕者有其田"这一朴素平等理想的回应也具备了合理和合法性基础。在实施过程中，所有农户和农民享有平等地权，其目标是土地依面积、质量、耕作距离远近等进行大体上的平等分配和平等税负。伴随这一举措的实践，原有的封建地主土地所有制秩序、等级符号、阶级固化被打破，取而代之的是基于对农民身份共同认知下的生产资料和生产方式的"无差别"平等。具体来看，在封建地主土地所有制的秩序下，地主拥有全部的生产资料，地主通过出租生产资料的使用权与少地或者无地的农民形成雇佣关系，地主通过农户劳动盈利，而农户无法完全占有自己的劳动成果，农民长期处于经济收益的劣势。这种基于生产资料拥有量的雇佣关系会通过宗法世袭加以固化，使得农民与地主间始终存在着不平等关系。而土地改革运动彻底摧毁了这种土地关系，将地主、富农、贫农拥有土地的资格、数量、品质均等化，原有的"地主""富农""贫农"的阶级符号逐渐消失，农民在农业生产中的不平等关系真正被消除，经济平等意识也随之增强。

其次，土地改革增强了农民的政治平等意识。在我国，农村基层政权是农民直接参与国家政治生活、进行政治社会化的重要场域，而在土地改革过程

---

① 中共中央编辑委员会编：《刘少奇选集》下卷，人民出版社 1985 年版，第 33-34 页。

② 中共中央文献研究室编：《建国以来重要文献选编》第 1 册，中央文献出版社 1992 年版，第 336 页。

中，大多数农民都经历了“群众动员”“划分阶级”“土地没收”“平分土地”“土改复查”等不同名目的“群众运动”。这使得贫雇农群体的政治意识进一步觉醒，并焕发出更加强烈的政治平等意识。从土地改革运动“依靠贫农、雇农，团结中农，中立富农”的整体纲领，到工作队组织贫雇农诉苦大会，再到农会组织“划分成分”的一系列活动，这一过程不仅激发了广大农民群体的政治参与意识和阶级觉悟，也使得贫雇农群体在其政治参与中逐步健全了追求自身平等权利的观念。在经历土地改革的多次活动后，贫雇农先前形成的基于血缘、地缘的封建宗法思想和乡土秩序被政治平等意识与阶级认同感取而代之。封建等级观念中的“天命观”和宗族宗法观念所包含的等级符号被彻底摧毁。此外，土地改革依靠群众运动展开，而群众运动将农民群体纳入基层政权建设之中，使得农民群体逐渐形成对自身政治角色的广泛认知，并主动转变曾经在“愚民”政策和奴化思想压制下形成的政治冷漠态度。据不完全统计，土地改革后西北地区的农协会员占总人口比重达到 40%，华中、华南地区农协会员总计超过 4 000 万，西南地区农协会员也高达 3 300 万，山东省农协委员的数量扩充至 800 余万，参加共青团的人数高达 40 余万，民兵规模扩充至 100 余万人，塞北绥远省在土地改革后农协会员从土地改革前的 70 余万扩充至 100 余万。① 更重要的是，随着农民政治平等意识的进一步增强，农协、农民代表大会、妇女联合会等基层政治组织也迅速建立起来，而在参与基层政权的构建过程中，农民的政治平等意识也不断发展，并逐步从依附性主体向自主性主体转变。

总之，土地改革作为国家主导而实施的、通过组织大规模农民的阶级斗争的方式直接重新分配原有土地产权的结果②，不仅破除了广大农民在传统生产实践与政治活动中所形成的等级观念，更促使其平等意识在持续的经济发展和广泛的政治参与中不断增强，推动农民群体对中国共产党领导下的经济发展模式、思想政治引领产生强烈认同。在此基础上，中国共产党领导下的由农民群体自发组建的农村基层政权，成为农民群体平等意识培育发展、实践验证的重要渠道和平台，农民群体的生产积极性以及政治参与的主动性、合法性也

① 国家统计局编：《伟大的十年》，人民出版社 1959 年版，第 258 页。
② 周其仁：《产权与制度变迁：中国改革的经验研究》，社会科学文献出版社 2002 年版，第 9 页。

随之逐步增强。然而，随着人民公社化运动的兴起，一种集权化的农村生产和供给模式随之展开，现代化富强与社会主义平等偏重的发展选择更是使这种平等意识蒙上一层平均主义的色彩。

二、人民公社化：一种集权模式的兴起

在经过土地改革运动后，中国共产党实现了贫雇农“耕者有其田”的朴素理想，完成了民主主义革命时期的重要历史使命，大部分农民借助土地改革实现了对农业劳动剩余的占有。但是，第一个五年规划要求构建完整的国家工业体系，推进工业化势必要集中农业劳动剩余，以此为工业的发展提供资源。为了最大限度节约发展工业的成本，党中央决定再次通过群众动员的形式，将农民土地所有制转变为集体所有制。具体措施是通过公社化运动，集中生产资料及各类资源、统一思想与行动，最终形成了“政社合一”的人民公社；而公社兼任农村经济核心与基层政权核心两个角色，是农村一切权力的集合点，可以支配乡村内大部分人力、物力与财力，形成了严格的集权化管理。其集权化的特征主要包含以下三个方面：

首先，生产经营的高度集中。从生产活动来看，人民公社兼具政府组织和经济组织的角色，其行动按照“三级所有，队为基础”的原则，统一指挥公社管辖领域内的一切活动，公社组织限制社员进行任何经营活动，仅允许社员保留部分“自留地”以调整其生活资料的需求。从收入分配角度来看，在中央《关于农业社积累和消费问题的指示》的文件中，对于收入做出了如下批示：社员的生活有适当的改善，而改善社员生活，应依靠扩大集体福利事业，而不应单纯增加社员的个人收入。① 因此，人民公社采取了将工资与供给相结合的方式，即社员收入是抵扣当年花费的生产成本和公共资产折旧、税金、口粮花费等费用后支付社员的工资，其中包括储存和再生产用途的公积金以及用于科教文卫等福利事业的公益金。而实际上，在忽略效率的基础上所实施的集体化，使

① 黄道霞、余展、王西玉主编：《建国以来农业合作化史料汇编》，中共党史出版社 1992 年版，第 507 页。

得农民大部分时间是无酬劳动①。从劳动力资源的配置来看，人民公社的一个重要特征是“一大二公”“一平二调”，随着农民个体逐渐消解于人民公社的机构中，政府对劳动力资源的供给行为也具有高度的行政命令性，农村劳动力由公社或生产队统一指挥、统一调配和统一使用。尤其是在大规模的农业设施建设领域，工程量大的设施需要耗费大量劳动力，甚至需要通过公社的合并，以实现公社行政权力对更广泛劳动力资源的支配。同时，较大的公社规模及行政权力在较大范围的运用也在一定程度上解决了公共物品供给中的集体行动和“搭便车”的问题，从而大大降低了提供基础设施的协商成本。

其次，个体流动的高度控制。除了上述提到的对社员生产经营活动的高度限制外，公社还通过户籍制度与口粮制度实现了对农民行动的整体控制。新的户籍制度主要有四项举措：城乡户口分开、户籍与口粮供给结合、户籍与人事劳动挂钩、户籍与福利制度关联。农村人口不经公社等相关组织许可无法变更户籍，这使得与户籍匹配的票证体系、人事及劳动等机制同人民公社制度相互连结，将公社所辖农民均置于公社的行政权力控制下，以控制生活资源的方式实现了限制农民的自由活动。尽管这样的体制运行使农民的财产权利和人身自由都受到了极大的限制，却也最大限度地留住了农业劳动力，即一方面防止农民盲目流入城市增加城市的人口压力，另一方面则为农业生产奠定了充足的劳动基础。公社作为国家利益的代表，履行国家的意志，虽然在价值上强调农民的主体地位，并试图经由政治活动等方式来保持农民的政治热情与政治认同，但为了维系价值与行为的一致性，人民公社体制发展出了强大的控制能力和动员能力，既可以通过动员激发社员的积极主动性，巩固其主人翁意识，又可以履行国家的意志，实现对农民行动的整体控制。然而，值得注意的是，这种强大的控制和动员能力在维持较高政治效率的同时，也存在劳动效率过低的问题，这使其在有效保障农村社会稳定的同时，也在一定程度上压抑了农民工作的热情。

最后，整体行动的高度统一。公社不仅要控制流动，还要使整体行动高度一致，这就需要依靠思想政治动员的方式来实现。通过前期土地改革中划分

---

① 许欣欣：《当代中国社会结构变迁与流动》，社会科学文献出版社 2000 年版，第 114 页。

成分、阶级斗争等措施，乡村社会原有的权威阶层及其话语符号逐渐消失，后经农业生产的初级社、高级社以及人民公社化运动的巩固，原有的行为模式被彻底瓦解，乡村社会随之产生了结构性变化。在此过程中，群众动员发挥了不可替代的关键性作用。因为群众的行为很大程度上受制于其利益与理性的实现，尤其是在参与到政治活动中时。人民公社化运动通过总结先前种种动员的经验，已经克服国家权力无法下沉到基层农村社会的状况。随着集体化的不断深化发展，国家—社会的互构关系开始发挥作用，农业社会逐步被重构，而体现国家意志的动员行为也顺着国家权力的触角贯彻到农村社会的角角落落。于是，人民公社的动员行为承接着土地改革以及农业合作生产对农业社会的改造效应，并将其深化，加速了农村社会的重构。人民公社的动员方式经由行政权力的控制力对农户形成了强制作用——“抢夺式”的动员，最大限度地压制了个体的自由性，保证了整体的一致性，使农民顺从于政治活动和政治权力，从而形成了新“权威”领导下的动员。这种动员方式的宗旨在于最大限度地凝聚、规制个体，使之为统一的行动方针服务，以期农民形成对行动方针的认同，并在认同的聚合下统一行动，实现行动的最终目标。在这种动员方式中，最能体现集权色彩的是其全能权威对政治体系的掌控，以至于被动员的农民唯一行动的内容就是服从于权威的意志。尽管这种动员方式有效保证了整体行动的一致性，但也产生了诸多问题：行动目标的实现即为动员的终结，与之相匹配的价值、权威、宗旨也将失去合法性基础，容易引发政治体系的崩塌。

三、集权模式的发展选择及其平等限度

如前文所述，在人民公社这一集权式的乡村发展体制中，“一大二公”的思想被发挥得淋漓尽致：以工资制和供给制的结合实现人民收入财富的均等化、以工农商学兵的“串联”结合消除自然禀赋造成的个体间差别等等。总之，人民公社体制发展的整体“蓝图”中处处渗透着消除分工、私有、“三大差别”，以实现全方位的人人平等思想。而人民公社的这种价值设计实质上承载的是特殊背景下的特殊群体对中国发展的目标设定，即实现现代化富强和社会主

义平等的理想目标。可以说，集权式的人民公社组织是在理论上连接现代化富强和社会主义平等的价值纽带，实践上促成二者同步实现的路径设计。

特殊时期的党中央对中国社会发展状态的构想是当时人民公社化运动实际运作的价值驱动。生于19世纪末期的党中央第一届领导人，见证了中华民族的生死存亡和裹挟于国家存亡中劳苦大众的苦苦挣扎，也见证了中国试图借助资本主义实现现代化、工业化的屡次挫折，这使其对走资本主义道路以实现现代化的方式存有疑虑。加之受"十月革命"胜利的影响，党内更坚信中国的现代化道路应该是通过社会主义道路的现代化，因为唯此才能实现富强与平等的兼顾。现代化的富强和社会主义的平等是党中央对中国现代化道路的整体构想，构想中的中国不单要完成现代化建设并实现富裕、强大的目标，还要追求社会主义价值观下的平等，"中国革命的终极的前途，不是资本主义的，而是社会主义和共产主义的"[①]。作为中国共产党的革命纲领，实现社会主义的平等是中国共产党所领导革命的最终目标，平等是社会主义价值体系的基本内核，它决定了对社会主义的讨论无论是作为社会的理想架构层面抑或是社会现象层面，均要在工农无产阶级的翻身与解放前提下进行。社会主义"天然地"与资本主义对抗，在社会主义的平等价值追求中，消除私有和剥削、消灭不公平的诱因，追求社会个体无论是在身份地位、物质财富、劳动方式等人类各领域的平等，以此保证人全面、自由地发展。社会主义的平等价值契合了中国现代化道路中各个层面的需求，正是基于这一发现，当时的国家领导人逐渐将对社会主义价值的高度认同具象化，使之贯彻于中国革命与建设社会主义平等的每次实践中。在他们看来，物质的丰富和社会主义是一枚硬币的两面[②]，中国不仅要建成一个现代化的富强国家，还要在建设现代化的过程中实现社会主义价值的平等理想。这便是特殊背景下党和国家领导人对中国社会发展的目标设定，却为后来的集权式发展埋下了伏笔。

建设现代化的富强和实现社会主义的平等构成了中国社会发展目标的两个基点，然而，实现这一目标的具体实践路径有哪些？怎样统筹现代化建设的

---

① 《毛泽东选集》第2卷，人民出版社1991年版，第650页。

② ［美］罗斯·特里尔：《毛泽东传》，何宇光、刘加英译，中国人民大学出版社2013年版，第275页。

富强和社会主义的平等两者之间的关系？对这两个问题的回答成为中国现代化由价值确认转向实践规划的关键节点。具体而言，目标的两面性要求使其试图构建一种能够兼顾高效发展生产继而实现现代化建设目标与防止社会分工导致的贫富差距和阶级分化固化的制度设计和发展模式，而人民公社的集权模式正是实践这种制度设计和发展模式的"最好"形式。基于此，便不难理解人民公社的集权属性：既要领导经济生产，又要运用权威保证平等。其中蕴含着当时的领导阶层对农业经济发展、国家现代化建设、社会主义目标实现等一系列发展问题的伦理思考。

很显然，作为统筹现代化建设的富强和社会主义的平等价值二者关系的人民公社制度，以制度语言系统展现了领导者对中国未来社会发展目标两个方面关系的思考。虽然二者经常被同时提起，又往往被看作是并行不悖，但在当时的领导人的观念中，二者的地位实际上是存在偏重的，即现代化的富强与社会主义的平等并非同等重要。① 对于任何国家而言，实现现代化建设的富强目标是无可厚非的，但是资本主义的富强不是富强，社会主义价值条件下的富强才是中国现代化建设的关键。因此，社会主义平等才应当是至高的价值追求，一切致力于发展生产力、进行现代化建设的举措，均要以社会主义平等价值的实现为指向。这种价值倾斜实际上反映出的是效率原则与共同体命运的冲突，而人民公社制度下的分配制度仅仅只是保障集体成员的"底线平等"而没有更多地顾及社会效率，同时期的余粮征集举措实际就是为保障"底线平等"提供物质基础——食品。如此一来，食品作为维系集体成员生存（底线）的"公共产品"成为人民公社制度下分配制度的重要组成部分。②

然而，即便在形式上看似实现了平等价值对象的顶替，实际上仍是"自给自足"属性下的农业经济环境建构。要实现"底线平等"的价值目标，单靠行政指令与政治认同远远不够，还需要依靠集体内部基于"血缘""地缘""业缘"的道德价值维系。更重要的是，在生产效率极低造就的食品匮乏状况下，征集余粮后的公社集体无法再执行更加合理的分配功能，因此，追求"底线平等"的集

① 许艳华：《毛泽东对中国社会发展的目标设定及模式选择》，《求实》2014 年第 10 期。

② 党国英、项继权等：《中国农村研究：农村改革 40 年（笔谈一）》，《华中师范大学学报》（人文社会科学版）2018 年第 5 期。

体无法满足生存要求，而当匮乏成为普遍现象时，集体间的救济也无从谈起。即便部分集体的情况较为乐观，但是受限于“血缘”“地缘”“业缘”的道德价值，也很难形成有效的救济行为。因此，过分强调平等而忽视效率会导致“社会主义平等”的失守，进而演变成平等主义和共同贫穷。

第二节
集体化与农民主体性的缺失

如前所述，人民公社这一集权式的乡村发展体制在本质上是满足国家工业化需求、方便国家从农业提取资本积累用于工业建设的时代产物。这在一定程度上也决定了农业集体化必然成为计划经济时代我国有效解决社会主义工业化与个体农业经济发展之间矛盾的主要方式。然而，随着农业合作化、集体化步伐的加快，人民公社的规模之大和公有化程度之高已经逐渐脱离了当时的实际生产水平，其“集体所有、统一经营”的政策特点更是将“左倾冒进”的实践推向极致，直接导致社会主义的集体主义道德精神僭越成为绝对的平均主义倾向，继而产生农业生产效率低下，农民“恐私”“怕富”，缺少积极性、主动性、创造性等一系列问题。尽管人民公社在后期的体制调整中屡次试图克服和纠正其中存在的平均主义和过度集中两种倾向，但由于“集体所有、统一经营”的本质特征没有得到改变，农民生产的积极性和主动性也始终没有得到有效的调动和发挥。“文化大革命”期间，农民“恐私”“怕富”更是到了极点，这恰好与某些地区通过包产、包干到户极大地激发农民的生产积极性形成了鲜明对比。

一、农业集体化：计划经济体制的微观基础

受内忧外患的复杂局势影响，新中国在成立之初就被迫“卷入”重工业优先的资本密集型工业化进程，鉴于自身工业化建设经验的匮乏和外部中苏同盟关系的确立，中国全面学习苏联模式，建立了高度集权的计划经济体制。所谓计划经济是指以社会化大生产为前提，在生产资料公有制的基础上，由社会

主义国家根据客观经济规律的要求，特别是有计划地按发展规律的要求，通过指令性和指导性计划来进行管理和调节的国民经济，它不仅是一种管理国民经济的方法和体制，而且是一种经济制度，是社会主义社会的基本特征之一。[①] 至于新中国计划经济的体制性特征及其运行基础则可以从当时计划经济所承担的工业化任务来理解。新中国建立计划经济体制的目标是快速实现国家的工业化，这就要求计划经济的核心任务必须围绕工业化的建设展开。在完全没有外部市场的环境压力下，工业化所必需的资本原始积累只能通过"工农两大部类交换"的方式获得，为此，政府强制性地在农村建立各种能够相对成功地直接获取农业剩余的制度和相应的组织载体，以拓宽国家从农业提取积累用于工业建设的渠道。其中，最为主要的两个渠道：一个是以10%左右的年税率收取农业税，一个是设置工业品与农业品价格之间的剪刀差并通过统购统销和集体化来推行。[②] 然而，无论是农业税收取还是剪刀差价格设置，都是通过合作化和集体化来推动完成的，也正是在这个意义上，农业集体化成为计划经济体制赖以正常运行的微观基础。

在计划经济初期，农业集体化的主要组织形式和载体是农业生产合作社。如前所述，新中国建立计划经济体制的目标是快速实现国家的工业化。随着国家工业化建设的大规模展开，日益增长的商品粮和工业原料的需求与落后的个体农业生产之间的矛盾越来越尖锐，而解决这一矛盾的唯一出路就是发展互助合作，即社会主义工业化是不能离开农业合作化而孤立进行的，只有合作化完成了，我国社会主义工业化与个体农业经济之间的矛盾才能真正解决。按照当时国家领导人的思路，社会主义工业化需要农业提供大量的粮食和轻工业原料，且这部分农产品又必须通过国家统购统销的方式获得，而农业合作化恰好能够为农产品统购统销目标的实现提供组织制度的保证。中国的农业合作化创造了从带有社会主义萌芽性质的生产互助组到半社会主义性质的初级农业生产合作社，再发展到社会主义性质的高级农业生产合作社的逐步过渡的形式，不仅打碎了传统的小农村社经济制度的组织

---

① 陈锦华、江春泽等：《论社会主义与市场经济兼容》，人民出版社2005年版，第157-158页。

② 温铁军：《中国农村基本经济制度研究——"三农"问题的世纪反思》，中国经济出版社2000年版，第170页。

基础，也为国家在农村建立"政社合一"的控制体制奠定了基础。这里需要明确的是，当时中央对合作化和集体化的认识还是有本质区别的，认为合作社经济是新民主主义性质的，而把集体经济看作引导农民走向社会主义的必由之路，从前者到后者是逐步过渡的且只有集体经济才能更有效地同农村中的资本主义活动和贫富分化现象作斗争，达到共同富裕和普遍繁荣的目的。[①] 因此，1953 年社会主义总路线确立之后，农业生产合作社不断被强调要发展得多一些、快一些，以至于高级生产合作社原来作为经济组织的性质逐渐演变为人民公社"政社合一"的性质。

单纯从经济学理论出发分析人民公社制度，是可以得出肯定性结果的。因为这个体制一方面可以把小农经济几乎所有的外部性问题都通过"内部化"来解决，从而更大幅度降低了政府与农民的交易费用；另一方面在组织规模扩大的同时大幅度提升土地的经营规模，也能够产生农业的规模效益。这意味着人民公社作为农业集体化的组织载体客观上对国家完成"工农两大部类交换"的任务起到了一定的积极作用，但也不可避免地在农业和农村经济发展方面引发了许多问题。如前所述，计划经济作为一种经济制度是建立在公有制基础上的，公有化程度越高，计划经济体制越容易运行，国家要控制农村和农民的经济活动就必须对生产资料实行国家所有制或者国家控制的集体所有制。我们虽然习惯上称人民公社的所有制为"集体所有制"，但按照现代产权理论判断，人民公社更多地具有共有产权和社团产权的特征，而不是所谓的集体产权。[②] 换言之，在人民公社体制下，农村政权是建立在公社各级组织之上的。公社在生产过程中，用强制性的行政命令代替原本的经济发展规律，大大削弱了农村地区的经营自主权。农民从生产什么、怎么生产、生产多少到把产品卖给谁、怎么卖、卖多少钱，都要听从国家的统一安排。这种农业集体化的模式，是对生产力的严重超越，并没有在实质上推动农业生产和农民发展；相反，集体经济组织内部管理机制和激励机制的缺陷造成了农业生产的徘徊不前，人均收入略呈下降的局面。人均收入下降的事实进一步导致

① 中共中央党校党史教研室选编：《中共党史参考资料》第八册，人民出版社 1980 年版，第 12 页。

② 张泽颖：《产权视角下我国农村土地制度变革的历程、动因与趋势》，《农业经济》2015 年第 3 期。

了平均主义倾向的蔓延，而平均主义倾向反过来又影响农民的主体能动性和生产积极性，农民收入进一步降低，正是这种恶性循环导致农民对集体经济失望。

二、平均主义：计划经济时代的集体主义僭越

1952—1956 年的社会主义“三大改造”使农村实现了由土地私有向集体所有、私有制经济向公有制经济、小农经济向集体经济的转变，而农业集体化作为服务于国家优先发展重工业的经济方针，不仅为工业化提供了大量资本的原始积累，也卓有成效地推动了农业经济的快速发展。据有关部门统计，1952—1957 年合作化时期，农业主产品的播种面积和总产量都有明显的增加，其中，粮食单产量平均每年增加 2.1%，农业总产值每年增加 4.5%；[①]基层民调也显示，大多数经过初级社的农民对合作社经济制度及其对农业生产发展的作用都持肯定意见，有的甚至认为，初级社时期是我国农村经济发展最好的“黄金时期”。[②] 如果按照规划，国家的工业化要经过十几年的时间才能实现，那么，农业的合作化和集体化进程也不必要或不可能走得过快。但是，原定 15 年完成的社会主义改造仅用 4 年就实现了，“轻而易举”的表面胜利增强了有关领导人对集体化工作方式方法的自信，加之“左倾”错误的发展，全国迅速掀起了建设高级农业生产合作社的高潮。到 1957 年春，初级社经过整顿和合并，全部转化为高级农业生产合作社。与初级社相比，高级社作为具有“完全社会主义性质的集体经济组织”，在生产资料所有制和分配关系方面都发生了根本性的变化，它要求入社成员的私人生产资料全部转为合作社集体所有，取消土地报酬，组织集体劳动，实行“各尽所能，按劳取酬”，社员不分男女老幼，实行同工同酬。[③] 不难看出，“集体所有、统一经营”的高级社政策已经表露了农业集体化运动中出现的要求过急、工作粗糙、改变过快、形式简单化一等一

① 国家统计局国民经济综合统计司编：《新中国六十年统计资料汇编 1949—2008》，中国统计出版社 2009 年版，第 37 页。

② 温铁军：《中国农村基本经济制度研究——“三农”问题的世纪反思》，中国经济出版社 2000 年版，第 168 页。

③ 许经勇：《中国农村经济制度变迁六十年研究》，厦门大学出版社 2009 年版，第 44 页。

系列问题，而人民公社作为高级社的新发展和“再拔高”，更是将集体化的“冒进”实践推向极致，直接导致社会主义的集体主义道德精神僭越成为绝对的平均主义倾向。

轻率地发动“人民公社化”运动是党和国家在20世纪50年代的一个重大失误，这个失误是伴随着“大跃进”运动的失误而产生的。具体而言，“大跃进”和“人民公社化”两大运动的发动有着共同的思想根源，即两者都是急于求成和夸大农业集体化作用的产物。只不过“大跃进”运动是在生产力方面的盲目夸大，而人民公社化运动则是在生产关系和社会制度方面的盲目冒进，二者是相互吻合的特殊的存在形式，都源于1957年国家对农村基层组织结构进行调整的设想。当时普遍认为，集体规模和经营范围更大、公有化程度更高，便于集中更多的人力、物力、财力进行大规模的综合性农业生产建设①。从抽象的概念出发，这不是没有一定道理，但由于规模之大和公有化程度之高已经脱离了当时的实际生产水平，其结果必然适得其反。首先，以“一大二公”为基本特征的人民公社在生产劳动和生活上推行高度集体化，事实上，其集体化方式并没有“高明”的创见。生产集体化的实质是以军事化的方式将农民组织起来，以战斗化的作风进行劳动，以“大兵团作战”的方式进行大规模工程建设。规模扩大的目的是获得规模效益，但生产经营却主要按照国家计划的要求和社员自给的需求来进行，这种“封闭式的自给性生产”只能造成贫富拉平、人力物力浪费，瞎指挥泛滥和农民生产积极性受挫；②所谓生活集体化则是实行少部分发工资、大部分按人均供给实物的供给制，这在当时被说成是按需分配，实则是吃、穿、住、行、生、老、病、死、学、育、婚、乐全部由公社供给包办。公共食堂是公社在生活上供给的高级形式，而“公共食堂，吃饭不要钱”最终形成了“吃大锅饭”的穷平均。其次，以“三级所有、社为基础”为制度框架的人民公社在管理和核算上推行高度集体化，但“一平二调三收款”的措施非但没有实现共同富裕，更助长了“共产风”的盛行。1958年以后农村建立的人民公社普遍是一乡一社、一村一大队、一社一小队，所谓“一平”就是平分财产，即通过社队

① 舒展、罗小燕：《新中国70年农村集体经济回顾与展望》，《当代经济研究》2019年第11期。

② 郑有贵、李成贵等：《中国传统农业向现代农业转变的研究》，经济科学出版社1997年版，第107页。

共社员的产、穷队共富队的产来实现队与队、社员与社员之间的财产无差别化；“二调”则是通过无偿调拨和征用农业社和个人财产来进一步拉平贫富差距；“三收款”即把以前银行发放给农村的贷款统统收回，从而厘清国家和农民的财产关系。① 这实际是把农民的剩余收上来，以达到进一步拉平农民生活水平的目的。

尽管毛泽东在第二次郑州会议上全面分析了人民公社盲目扩大化的错误根源，并在之后的政策中不断调整人民公社体制以期检查和纠正其中存在的平均主义和过度集中两种倾向，但是集体经营、集体所有的本质并未得到改变，改变的只是在此基础上的实践形式。人民公社追求平等的农业集体化运动，不仅没有抓住实现平等的关键，反而在一定时期内造成了平均主义的泛滥。这表明，在当时的历史条件下，“人民公社化”的农业集体化实践明显脱离正确的发展轨道。尽管它在最初的一段时间里表现出一定的优越性，并暂时性地满足了中国农民几千年来追求均平共富的美好生活期盼，但在生产力尚不发达的情况下，这种优越性和满足感归根结底是领导人平均主义倾向影响社会主义经济建设的主观实践。它并不能真正实现农业生产以及劳动分配上的平等，由此派生的“瞎指挥”“浮夸风”“共产风”，不仅会对农业生产力发展产生极大破坏，更会严重挫伤农民的生产积极性和主体能动性。

三、平均主义“改造”中农民的主体性缺失

如前所述，人民公社作为高级社的新发展和“再拔高”，将农业集体化的“冒进”实践推向极致，以致超越了生产力发展的实际水平，造成了集体主义的僭越。农民的私有财产通过国家的政治运动变为了集体财产，这不仅是对农民群体个人利益的损害，更阻碍了社会主义集体主义的作用的发挥。其突出表现就是所有生产资料姓“公”后，由于缺乏有效的监督和制约机制，产生了过度集中和平均主义两种倾向，继而导致农业生产效率低下，农民“恐私”“怕富”，缺少积极性、主动性、创造性。1959—1961 年三年困难时期使得人民公社

① 唐振南：《毛泽东的“三农”思想及其对“人民公社”失误的纠正》，《湖南科技大学学报》（社会科学版）2010 年第 1 期。

制度“平均主义”的弊端暴露无遗。通过深入的实际调查,党中央提出要改变人民公社的具体操作,形成“三级所有、生产大队为基础”的所有制形式,取消供给制度和公共大食堂,同时也恢复了自留地和农村副业。如此一来,“一大二公”被取消,农民的主体能动性和生产积极性得到激发。但不能忽略的是,在人民公社的具体操作中,生产大队仍然发挥着“统一管理生产队生产事业”的作用,只是,生产队作为组织农业生产的基本单位,并没有组织进行分配的权力。各生产队生产条件不同,产品和收入自然也不尽相同,最后却都在全大队范围内统一分配,实际上还是存在“均平共富”的问题。为了彻底摆脱人民公社集体化操作过程中产生的平均主义危害,调整国民经济,战胜自然灾害,迅速解决温饱问题,1961 年之后,甘肃、湖南、河北、安徽、浙江、福建、广东、广西、四川等地都出现了包产到户。通过包产到户、分田到户,农民生产积极性空前高涨,自主安排生产劳动,一扫以前的“磨洋工”“搭便车”等现象,秋粮收割之后不仅完成了征购任务,还出现户户有余粮的现象。①

然而,由于认识上的偏差,1962 年 1 月 11 日—2 月 7 日的“七千人大会”又迅速否认了包产到户,认为包产到户是从社会主义退到了资本主义,有些人甚至认为包产到户是严重的个人主义,在集体劳动的时候,农民不会像种自己家的田地那样用心,经常出工不出力,只关心工分,不关心庄稼有无收获。1962 年 8 月北戴河会议召开,毛泽东在 9 日的中心小组会议上指出,单干势必引起两极分化,两年不要,一年就分化。赫鲁晓夫还不敢解散集体农庄呢!这几年打击集体,有利单干。② 在当时看来,包产到户是单干,是搞资本主义,是瓦解集体主义,甚至有人强调包产到户代表富裕中农,是站在地主、富农、资产阶级立场上反对社会主义。③ 因此,一些地方依靠包产到户克服的平均主义以及借此提高的农民生产积极性,又在这一纠正中陷入谷底,集体经济下的农业生产又变成“一窝蜂”。当然,有些地方的公社干部也学会了在政策执行过程中进行变通,暗地里继续组织包产到户和农民单干。针对这个现象,中国共产党还在多次会议上对“单干风”进行严厉的批评,最后终于引发了一场全国性

① 范晓春:《改革开放前的包产到户》,中共党史出版社 2009 年版,第 265-267 页。
② 徐勇:《包产到户沉浮录》,珠海出版社 1998 年版,第 170 页。
③ 薄一波:《若干重大决策与事件的回顾》下卷,人民出版社 1997 年版,第 1122 页。

的以“四清”为主要内容的社会主义教育运动。

在农村，以清理账目、清理仓库、清理财务、清理工分为主要内容的社会主义教育运动，简称“四清”。关于“四清”，一个非常重要的目标就是反对单干，反对两极分化，实现“共同富裕”。《中共中央关于农村社会主义教育运动中一些具体政策的规定（草案）》明确指出：“我们所积极鼓励的，正是要广大农民依靠集体，发展生产，共同富裕。”①有的“四清”工作队这样宣传：集体化能彻底避免两极分化，彻底消灭资本主义，大家共同富裕；单干是两极分化，发一家穷百家。客观上说，重新划分阶级是“四清”运动的核心和实质，划分阶级主要是把国民党的官僚、军官、特务、逃亡地主、富农和其他坏分子划出来，把资产阶级分子划出来。对于广大职工群众来说，这又是“一次具体生动的阶级教育”。② 由于“四清”运动受“左倾”错误思想的指导，造成了“划错阶级”的严重后果。所谓“划错阶级”就是把很多不是地主、富农的家庭错打成了地主、富农，特别是在三年困难时期后实施宽松政策有利于搞活农村经济、发展农业生产和改善人民生活，而涌现出的一些先富起来的农民却被当作资本主义倾向、“资本主义尾巴”批斗，粮食还被没收充公纳入集体分配的范围，平均分配给其他贫苦农民。在“四清”运动中，一部分人夸大了阶级分化的现象，把建立在农民自己辛勤劳动基础之上实现的富裕与贫苦农民之间的差异视为阶级分化，进行财产没收重新分配，这实际是继续用平均主义的僭越形式来改造农民，目的就是“防止少数人冒尖发财”，这样的政策结果再次导致农民“恐私”“怕富”，生产积极性受挫。

“文化大革命”期间，农民“恐私”“怕富”到了极点，生产的积极性和主动性也降到了极点。“文化大革命”是“一场由领导者错误发动，被反革命集团利用，给党、国家和各族人民带来严重灾难的内乱”③，其初衷是领导者试图“砸烂旧世界”“建设新世界”，建构一个逐步消灭分工、消灭商品的平均主义社会的设想。这个设想在“五一六通知”和“五七指示”中有生动体现。当时的领导者

---

① 中国人民解放军政治学院党史教研室编：《中共党史教学参考资料》第 24 册，第 245 页。

② 中华人民共和国国家经济贸易委员会：《中国工业五十年：新中国工业通鉴第 4 部》上卷，中国经济出版社 2000 年版，第 233-235 页。

③ 《关于建国以来党的若干历史问题的决议》，中国共产党第十一届中央委员会第六全体会议，1981 年 6 月 27 日。

认为,由于受到了反动思想的影响,集体化中产生的一些私心杂念影响了平均主义社会的构建,因此,还要继续消除人们的私有观念。于是,1967 年毛泽东视察华北、中南和广东地区"文化大革命"时提出"要斗私批修""狠斗私字一闪念",在集体经济上,反对包产到户,反对"利润挂帅",反对"按劳分配"。然而,指示在执行过程中却变成了过分强调集体利益至上、反对追求个人利益的思想与言论,人们每天都要在"斗、批、改"运动中检讨自己是否有私心杂念。在农村,继续实行劳动报酬上的平均主义,集体增产个人不增收,进一步损害了农民的生产积极性,人们求富的理想转为安于贫困,每天想的是如何均分而不是如何创造财富。可以说,整个农村集体化时期,数亿被全面发动与组织起来的中国农民,二十多年中深受平均主义改造之苦而长期丧失基本活力。① 农民们不思进取、安于现状、缺少主动性和创造性。直到"文化大革命"结束后,在全国范围内兴起的解放思想运动和家庭联产承包责任制的推行,才使得农民逐渐确立起主体意识。

第三节
"集体本位"与"个人本位"的价值冲突与融合

众所周知,农民群众积极性的强弱是影响甚至决定社会主义建设事业发展快慢、好坏和成败的重要因素,也是农业高质量生产和农村经济健康发展的重要保证。农民群众的积极性可以分为个体经济和劳动互助两个方面的积极性。② 新中国成立初期,党和国家就已经将两种生产积极性看作推动农村经济发展和农业生产的动力,同时也有所侧重,即更提倡组织起来,按照自愿和互利的原则,发展农民劳动互助的积极性,强调:"这种劳动互助是建立在个体经济基础上(农民私有财产的基础上)的集体劳动,其发展前途就是农业集体化

① 温锐:《农民平均主义?还是平均主义改造农民?——关于农村集体化运动与中国农民研究的反思》,《福建师范大学学报》(哲学社会科学版)2003 年第 5 期。

② 娄胜华:《论建国后农民的两种生产积极性——对影响中国农村现代化进程一项因素的历史考察》,《吉首大学学报》(社会科学版)2000 年第 4 期。

或社会主义。”[①]但是，随着党领导农民发展农业合作化和集体化的深入，保护和引导个体生产积极性的一面逐渐被忽视，在某些时期甚至从社会主义与资本主义对立斗争的高度来认识农民的两种生产积极性，即把农民从事个体经济的积极性等同于走资本主义道路的积极性，认为农民只有坚持集体生产的积极性才是从事社会主义建设。这种从意识形态角度将以集体为本位的农业生产与以个人为本位的农业生产严格对立起来的结果是，农民生产积极性长期受到压制，农村经济发展迟缓。而只有站在以农民为本的人本主义的立场上，恰当推动农民个体生产积极性与集体生产积极性的相互转化与融合，达到既发挥农民互助合作的优越性，又在集体经济内部充分调动农民个体生产积极性的双重目的，才能有效推动农村经济和农业生产获得全面迅速的发展。

一、人民公社的集体生产与“集体本位”的道德原则

新中国成立初期，国家的土地改革政策确立了个体所有制，激发了农民的平等意识，大大促进了农民的生产积极性。但是，由于个体经济固有的局限性，它的发展也必然会招致农村地区贫富差距的拉大，鉴于此，毛泽东提出过渡到社会主义是必要的[②]。于是，对农业进行社会主义改造不仅必要而且还具备了可能，而合作社正是实现这一改造，实现农民联合，实现集体经济的重要途径。根据社会主义改造“三步走”的发展步骤，我国实现了由“具有社会主义萌芽的互助组”到“具有半社会主义性质的初级合作社”，再到“具有完全社会主义性质的高级合作社”的集体所有制构建，实现了个体经济向集体经济的过渡。为了赶超英美，人民公社将土地等主要生产资料实行集体所有，甚至把社员的自留地和自养牲畜也全部转为集体所有，生产资料高度集中，统一生产、统一经营、统一劳动、平均分配亦被当作调动农民生产积极性的“最优”路径。

显然，农业合作化之后的农业生产更多的是依靠农民的集体生产积极性，

① 中共中央党校理论研究室编，刘海藩主编：《历史的丰碑：中华人民共和国国史全鉴 4　经济卷》，中央文献出版社 2004 年版，第 208 页。

② 中共中央文献研究室编：《建国以来毛泽东文稿》第 4 册，中央文献出版社 1990 年版，第 359 页。

尤其是在人民公社的集体生产，已经成为调动农民的集体生产积极性的经济基础。当时的国家领导人认定，农民已经是集体经济组织的、有社会主义觉悟的“新型”农民，而要推动社会主义“新型”农业的发展，就必须坚决依靠农民的集体生产积极性，适当限制农民的个体生产积极性。从发展伦理学的角度看，这是一种典型的以集体为本位的集体主义发展模式①。而对于构建农村集体经济过程中的基本原则，毛泽东也提出了一系列的真知灼见：首先，要尊重合作社质与量的统一，坚持以农户为本的合作社发展，即一切合作社都要以农民是否增产和增产的程度，作为检验自己是否健全的主要标准，反对那些不顾质量，专门追求合作社规模和农户参与数目的偏向；②其次，要保持循序渐进的发展节奏，由于农民对个体经济依然保持着较高的积极性，仅仅依靠集体经济的生产和分配还不能够充分满足农民日常生活的需要，发展不能贪快、冒进，粗暴地对待或忽视后者是完全错误的③；最后，自愿互利的原则，农民不仅仅是劳动者，在土地改革之后他们也是小私有者，集体化的目标是在为农民服务和谋利益的基础上，将其逐步引向社会主义集体化的道路。因此尊重农民个人的意愿，坚持自愿互利原则是必需的。

毫无疑问，上述构建农村集体经济、推动合作社集体生产的原则在现在看来都是正确的，然而在后续的发展当中，这些原则并没有得到很好的贯彻和落实，还曾一度出现了偏离，导致了速成化、单一化和片面化等问题。特别是在人民公社化运动后期，农户丧失了拥有私人财产和独立经营的权利，而所谓以“人人都有”为特征的集体主义分配又无法真正体现农民的个人利益。因此，农民在这种集体经济中既没能巩固和发展已调动的集体生产积极性，也没有激发和实践潜在的个体生产积极性，也就不可能走向共同富裕。从这一角度来看，人民公社化运动时期的集体生产并不是真正意义上的以集体为本位的集体主义发展，或者说在一定程度上偏离了“马列主义”的农村集体主义思想。

---

① 刘波：《当代中国集体主义模式演进研究》，复旦大学博士学位论文 2011 年，第 110 页。

② 中共中央文献研究室编：《建国以来毛泽东文稿》第 5 册，中央文献出版社 1991 年版，第 240 页。

③ 黄道霞、余展、王西玉主编：《建国以来农业合作化史料汇编》，中共党史出版社 1992 年版，第 267 页。

二、包产到户的个体生产与“个人本位”的价值要求

党内高层意见的贯彻执行并不意味着理想与现实的真实统一，尤其是在合作社进入高级社阶段之后，由于实施生产资料集体所有、按劳分配、大规模经营，高级社内部出现了难以解决的产权模糊、劳动激励不足、农业劳动监督困难等一系列问题，管理成本大大增加，有时甚至大大超出技术性规模效应，使农村集体经济的规模效益降为负值。如此一来，想要确保90%以上的农民实现增收显然是不可能的，不同层次的农民之间反而矛盾重重，心态也逐渐趋于复杂，反映在参与集体生产的具体行动上则为某种程度上的“抵制和反抗”，比如出现挣工分和随便抛荒土地、对集体劳动多不操心、倾心于自留地和家庭副业、试图在国家计划生产之外寻找其他增收门路，甚至是集体性退社等现象。① 如何在高级社体制内安抚农民、提高集体化生产效益、巩固高级社便成为中共全党上下致力于解决的难题，而中共八大则在如何从经济体制方面认识农民两种生产积极性的问题上又前进了一步。邓子恢提出，农业合作化使得社会主义经济和小农经济之间的矛盾得以解决，现在需要解决的则是集体利益与个人利益的关系问题；②刘少奇则指出，在农业合作化的过程中，社员的个人利益和自由没有得到保证，而这一问题的解决必须通过协调合作社集体经营和社员家庭的必要分工之间的关系。③

也正是在这一时期中共集中解决高级社问题的具体政策实施中，第一次包产到户悄然兴起。1957年9月，《中共中央关于做好农业合作社生产管理工作的指示》指出：必须普遍推行“包工、包产、包财务”的“三包”制度。……生产队在生产管理中，必须切实建立集体和个人的生产责任制，按照各地具体条件，可以分别推行“工包到组”“田间零活包到户”的办法。这是建立生产责任制的一种有效办法。④ 在这种情况下，一些地方开始实施规划小包工包产单位

① 范晓春：《改革开放前的包产到户》，中共党史出版社2009年版，第139页。
② 《邓子恢文集》，人民出版社1996年版，第460页。
③ 《刘少奇选集》下卷，人民出版社1985年版，第219、235页。
④ 中华人民共和国国家农业委员会办公厅编：《农业集体化重要文件汇编（1949—1957）》上册，中共中央党校出版社1981年版，第727页。

的实验，并把“三包”任务落实到户且常年固定下来，其中最为著名的就是浙江省永嘉县的包产到户。但是，包产到户的个体生产很快就在“两条道路”的大辩论中受到严厉批判。1958 年 1 月，毛泽东在南宁会议再次肯定了大社的集体生产及其社会主义方向，伴随着以大搞农田水利建设为中心的集体农业生产高潮的掀起，中共中央的关注点再次转向如何在更高的公有化程度上提升高级社，即构建人民公社体制的问题上。然而，即便是在大办人民公社的集体化时期也需要生产责任制，因为高度集中统一的人民公社管理体制仍然存在两个致命的弱点：一是忽视个人的物质利益，社员的劳动与收入分配相脱节，只能依靠和不断强化社会主义、集体主义思想教育来激励劳动积极性；二是忽视了农民的劳动自主性自觉性，更加依靠行政命令的统一调配和分配，导致强迫命令风行。[①] 这表明，相比高级社，人民公社体制更加脱离中国农业生产力落后、个体经济历史久远的国情。为了摆脱困难，新型的包产到户形式再次出现在农村地区，例如在江苏省，部分地区将全部的农活都包产到户以及实行“定产到田、超产奖励”等措施[②]。类似“单干”的现象开始在全国各地陆续不断地出现。

然而，需要明确的是，此时的包产到户与过去一家一户在生产劳动和经营管理形式上单干的个体经济虽有某些相似之处，却不能等同，它有着自身独特的以个人为本位的价值要求。首先，包产到户的突出特点是个体劳动方式，农业个体劳动方式的主要内容是小块土地经营和分户的个体生产，就这一点而言，它确实和个体（单干）小农没有根本的不同。但是，包产到户以承认土地的集体所有为前提，以生产队为经济主体，是在尊重和维护以户为单位的农民个体利益并鼓励其冒尖的前提下保证和实现生产队的集体利益的，这与独立经营且自负盈亏的个体单干有本质不同。其次，包产到户通过鼓励社员追加更多劳动或投资取得超过社会一般的平均的产量，继而达到多劳多得，劳得好、得得多的按劳分配计酬形式。表面上看，这与建立在私有制基础上的个体经济自劳自得结果类似，实际上则是遗漏了包产农户上交国家和集体的部分，而

① 徐勇：《包产到户沉浮录》，珠海出版社 1998 年版，第 63 页。

② 中国人民解放军国防大学党史党建政工教研室编：《中共党史教学参考资料》第 23 册，中国人民解放军国防大学出版社 1986 年版，第 157-158 页。

这正是体现包产到户正确处理国家、集体和个体利益关系的社会主义原则。最后，包产到户的农民个体在劳动力生产和经营品种方面享有支配权，这看似与单干农民的种养自由、无人过问相类似，实则要按照生产合同实行一定的计划指导，以适应社会的需要。这种生产的计划性并没有改变集体经济的性质，作为一种生产队统一领导下的分户经营，它与单干农民的盲目生产有着本质的区别。

无论如何，事实是当时的包产到户在坚持基本生产资料公有制、社会主义按劳分配原则以及生产队统一领导的基础上，使个体生产积极性得到恢复和发展，且在粮食单产和农民收益等方面超过了集体生产。这表明，与人民公社的体制相比，农民的自留地和家庭副业开发具有高效率和高成长性的特点，更能在巩固和发展农村集体经济的基础上实现农民两种生产积极性的最佳发挥。尽管“包产到户”在之后“文化大革命”的相当长的一段时间内，被当作“单干风”被彻底否定，但是，农民的自留地和家庭副业开发作为人们探索农民个体生产积极性与集体生产积极性相互融合、相互促进、共同发展的经验，被保留了下来，使农民的生产积极性得到一定程度的发挥。

三、农本立场上的“集体本位”与“个人本位”整合

自新中国成立以来，通过对农村和农业生产发展进行的考察，我们可以看出，农民群体所具有的两种生产积极性对农村经济的发展有着重要影响。农村经济发展得较好较快的时候，一定是农民的两种生产积极性快速发展的时候；相反，农村经济的发展出现减缓、停滞和倒退的时候，此时农民的两种生产积极性发挥得相对比较“不好”，这是被新中国的农村发展经验反复证明了的。这里所谓的“好”与“不好”归根结底是一个能否正确处理农民个体生产积极性与集体生产积极性之间发展关系的问题，而正确处理农民个体生产积极性和集体生产积极性发展关系的问题，在本质上是一个辩证看待农民“集体本位”价值观与“个人本位”价值观优劣的问题。无论是“集体本位”的价值观还是“个人本位”的价值观，都坚持自己所谓的“人本主义”立场，并由此确立了个人与集体的直接对立关系。然而，无论是以集体为本位的集体生产还是以个人

为本位的个体生产，都不可能真正履行以农民为本的人本主义实践，只有扬弃两种“本位”的弊端而集各自优点于一身，即消除个体与集体之间的对立，使其走向融合统一，才能真正实现以农民为本的乡村社会发展。

历史地看，新中国成立之后的土地改革解放了农民，解放了生产力，推动了农业生产的发展，但是，这一生产关系的巨大变革并没有改变中国千百年来形成的生产和经营规模狭小、分散，个体劳动、手工生产方式落后，社会联系狭隘、简单，生产力低下的小农经济生产方式。对于正处在由传统社会向现代社会转变之中的社会主义中国，小农经济的局限性是明显的：一方面，小农经济的脆弱性使其难以避免农村社会的贫富差距和两极分化；另一方面，小农经济难以扩大再生产，为社会提供更多的剩余财富，而中国大规模工业化、现代化建设所需的资金、人力将主要取自农村，由此便形成了小农经济广泛存在的现实与大规模现代化建设的尖锐冲突。① 面对这一形势，中国共产党选择了通过互助合作把千百年来的小农经济引向社会主义集体经济之路，将汪洋大海般的分散农民组织起来，成为社会主义集体新农民，以创造新的奇迹。然而，农业合作化毕竟是历史上前所未有的新事物，自然也会出现中国共产党人从未遇到过的新问题，特别是怎样根据中国的历史和现实国情将一家一户的农民组织到新的集体中去，并最大限度地调动和发挥农民的个体生产积极性与集体生产积极性的问题，解决起来尤为不易。重视对中国农民两种生产积极性的调动，毫无疑问是实现农业集体化、发展农业生产的正确出发点，但是，在面对如何以集体经济为基础开发、利用和调动农民个体生产的积极性的时候，中共中央仍难以摆脱外来模式及其经验的影响，人民公社经营体制选择的失误恰是夸大了农民的互助合作积极性，试图过早地用互助合作积极性取代个体经营积极性，而没有认识到两种积极性是可以并列共存、相互促进的。②

应该说，无论是在农业社会主义改造过程中，还是在人民公社体制调整过程中，农民的两种生产积极性都发生过明显的交互作用，但是，人们并没有真正理解农民两种生产积极性的实质。农民在土地改革基础上焕发出来的异常

① 徐勇：《包产到户沉浮录》，珠海出版社 1998 年版，第 3-4 页。
② 韩喜平：《调动农民两种生产积极性是农村发展的源泉》，《理论学刊》2003 年第 4 期。

高涨的生产积极性，不论是个体积极性，还是互助合作、走社会主义道路的积极性，其根本动机正在于富裕起来的迫切愿望。而所谓农民的两种生产积极性实质上可以归结为一点，那就是尽快改变自己的经济地位、实现脱贫致富。农业合作化以后的集体经济就是因为没有满足农民“发家致富”的根本愿望，才会出现农民要求退社、搞单干的现象。而“文化大革命”期间更是直接把这种倾向归结为资本主义自发势力，采取阶级斗争、政治运动的方式加以打击，而没有从农民两种生产积极性的实质来反省集体化过程中的失误和速度，结果是政治运动激发起贫下中农的乌托邦狂热；这种狂热又助长了高层决策者采取急速集体化的冒进方针，最终导致农民的两种生产积极性都丧失了，局部地区甚至造成了灾难性的后果。当然，期间屡禁不止的包产、包干到户作为一种建立在集体所有制上的个体劳动方式，也已经不是原来意义上的小农经济，而是社会主义新型条件下的个体经济。它之所以能够在增加农民生产收益的同时极大地推动农村生产力的发展，不在于用农民个体生产的积极性否定农民集体生产的积极性，而是充分调动了农民的两种积极性，即积极实践了农民个体生产积极性与集体生产积极性的融合统一。

当然，这种“融合统一”与改革开放之后家庭联产承包责任制实施过程中的“融合统一”不可同日而语，但不容否认的是，作为正确认识农民两种生产积极性以及正确处理农民个体与集体发展关系的前期探索，包产和包干到户在促进农村经济以及整个国民经济迅速发展方面所具有的重大意义是值得肯定的。它们的目的都是为了发展农业生产、改善农民生活，只强调一种积极性，或者用限制、压制一种积极性的办法来发展另一种积极性，都难以称之为真正以农民为本的人本主义实践。只强调农民个体生产积极性的发展而忽视集体生产积极性，将会把农民置于小生产者的困境之中；相反，只强调农民的集体生产积极性而压抑个体积极性的发展，就会抹杀集体积极性所产生的前提。因此，协调和促进两种积极性的共同发展就成为我们必须回应的一个问题。其基本的实现条件就是坚持站在以农民为本的人本主义立场上整合以集体为本位的集体生产和以个体为本位的个体生产，将两者的利益统一起来并使其达到一种互利共赢的状态。在这个过程中，计划经济体制下的农民与土地、公平与效率、个体与集体等一系列乡村伦理关系开始由交织与冲突逐渐走向转变与融合。尤其是伴随着改革开放之后市场经济体制改革的不断深化和城市化进程的不断加快,中国的乡村社会与农民生活都发生了翻天覆地的变化,乡村伦理也在其经济与社会基础的变迁中呈现出一幅由传统向现代转型的新图景。

第五章

改革开放进程中的乡村伦理图景

任何社会历史时期的伦理观念必然产生于一定社会的政治经济生活，同时又指导着人们的社会实践活动。改革开放进程中的中国乡村社会正在经历传统向现代的转型，与传统乡村社会生产、生活和交往方式相契合的“乡土伦理”逐渐“退场”，新型乡村伦理图景正通过家庭伦理、经济伦理、生态伦理和治理伦理四个方面日益呈现出来。

第一节 城市化进程中的乡村家庭伦理

改革开放以后，伴随着市场经济体制改革的不断深化，中国乡村社会发生了前所未有的巨变。传统家庭关系随着城镇化进程加速而日益复杂化。早在20世纪90年代初，社会学家雷洁琼教授便敏锐地观察到经济体制改革对于农村家庭的影响，这种影响表现为家庭功能、家庭结构规模、家庭关系等多方面的变化。[①] 这些变化促使了传统家庭向现代家庭的转变，也带动了新型乡村家庭伦理的形成和发展。

一、新型乡村家庭伦理的形成与发展

（一）城市进程中乡村家庭的变化

1. 乡村家庭结构核心化

由于传统农民深受“多子多福”主导的生育观影响，我国传统的乡村家庭

① 雷洁琼主编：《改革以来中国农村婚姻家庭的新变化》，北京大学出版社1994年版。

结构主要以多代同堂的“联合家庭”,或父母和一对已婚儿女组成的“主干家庭”呈现。从小便生活在众多兄弟姐妹之间的村民们,逐渐形成了团结互助的意识,并在传统道德礼俗的影响下结成守望相助的共同体关系。这种家元共同体既能够为村民个体提供可以满足其基本生存需要的公共物品,也可以使他们通过在乡村中找到自身生活的“根”或“宗”而获得归属感和价值感,并愿意为子孙后代的幸福辛勤劳作、奉献自我。

随着我国计划生育政策的落实,家庭平均人口数量较之以往有所减少。尽管“三孩”生育政策已经实施,但传统提倡的“多子多福”生育观已然受到影响。加之城市化的深入,在子女的养育成本不断提高、生存压力不断加大、个人素质和国家意识逐步提升等多种因素相互作用下,由一对夫妻与未婚子女组成的“核心家庭”逐渐成为主要的家庭结构。这种家庭结构的建立以夫妻关系为基础和核心,对其他亲属关系的依赖性较小,受其影响和控制较弱,更适合于工业化、城市化生活。因此,乡村家庭核心结构的发展趋势逐渐从“血亲主位”向“婚姻主位”转变,外围结构从“父子轴心”向“夫妻轴心”转变。

2. 乡村家庭关系平等化

夫妻关系的成立是家庭关系成立的基础和前提条件,父子关系、婆媳关系必须以夫妻关系为基础方能实现。但在我国传统的乡村家庭关系中,承担着家庭财产和文化传承职能的父子关系处于家庭关系的中心,夫妻关系需要以父子关系维系和支撑。在以种植业为主的传统农业社会中,人们几乎只能依靠生产知识和社会经验创造财富。家庭中的男性家长由于在权威资源、经济资源(如土地、工具等生产资料)的掌控以及农业生产经验方面具有绝对优势,从而在家庭的权力结构中处于支配地位。他“拥有所有家庭财产的所有权,他能够独自处置所有的家庭财产以及所有家庭成员的收入和储蓄。他决定孩子们的婚姻,签署婚姻合约”①,作为家庭中的权力中心,掌握着家庭中的教育、经济、社交等家务大权。儿子长大成人以后,成为新的权力中心,而妻子在此只属于其丈夫的附庸和生儿育女的工具。因此,夫妻关系的地位要远远低于父子关系。

随着城市化进程的推进和农村商品经济的不断发展,过去以男性家长为

① 张五常:《经济解释——张五常经济论文选》,商务印书馆2000年版,第111页。

核心地位的状况，逐渐被家庭成员相互平等的关系取代，以夫妻为独立单位的家庭在经济地位上迅速赶超父母，夫妻关系和地位逐步平等化。一方面，由于我国传统型农业社会向现代工业和信息社会转变，传统农业在社会结构中的主导地位被现代工业和新兴产业取代。依赖权威资源与经济资源而获得的家庭收入所占比重不断下降，而拥有科学知识、生产技术和创造精神成为家庭致富的关键。如此，具有绝对优势的年轻人逐步掌握了对于家庭的支配权，而父辈在家庭中的优势地位逐渐消失，老年人在家庭中的权力地位也大大下降。另一方面，男女教育和就业机会上的平等化趋向促使女性经济能力提高，在外务工的女性所创造的经济收入不逊于甚至远远超过男性。在家庭关系中，经济地位的提升促使妻子的家庭地位随之上升，进而在家庭决策上发挥着越来越重要的作用。这是夫妻关系得以超过父子关系成为乡村家庭内部主要关系的根本。

3. 乡村家庭功能现代化

在长期静态的中国农业社会里，作为最基本生产单位的乡村家庭功能比较齐全，集生产、经营、抚育和教育等各项功能于一身。在我国乡村城市化这一特定的历史背景下，乡村的家庭结构较以往有所不同，其功能也相应地发生了改变。

首先，经济功能现代化。传统乡村家庭是一个独立的生产单位，生产和消费通常在家庭内部进行。然而随着改革的深入发展，大批农民开始从事非农业生产。在我国一些经济发达的农村地区，“农村双职工家庭”已取代了“男工女耕型”家庭，成为我国乡村家庭的基本经济形态。随着家庭收入的逐年提高，家庭的消费结构也不只停留在解决温饱问题上，家庭教育、医疗与文化层面上的消费受到重视，并逐渐成为乡村家庭消费的主要趋势。其次，生育功能理性化。传统乡村家庭崇尚多子多福，生育功能发达；但农村城镇化使得部分农民脱离了农业生产劳作，农业劳动者的需求量逐渐减少；加之城市化带来的城市家庭生育观念的影响，过去乡村家庭多生多育的观念逐渐被优生优育的观念代替。生养孩子被看作爱情的果实和夫妻关系的纽带，是实现家庭幸福的重要内容。重质不重量成为乡村家庭生育观理性化的表征。再次，家庭教育功能社会化。家庭是儿童社会化的第一场所，父母发挥了对子女进行行为规范和提升道德修养的主导作用，通过对子女的教育以帮助其实现社会化。在自然经济条件下的小农社会，子女的基本教育由家庭来实施和完成，生活知识以及生产技能由他们的父母凭借自己的经验传授。而在城市化进程中，一方面，年轻的夫妇大多选择外出务工，原乡村家庭的主体成员越来越少，父母对子女的家庭教育变得边缘化，被隔代教育逐步取代。另一方面，现代化的工业生产对劳动者的科学文化素质和专业的生产技能提出了较高的要求，对劳动者的体力要求逐渐降低。对于以农业生产为主的农村家庭来说，他们逐渐意识到凭借自身的能力已无法完成对子女的教育，更愿意把家庭的教育外化向学校以及社会。

（二）传统乡村家庭伦理向新型乡村家庭伦理的转变

1. 从传统婚姻观的消解到新型婚姻观的确立

在传统的婚姻观中，农民与配偶结合的主要依据是双方在家庭背景和社会地位方面的“门当户对”，对婚姻主体感受的重视程度不高。这样的婚姻因双方了解甚少而往往并不幸福，由此导致许多家庭伦理问题。随着农村经济体制改革和市场经济的发展，乡村女性与男性因经济地位趋于平等，从而显现出人格上的平等地位。这种平等在择偶方面则表现为男女对自身在婚姻中的价值主体地位的重视和对个体在婚姻中话语权的强调。本次问卷调查中，在选择结婚对象时主要考虑的因素方面，“两个人的感情”所占比例最高，远超过“家庭条件”所占比例。① 由此可见，当代农民更加推崇恋爱自由、感情融合、“重个体感受”的新型择偶观，而逐渐淡化了社会地位和家庭条件对择偶的影响。

“夫为妻纲”是传统婚姻伦理的道德指向。丈夫掌握家庭的经济和事务大权，处于家庭的主导地位。传统的家庭伦理规范只规定丈夫对妻子的权利和妻子对丈夫的义务，强调妻子对丈夫的绝对服从，相夫教子，从一而终。妻子即使处在极其不幸的婚姻中，但顾忌因离婚而饱受的巨大舆论压力，宁愿隐忍

① 对西岭村、赵家湾村、辘辘村、下聂村、华宏村、王杰村和林屋村所做的问卷调查中，在选择结婚对象时主要考虑的因素方面，“两个人的感情”所占比例分别为35.9%、40.4%、39.7%、38.0%、32.2%、31.2%、35.8%，“家庭条件”所占比例分别为7.1%、6.4%、11.7%、14.9%、12.2%、15.1%、14.0%。

也不敢离婚。这往往对女性造成巨大的身心伤害。随着乡村的经济发展，由夫权主导的传统乡村家庭模式逐渐被夫妻平等的现代家庭模式取代。当代农民对于离婚、再婚的态度则变得更加理性、宽容和自由。离婚的理由也更多地从现实的原因转向感情不和所致的良性离婚。由于经济的独立和社会的认同，女性在离婚关系中的自主性日渐提高，社会对离婚女性的歧视日渐减少。宽容与理性化同样表现在当代农民在性的观念上，由保守变得开放。问卷调查显示，对于婚前性行为，持有“双方愿意无可厚非”“可以理解，但不会做”“满足感情需要可以理解”和“确定结婚可以”的包容态度所占比例远大于“反对”态度。由此可见，当今农民对婚前性行为的观念和态度逐渐理性化，也不再苛求传统的贞操观。

2. 从传统孝道观的更迭到新型孝道观的重建

孝敬父母、尊崇祖先是一项最基本的家庭伦理规范，是我国传统伦理文化的价值核心。“甲代抚育乙代，乙代赡养甲代，乙代抚育丙代，丙代又赡养乙代”①，呈现出中国传统社会其独特的家庭孝道伦理的反馈模式。但建立在君主制、家长制基础上的孝道观要求子女应当在“物”上供养父母、在“礼”上尊敬父母，更强调子女对家长的单方面义务。为了履行孝的义务，子女对家长的意志必须逆来顺受，唯命是从，完全依附于家长的意志而存在，成为盲从的奴隶。这严重压制了子女的个性发展和人格独立。②

传统孝道观是传统社会发展到一定程度的产物。随着家庭结构的变化和家庭权力中心的下移，家庭传统道德体系逐渐变化，传统家庭伦理功能趋于弱化。传统的孝文化并没有因此彻底消失，而是经过嬗变后以新的形式和内容影响着人们的行为。相对于传统的孝道，当代的孝道是建立在民主之上，以平等、和谐、互爱为内容的代际关系伦理，它既重视父母养育子女，又重视子女对父母的敬养，体现了父母与子女之间“反哺”式的双向义务伦理实质。子女不

①　《费孝通选集》，天津人民出版社 1988 年版，第 469 页。

②　在此次对七村的调查问卷中，“双方愿意无可厚非”“可以理解，但不会做”“满足情感需要可以理解”和“确定结婚可以”等选项在各村的占比数据依次为：西岭村 12.4%、11.2%、10.1%、3.4%，赵家湾村 15.1%、15.1%、7.5%、1.9%，辘辘村 20.0%、7.6%、9.5%、1.9%，下聂村 28.0%、12.9%、7.5%、1.1%，华宏村 18.8%、18.0%、6.3%、4.6%，王杰村 11.6%、11.6%、3.6%、3.6%，林屋村 17.8%、12.9%、11.0%、9.8%。“反对”选项在各村的占比数据为：西岭村 16.9%，赵家湾村 41.5%，辘辘村 27.6%，下聂村 17.2%，华宏村 21.1%，王杰村 45.5%，林屋村 13.5%。

再是家长的私有财产，子女与父母在人格上是平等的。因此子女为父母提供物质供养和精神慰藉，尊重老人的意见，关心老人的身心健康；同时，父母也要尊重子女的人格权利，以宽容、豁达的态度理解子女。

3. 从传统家风的解构到新型家风的建构

家风是中国传统文化的重要组成部分。传统家风由一个家庭或家族长辈根据家规家训长期教化而成，用以治理家庭或家族以及引导家庭成员的价值取向和行为规范。在传统乡村社会中，无论是世家望族还是寻常百姓家几乎每家都设立了家训、家规。传统家风具有涵养个体道德、调和家庭、兴旺家族、维护社会稳定的作用。

随着经济的发展、社会的变迁，传统的大家族日趋瓦解，许多乡村家庭的成员离开乡村，走进城市，家庭结构、家庭的功能作用发生了天翻地覆的变化。新一代农民在继承和发扬优良传统家风的基础上，又赋予家风新的时代内涵。符合时代特征的新型乡村家风应运而生。在现代社会的乡村家庭中，囊括代际关系和谐、夫妻关系和睦、勤俭持家、明礼诚信等内容的社会主义新家风逐渐形成了。

二、新型乡村家庭伦理的挑战与建构

（一）建构新型乡村家庭伦理的困境

如上所述，伴随着城市化进程的加快，农村家庭结构、家庭伦理关系以及家庭功能的变化，传统乡村家庭的伦理观念正在不断向具有新时代特征的新型乡村家庭伦理转变，传统的乡村家庭伦理在不断被解构，转而被文明进步的家庭伦理观念逐渐替代。同时需要注意的是，在新旧体制转换过程中，过度张扬的个性，追逐利益的功利意识等问题一定程度上冲击了乡村家庭稳定，扰乱了家庭秩序。当前，我国乡村新型家庭伦理建构面临以下几方面的困境。

1. 从家庭本位到个人本位的转变

在中国传统社会，以家庭为单位的小农经济生产力低下，个人一旦离开家庭便难以生存，因此家庭成为个人生存和发展的根本，是人们一生中最为重要且最具有决定意义的社会关系。人们重视家庭，强调家族观念，在处理个人与家庭关系上，家庭利益是家庭成员的最高利益，个人必须无条件且无保留地服从家庭利益。这种“家庭本位”的伦理观强调的是家庭对个人的价值，为了家庭和家族的稳定和发展可以任意地抹杀个人价值。现代乡村社会，家庭不再是人们生产和生活的主要场所，大量青壮年劳动力流入城市务工。乡村城市化使个人逐渐摆脱家庭的制约，个人的价值体现也不再受家庭价值的牵制，而更多地依赖于个人的知识、能力和创新。市场经济赋予个人公平的发展机会，人的主体意识逐渐觉醒，人的个性得到前所未有的张扬。家庭成员更多地注重对个人利益的追求和个人需求的满足，使人的独立自主和个性自由得到了最大的发展空间。

随着对个人利益和个性发展的追求，乡村社会的传统家庭价值不断弱化，家庭成员的价值观念开始更多地向个人倾斜，一切以“我”为中心，“自我实现”成为最高需要，家庭伦理观念逐渐从“家庭本位”向“个人本位”转变。在个人、他人与家庭的关系中，个人的需要凌驾于他人和集体之上，以自我为中心，无视集体的需要，片面强调个人利益，从而走向个人主义、利己主义。现阶段，个人本位观的渗透以及个性的过度张扬更加速了农民文化价值观的转变，从而导致家庭责任感的淡化。农村老人赡养、留守儿童抚养等问题，不少是由于个人主义盛行所致。

2. 婚姻自由与家庭责任的矛盾

随着社会变迁、人口流动和互联网的发展，乡村青年的交际空间和方式不再受生活和地域的限制，其择偶范围也随之得到延伸和扩展。然而多元化的交际方式并没有加深彼此理解的深度，从某种程度上反而遮蔽相互的真实性。同时，农村家庭的婚姻自主性和自由度逐渐提高，婚姻自主、恋爱自由的新型婚姻观已经成为主流。乡村适龄青年从心理上对待婚姻不再像传统那样重视和谨慎，他们认为即使婚后发现彼此不适合，也可以选择离婚。因此，在结婚之前缺乏充分了解和认识的婚姻，显得随意而草率。由于对于彼此的个性特征、生活习惯、志趣爱好缺乏理性的分析，草率结婚、闪婚闪离现象在农村时有发生。在传统社会模式中，人们因受到传统婚姻观的制约而对离婚持有一种保守态度，婚姻关系长期处于比较稳定的状态，离婚率较低。现如今，离婚已不再被视为羞耻之事。一些夫妻由于缺少家庭责任感，当婚姻生活中遇到矛盾时不是尽量想办法化解，而往往选择以离婚来解决冲突。这不仅危害家庭生活，更危害社会安定。相关资料表明，因父母离异造成子女辍学或厌学的事例比比皆是；而在未成年人犯罪中，来自单亲家庭的孩子占很大比重，父母的离异对孩子造成的伤害终身难以弥补。这似乎成为一种两难抉择：一方面，社会需要提倡现代化发展所要求的婚姻自由观，进一步满足人们对情感的诉求，在夫妻双方情感破裂的情况下，可以选择离婚；另一方面，家庭责任感的缺失致使家庭稳定性大减，最终将会影响社会的安定和谐。

3. 功利主义与传统家庭伦理的碰撞

在义利之间关系的处理上，儒家提出“见利思义”，主张不反对人们对利益的追求，但强调对功利的追求必须始终处于道义的制约之下。然而在市场经济迅速发展的社会背景下，高竞争、高效率的特点迫使经济主体追求最大化的经济利益。当今部分农民呈现出竞逐功利的趋势，开始将对个人利益的追求凌驾于道义之上，作为提升自身威望的主要途径。对个人利益最大化的追求不断侵入到农村家庭领域，以其功利主义的价值观念挤压着乡村传统家庭伦理。这种入侵主要体现在两个方面：

一是家庭内部关系的功利化。传统社会特别强调家庭关系的和谐，以情感为基础、道义为保障的“父慈子孝、夫妻相敬、孝悌为本”是传统家庭伦理的重要内容。然而在功利主义的价值导向下，家庭关系应有的情感沟通、精神关怀和道义支持越来越被物质上的互利互惠取代。有些子女与父母感情淡漠，甚至不能给予年迈父母以最起码的物质赡养，为了争夺家庭财产而造成亲人反目的情况比比皆是。金钱、权力在衡量亲属关系的疏密程度上成为重要的砝码。许多乡村家庭成员在家庭或家族中的话事权的大小往往取决于其经济实力的强弱和权力地位的高低。功利主义的婚姻家庭观同样正在损害和侵蚀着以感情为基础的现代婚姻，财富多寡开始取代两性关系中的感情交换，一定程度上影响了婚姻关系的确定和家庭关系的稳定。在择偶时，许多青年对对方家庭经济能力的重视程度越来越高，由经济原因引起的家庭冲突和离婚案件数量逐年上升。二是家庭教育目的的功利化。在传统的家庭教育中，以培养个体道德人格作为最高目标，强调“进业修德、慎独自省”。然而当功利主义渗透到农村家庭，一些乡村父母为了让子女能跳出“农门”，过于重视对子女智力素质的培养，而忽视了对子女的个体道德的教育。这样并不利于孩子健全人格的形成，甚至会导致孩子的畸形人格心理。近些年一些因教育问题引起的亲子冲突事件接连发生，一定程度上便是家庭教育功利化所导致的。

（二）建构新型乡村家庭伦理的基本思路

家庭伦理作为一种社会意识，是在一定社会历史条件下形成的，其性质是由社会性质所决定的。正如恩格斯在《家庭、私有制和国家的起源》一书中指出："群婚制是与蒙昧时代相适应的，对偶婚制是与野蛮时代相适应的，以通奸和卖淫为补充的专偶制是与文明时代相适应的。"①家庭伦理具有着明显的时代特点，家庭伦理内容必然与社会发展状况相适应。社会主义新时期，家庭伦理应与时代发展相适应，应被赋予新的时代内容。2001 年 9 月中共中央颁布了《公民道德建设实施纲要》，指出新时期的家庭美德的主要内容是"尊老爱幼、男女平等、夫妻和睦、勤俭持家、邻里团结"。这是社会主义市场经济条件下家庭美德的重要内容，也为社会主义新农村的乡村家庭伦理道德指明了方向。为此，结合中国乡村家庭伦理面临的诸多困境与问题，如何建构新型乡村家庭伦理以适应城市化带来的社会变迁，显得必要而迫切。

1. 强化乡村家庭伦理的制度支撑

首先，完善相关的法律法规。如何应对乡村家庭伦理关系的新变化，解决家庭伦理中的新问题，依赖于法律制度的保障。为了从根本上保障家庭成员的合法权益不受侵害，维护婚姻及家庭稳定，我国出台了一系列法律法规，如《中华人民共和国民法通则》《中华人民共和国妇女权益保障法》《中华人民共和国未成年人保护法》《中华人民共和国老年人权益保障法》和《中华人民共和国婚姻法》等。这些法律制度为调整和保护新时期我国婚姻家庭伦理关系提供了强有力的法律依据和基本准则。然而，一方面，由于我国许多法律在立法初期本着"宜粗不宜细"的指导思想，在具体的法律细则上不够具体，给法律规范的实际操作增加了难度。在婚姻伦理中，由于强调婚姻家庭中个体权益的保护，忽略婚姻家庭的伦理实体，对于婚外性行为和介入他人婚姻等行为，法律尺度较宽，不能有效维护婚姻家庭伦理实体的合法权益；在代际伦理方面，

① 《马克思恩格斯文集》第 4 卷，人民出版社 2009 年版，第 88 页。

对拒绝赡养老人的行为缺乏有效的法律制裁手段,我国有比较完善的保护老年人权益的法律制度,但是在执行上却偏于说服教育,而且对子女应承担的具体责任和不承担责任的具体处罚没有详细明确的规定。有些细则仍然有待补充和完善。另一方面,随着改革的不断深入,乡村家庭结构、家庭关系等方面发生了深刻的变化,新的家庭问题也不断出现,如乡村家庭广泛存在的留守儿童的教育问题等。

其次,深化乡村经济体制改革。经济发展水平是制约家庭伦理观的根本因素。经济充分发展、男女平等就业是建构和谐的家庭伦理关系的物质保障。由于农业生产方式的局限性,农业生产效益的低下,农民生活水平普遍偏低。为了改变生活条件,大量的农民为了脱贫致富而奔赴城市务工。长期在外的辛苦劳作、夫妻间的聚少离多以及对城市生活方式的渴望等,对夫妻感情和家庭关系可能造成一定的负面影响,如婚外情、子女关系淡薄。要改善这一情况,需要进一步改革现存的乡村经济体制,增加农业生产投入比例,逐步实现农业科技化、现代化;同时促进农民向非农产业方向发展,建立优质的乡村企业,鼓励创业,提供技术和资金的支持。随着农业的发展、农村社会经济的繁荣、农民生活水平的提高、农民社会关系的扩展,才会有建立在感情基础之上的自主选择的婚姻家庭,才会有建立在富足的物质经济基础之上,感情稳定、家境和睦、老有所养、幼有所依的理想家庭。

2. 提升乡村家庭伦理主体的道德觉悟

首先,建构乡村家庭伦理的教育引导机制。教育是人们能够成长为社会人和道德人,完成道德社会化进程中不可逾越的重要环节。家庭伦理观念的形成需要家庭、学校和社会共同的教育引导和培育。家庭的道德传递和道德示范有助于子女道德品质的养成。家长对孩子言传身教,并能与其进行沟通,在家庭教育过程中更容易贯彻民主、尊重、信任、宽容的原则。随着新乡村建设进程的不断推进,年长的农民由于知识和经验的有限而对一些道德现象缺乏解释力,学校的道德教育对农民整体的道德觉悟的提升则显得至关重要。学校教育不仅需要教师的表率作用,也需要教师对教育方法的探讨和研究,针对学生的发展特点、性格特点和心理因素,制订科学的方案,对不同年龄段的学生因材施教,培育学生树立家庭民主意识、家庭责任意识,培养尊老爱幼、男女平等、家庭和谐等道德品质。

其次，构建乡村家庭伦理的舆论引导与监督机制。大众舆论所传播的内容很容易被大众所接受并作为自己的道德准则。因此，我们应充分利用图书、报刊、广播电视网络以及各种形式的新媒体，宣传正确的恋爱观、合法的婚姻观以及积极的家庭观，同时对不道德的家庭生活观念以及不文明的家庭生活行为进行批评和教育，引导农民践行健康的乡村家庭伦理生活方式。此外，传统乡村社会具有较好的舆论监督氛围，对规范农民的家庭生活行为具有强大的监督作用。现代乡村社会的舆论监督力量随着城市化而相对减弱，需要重新增强。第一，营造乡村崇德向善的舆论氛围。农民受崇德向善社会风气的影响，就会自觉抵制那些违背人伦道德的现象，婚姻家庭中的不道德现象就会减少。第二，构建乡村网络舆论平台。随着网络的普及，网络舆论成为舆论的重要组成部分，网络可以弥补现实舆论平台的不足，也可以通过放大效应，引起人们对某些问题的高度关注。因而借助于网络舆论平台的优势，结合当地婚姻家庭伦理的实际情况，对乡村模范家庭进行示范性宣传，谴责、抨击婚姻家庭领域的一些不良现象，进而促进乡村家庭生活方式向科学、文明和健康方式转化。①

第二节
市场经济条件下的乡村经济伦理②

产生于小农经济社会的中国传统乡村经济伦理，展现出深厚的“乡土特色”，在传统乡村经济发展和乡村经济秩序维系中也发挥了积极的作用。随着社会主义市场经济体制的确立，这种具有“乡土”特质的经济伦理思想发生了重大变化。

① 张翠莲、李桂梅：《试论当代乡村家庭伦理制度化建设》，《道德与文明》2017 年第 5 期。

② 王露璐：《乡土伦理——一种跨学科视野中的“地方性道德知识”探究》，人民出版社 2008 年版；李明建：《乡村经济伦理的转型与发展》，《道德与文明》2017 年第 5 期。

一、传统乡村经济伦理的现代转型

改革开放以来，社会主义市场经济冲击和改变了乡村传统自给自足的生产方式和社会关系贫乏的生活方式。市场经济给乡村经济带来的巨大变化，促使了农民传统意识的现代转向。与此同时，随着乡村市场化的推进，农民经济活动所依存的社会环境和条件大大改变，传统乡村经济伦理思想也发生了深刻变迁。

（一）传统农民的现代转向

改革开放以来，家庭联产承包责任制的实施以及乡镇工业的迅猛发展，不仅进一步推动了中国乡村经济的发展，也为传统农民向现代农民的转变提供了真正的可能。①

首先，新的公平观逐步树立。在中国古代社会，“不患寡而患不均”的平均主义情结深入人心，物质财富的绝对的平均分配是衡量一个理想社会的重要标准。新中国成立后，中国共产党领导的土地制度改革在乡村的广泛实行使农民在财富上基本没有差别，在无形中强化了本就深植于农民心中的平均主义思想，合作化运动使得这一思想进一步加强，并在人民公社化运动时期达到了顶峰。市场经济体制改革和家庭联产承包责任制的实行，不仅极大地调动了农民的积极性，促进了乡村生产力的发展，而且从根本上改变了长期以来平均主义的分配方式。在乡村城市化进程中，农业已不再是农民致富的唯一行业，更多的年轻人选择外出务工实现对财富的追求，非农职业日益受到农民重视。按劳分配、平等竞争等观念成为农民新的价值观，平均主义观念日益淡化。

其次，农民的主体意识觉醒。党的十一届三中全会以前，在乡村逐渐实行的土地集体化、农业合作化和人民公社化运动强调农民的集体观念，个人的主体意识被集体意识掩盖。同时，由于定产定销定购政策的实施和自由迁移权

---

① 周晓虹：《传统与变迁——江浙农民的社会心理及其近代以来的嬗变》，生活·读书·新知三联书店1998年版，第230-247页。

利的丧失，农民表现出极强的惰性和依赖性，导致农民主体意识被严重抑制，自我价值难以实现。党的十一届三中全会以后，农村家庭联产承包责任制使农民的经营成果的好坏与个人收入的高低相挂钩，极大地调动了农民的生产积极性。随着市场经济体制日趋完善，进入市场的农民逐渐把自身所提供产品和服务的市场价值与自我价值联系起来，逐渐形成了一个有差别的自我。同时，国家一系列政策制度的出台使农民个体开始受到尊重和重视，农民的权利与义务观念也随之增强，并在实践中催生出农民积极主动参加村庄事务的健康的政治人格，农民的主体意识开始形成。

再次，农民市场意识逐渐增强。改革开放之后，随着农民自我意识的觉醒，传统的等级观念逐步淡化，个人选择的自由度大大提高，农民的市场意识、竞争意识与日俱增。市场经济是竞争性的经济模式，在追求自身利益最大化的过程中，传统农民不断卷入市场，农民的生产生活行为日益市场化和社会化。无论是外出务工还是返乡创业，进入企业后的角色转换，使得大量农民产生了时间感、计划性等习惯，这是在农耕活动中所无法建立的。农民们逐渐认识到只管生产不管市场的旧观念和思维模式已经完全不适应现代社会生产的客观要求，对科学技术和市场信息的掌握才是现代农业发展的关键因素。在这种认识的指导下，农民的市场意识、竞争意识、科技意识不断增强。参与市场竞争，依靠科技兴农，发展现代农业成为越来越多农民的共识。参与到市场竞争的农民同样认识到只有具备合作意识，才能获得更广阔的发展空间。

（二）传统乡村经济伦理思想的现代转型

随着中国传统农民的现代转向，传统乡村经济伦理思想也发生了现代转型。

第一，勤劳致富，以物质利益为先。中国的改革开放首先从乡村开始，农村土地制度的变革，使农民的生产积极性大大提升。一些农民的思想发生转变，人心思变、人心思富，农民们精心经营自己的土地，乡村的生产力水平不断提升。近年来，在城镇化进程中，一些农民进入城市，寻找就业机会，收入水平远远高于土地所获收入。农民把自己的物质利益放在更加重要的地位，绝大多数人也坚持“君子爱财，取之有道”，在工地上、工厂里、社区中辛勤劳动，获得报酬。还有一些农民，或开始创业，自己当老板；或学习提升，成为新型职业农民。当然，农民在物质利益为先的观念支配下，不可避免地产生经济利益至上的思想，比如，为了提高产量而在农业生产中大量使用化肥、农药等。

第二，等价交换，注重公平交易。随着乡村的发展，农业作业中的互帮互助在现在的农村则不多见了，取而代之的是以一定的劳动获得相应工钱。这在没有实现机械化作业的一些地方的棉花采摘、水稻插秧、农作物病虫害防治等劳动中表现得较为明显。一些乡村劳动力结伴而行，寻找劳动机会，按日收取报酬。

第三，享受生活，适度超前消费。随着乡村生活水平的提高，农民的消费观念也在悄悄发生改变，他们开始注重自己的生活品质。特别是一些在城市里工作的农民工，回到乡村后，会按城市居民的生活方式改变自己的家庭生活，同时还会慢慢影响他人的生活方式和思想观念。农民的消费结构也发生了变化，“吃”不再是消费的重点，在“穿”“住”“用”“行”上都有根本改变，一些家庭在城市购买住房，一些家庭购买了汽车。一些青年人追求时尚，在城市里申办信用卡，学会了透支消费。

乡村经济伦理思想发生现代转型的原因主要表现在三个方面。

其一，乡村经济活动基础的变化是经济伦理思想转型的前提和基础。如前所述，当今的农业经济基本制度发生了根本变化，家庭联产承包责任制的实行，特别是土地经营权的依法转让，使农业生产与传统的小农生产形成了根本区别。在此条件下的农业生产实践中也会产生与之相适应的经济伦理观念。还有一点，市场经济对于农村经济的影响也是极为深刻的。市场经济的开放性、竞争性、平等性等特征也使农民充分利用市场发展生产，追求自己的经济利益。

其二，乡土社会基本特征的变化是经济伦理思想转型的关键原因。当今的乡村社会与费孝通先生所描绘的乡土社会的特质相比，已经发生了巨大变化。“土”已不再是一些乡村青年的命根，他们不再依靠土地谋生，而靠其他技术在城市里谋生，他们的活动范围已然远离土地，并且大大扩展。乡村劳动力向城市的流动，导致他们对乡村生活的认同感降低，而大多更喜欢城市里的生活。一些家庭在城市购买住房，则是离土又离乡。“流动带来了乡土社会与外部世界全面深刻的互动，促动着自身的剧烈变迁。人与人之间长久稳定的交往预期弱化了，短期化、功利化的因素在日益主导农民的行为逻辑。表征社会地位的要素中，财富的权重越来越重，财富获取方式的外向性导致乡土社会内在的社会评价体系动摇，个体能动性空前增加。”①

其三，乡村社会文化的多元发展是经济伦理思想转型的重要因素。当今时代文化发展中的交流、交锋、交融也延伸影响到乡村社会。互联网技术、手机通信技术的快速发展，也让各种文化思想、价值观念更快速地影响乡村生活。一些农民还成为“网络高手”，利用互联网创业，成为乡村电子商务产业发展的受益者。在城市中工作和生活的农民工则容易接触各种文化。这些都对乡村经济伦理思想的转型产生了重要影响。

二、现代乡村经济伦理的基本向度

伴随着市场经济新秩序在乡村的确立，传统乡村经济伦理思想逐渐向现代转型，生成了与改革开放和市场经济发展的时代要求相适应的现代乡村经济伦理。它包括诚实守信的交换伦理和文明适度的消费伦理。

（一）诚实守信的交换伦理

交换是市场经济活动中不可或缺的重要部分。不同经济主体之间交换行为的发生，必须建立在公平公正、合作共赢、开放共享的原则基础之上。因此，交换行为不仅应体现经济学论域中的公平与效率，同时也体现着交换双方基于权利与义务所形成的道义联系。因此，彼得·科斯洛夫斯基强调：“公平交换原则或‘等值交换’原则不是经济规律，而是经济伦理学的绝对命令。”②随着等价交换原则的确立，人们将在市场经济模式中培育出新型的伦理观念。交易双方从公平交换中获取利益，并由此形成与市场经济规则相适应的道德情感。改革开放之后，市场经济的发展尽管进一步强化了农民致富求利的动机，

① 王德福：《乡土中国再认识》，北京大学出版社 2015 年版，第 9 页。

② [德]彼得·科斯洛夫斯基：《伦理经济学原理》，孙瑜译，中国社会科学出版社 1997 年版，第 197 页。

但这种追求“利益最大化”的心理并没有完全消解他们长期形成的秩序和纪律意识。在此次问卷调查中，半数以上的受访者表示，当有机会赚钱时，“会想尽一切办法赚钱，但会遵纪守法”，而选择“只要能赚到钱，其他的暂不考虑”所占比例极少。在选择“最重要的美德”时，“诚信”所占比例普遍较高。[①] 这些调查结果表明，良好的道德传统依然在一定程度上支配着市场经济条件下当代农民的行为选择。在绝大多数人看来，只有建立在诚实守信基础上的求利行为，才是符合道德规范并能获得良好道德评价的正当行为。

对于农民而言，在融入现代化市场经济体系的过程中，建立普遍信任是实现公平交易的内在要求，即由过去建立在特殊主义原则基础之上的传统乡村社会的信任转变为基于契约基础上的现代诚信。“契约通过对风险的限定而减少了信任建立的不确定性”[②]，随着陌生人之间交易活动的增多，为了规避风险，经济交往主要通过契约的方式保证交换双方的权利与义务互相平等，为彼此之间建立信任提供了法律保障。值得注意的是，农民群体的信任感仍然更多地存在于熟人之间，特别是在社会信用制度不健全的情况下，显现出“差序格局”的特点。这一问题，通常被视为我国当前市场经济发展中社会信用度偏低甚至出现诚信缺失现象的重要因素。

（二）文明适度的消费伦理

在乡村倡导量入为出的适度消费，既要反对极度节俭又要反对消费至上，寻求农民消费欲求与消费满足之间的“平衡”，构建农民适度文明的现代消费伦理观。

消费是社会再生产的重要环节之一。人们的消费行为总是受到一定社会生产力发展水平的制约并且是在一定的社会关系中进行的，因之，消费行为也就必然内含着一定的伦理关系和道德规范。消费者依据什么决定自己的消费需求，又以何种方式选择消费，其中都贯穿着消费者的道德价值观念。在普遍情况下，人们的消费水平和消费方式是与其个人和家庭的收入直接关联的。

---

① 在此次问卷调查中，认为“最重要美德”中“诚信”所占比例最高的有华宏村、王杰村和林屋村，分别为50.0%、47.3%、39.6%；所占比例较高（仅次于“勤劳”）的有西岭村、赵家湾村、辘辘村、下聂村，所占比例分别为32.2%、18.7%、23.1%、25.0%。

② 龚晓京：《人情、契约与信任》，《北京社会科学》1999年第4期。

根据国家统计局公布的数据,2005 年,全国农村居民人均纯收入 3255 元,农村居民家庭恩格尔系数(即居民家庭食品消费支出占家庭消费总支出的比重)为 45.5%。[①] 随着农村经济的发展,农民收入快速增加,生活质量进一步改善。到 2015 年,全国农村居民人均纯收入增加至 10 772 元,[②]恩格尔系数降到 37.1%。由此表明,改革开放以来,乡村经济的发展带动了农民消费水平的提高和消费结构的变化。随着农民收入水平的显著提高和购买能力的增强,农民除了衣、食、住、行等基础消费,文化教育、医疗保健、休闲娱乐等享受型消费也逐渐成为农民消费结构中的重要组成部分,消费结构趋于优化。

值得注意的是,乡村居民在消费观念转变的同时,依然秉持着勤劳节俭、理性务实的优良伦理传统。物质消费上的理性适度和精神消费上的健康文明成为当代农民消费伦理观的主流。在问卷调查中,大多数受访者在对家庭支出上持有“该花的花,不该花的不花”的态度。农民在购买商品时能够精打细算,讲求实用性,不盲目消费;日常饮食的选择虽注重食材品质,但不铺张浪费;服饰更换频率不高,讲求物美价廉的心理意识较为普遍;生活用品使用周期较长,能修补的会修补后继续使用;经济开支能量入为出,从长计议,储蓄热情高。

第三节
改革进程中的乡村生态伦理

改革开放以来,伴随着技术的进步与产业结构的调整,我国乡村社会的农业生产方式以及与之相联系的农民生活方式发生了巨大的转变。随之而来的,是人们越来越难以控制自己在生产生活过程中对乡村生态环境的深远影响。

① 中华人民共和国国家统计局:《中华人民共和国 2005 年国民经济和社会发展统计公报》,中国政府网,2006 年 2 月 28 日,http://www.gov.cn/gongbao/content/2006/content_253029.htm。

② 中华人民共和国国家统计局:《中华人民共和国 2015 年国民经济和社会发展统计公报》,中国政府网,2016 年 2 月 29 日,http://www.gov.cn/xinwen/2016-02/29/content_5047274.htm。

一、乡村生存方式的转型与生态环境的变迁

人类与环境之间是一个双向互动的过程。人们的生存方式随着与自然斗争的物质生产实践和生活实践不断地发展和变化，以何种方式生产和生活直接受到当地生态环境资源和条件的制约。与此同时，人们在一定生态伦理观念的支配下所进行的生产劳动和日常生活又对周围的生态环境产生深远的影响。

（一）传统的乡村生存方式与生态环境

“产品交换是在不同的家庭、氏族、共同体互相接触的地方产生的……不同的共同体在各自的自然环境中，找到不同的生产资料和不同的生活资料。因此，它们的生产方式、生活方式和产品，也就各不相同。”①自然环境的差别决定了人们生产和生活方式的不同。在传统的乡村社会，农民根据已有的生产经验，“在通过眼睛和手所达到的与自然更密切的交往中，人学会了去引导自然”②。村民们的劳动生产效率十分低下，通过投入大量劳力所获得的农产品和手工制品仅能维持自身的基本生活与简单再生产，而很少与社会进行商品交换。简单而落后的生产工具决定了农业生产受自然环境的影响较大，也决定了人们农业生产劳动的辛苦特色。

在传统社会里，生产力水平的低下和物质生活的匮乏使农民的生活维持在温饱水平的边缘，人们追求的仅仅是满足基本生存需要的消费。“自然是通过对其服从而被战胜的。学到的事物引起了人的整个生活方式和对周围世界态度的改变。”③人们意识到通过日常劳作来增加物质财富是有限的，便产生了节俭的消费意识，拒绝任何形式的浪费。“‘自给自足’是典型的消费方式，人类开始以自然界为对象进行生产活动，消费方式随之发生历史性变化，人对自然是顺应和利用的关系。”④由此见之，在以自给自足的农业经济为主的农业社

① 《马克思恩格斯文集》第5卷，人民出版社2009年版，第407页。
② [德]汉斯·萨克塞：《生态哲学》，文韬、佩云译，东方出版社1991年版，第7页。
③ [德]汉斯·萨克塞：《生态哲学》，文韬、佩云译，东方出版社1991年版，第3页。
④ 曾建平、代峰：《消费与文明：生态时代的审视》，《光明日报》2009年8月25日。

会中，自然生态环境的优劣直接关系到农民的生存方式。人们在经年累月的农业生产生活实践中逐渐认识到生产生活行为应当遵循自然生态法则，强调人与自然之间保持和谐共生的关系。在这些经验与心得的基础上逐渐形成的生态伦理观，使传统的乡村呈现出一种环境友好型生产方式和绿色环保的生活方式，对于维持农业生态系统平衡具有至关重要的作用。

第一，"天人合一"的生态自然观。儒家生态伦理思想主张人与自然之间应当维持天人合一的关系。"天人之际，合而为一，同而通理，动而相益，顺而相受，谓之道德"，即人与自然之间的和谐统一。在儒家看来，人是自然界的一部分，天地人三者共存于同一生态系统中，人与自然界的关系应当是和谐友善的。因此人们在实践活动中要顺应和利用自然界，按照自然界的客观规律办事而不能任意行事。此外，儒家遵从"仁爱"思想，把道德关怀从人类社会扩大到自然界，要求将仁爱精神以敬畏自然、爱惜自然的方式体现出来。如孔子所说，"智者乐水，仁者乐山"（《论语・雍也》），古人寄以"仁爱"的道德情感对待自然界，从而实现人与自然的和谐共处。

第二，"众生平等"的生态平等观。佛教认为，宇宙万物之间是相互关联、相互支撑的状态，人类社会与自然环境是不可分离的有机整体。建立在"万物皆有佛性"的认识观上，佛家把众生平等作为重要的道德原则，强调世间所有生命甚至非生命存在，虽然外在表现形式千差万别，但本质是平等无差的。在此基础上，佛家强调慈悲的处事精神，强调面对众生，都应保持平等、普遍的怜悯与慈悲，强调应该尊重与善待一切存在者。因此，在人与自然关系的认识上，佛家生态伦理思想强调的是生命主体和生存环境之间互为统一的关系，它们相辅相成、密不可分。人不能凌驾于自然之上，更不能不加限制地掠夺自然界的一切，破坏世间万物的生存环境。正如方立天教授在总结佛教思想中的生态伦理思想时所说："个人、人类和社会都不是独立存在的，而是与自然紧密相联的关系存在。损害自然，就是损害人类自身；破坏自然，就是破坏人类自身的存在。由此还昭示我们：如何防止人为的生态破坏，如何维护正常的生态平衡，如何完善相关条件、因素以利于生态提升，是人类应尽的职责，也是人类保护自身应尽的职责。"[①]为了践行众生平等这一生态伦理思想，佛教提出不要杀生、吃素

① 方立天：《佛教生态哲学与现代生态意识》，《文史哲》2007年第4期。

食、放生、爱护环境等行为准则，以此表达对万物存在的爱护与尊重。

第三，“道法自然”的生态道德观。道法自然，是道家生态伦理思想的理论基础。“道生一，一生二，二生三，三生万物。”（《道德经·第四十二章》）道家强调道生万物，天人同源。“道”是万物的本源。人只有按照“道”行事，才能得以生存与发展。在处理人与自然的关系上，道家认为人与万物有着同等的价值，坚持人与自然环境和谐共处的原则，认为人类不得违反自然界的客观规律，要顺应自然界的发展模式。因此，道家生态伦理思想主张人们要控制从大自然获取私利的欲望，反对以肆意妄为、无限掠夺的方式对待自然万物；要求人们要合理利用自然资源，尊重自然、爱惜自然。道家提倡崇俭抑奢的生活消费观，强调人在消费中把握度的原则，注重生存的和谐状态，节制自己的欲望，减少对奢侈生活的追求，只有节俭才能够让自己的生存空间更加广阔。

（二）现代乡村生存方式与生态环境

改革开放以来，我国乡村社会正处在由传统农业向现代农业发展的转型加速期。伴随着技术的进步与产业结构的调整，农业生产方式以及与之相联系的农民生活方式发生了巨大的转变，乡村生态环境也随之面临着前所未有的挑战。

1. 乡村生存方式的现代变迁

党的十一届三中全会后，受农村经济改革的影响，我国乡村的生存和生产方式也发生了显著改变，现代化乡村生存方式代替了以家庭为单位、自给自足的生存方式；农药、机械和化肥等现代化的生产方式代替了简单的传统生产工具。农业生产工具、技术和条件的改善，增强了农业生产抵御自然灾害的能力，使农作物单位面积产量提高，为农民增收提供了重要的保障。城镇化的发展和乡镇企业的大量涌现使一部分农村居民逐渐离开土地转向工业、服务业等非农产业。农民在工厂和企业里完成了向工人的角色转变的同时，生活方式由传统乡村型向现代城市型转变。乡村经济的快速增长使农民生活质量显著提高，由解决温饱问题向追求富裕幸福的生活需求转变。一方面，农民收入的大幅度增长为消费水平的提高奠定了物质基础，吃、穿、用、住、行等方面的支出比重均发生了显著变化；另一方面，教育、文化、娱乐消费需求日益增加，丰富多样的精神生活使农民的幸福感不断增强。

2. 乡村生态环境的问题呈现

随着现代农业的发展和科学技术的渗透，生产劳动在实现人与自然的物质变换并不断满足人们需要的同时，人们的现代化生存方式已经越来越难以控制自己在生产生活过程中对生态环境的深远影响。“人类不断运用各种技术工具和机器来放大、延长或替代自身的器官、功能和活动，不断利用技术或技术物来超越自然和自身的局限，使人类逐渐摆脱了前工业文明时代主要依赖自然物质资源（尤其是动植物资源）而生存的自然化生存状态，并走向了主要依赖技术或技术物而生存的技术化生存状态……”①从此，农业生产活动不再单纯地以扩大规模增加产量为目标，乡村居民的生活消费也不再是单纯地满足必要的物质和精神需要，无节制的生产方式和消费方式必然导致农业生态系统遭受巨大破坏，乡村生态环境问题日益凸显。

目前我国乡村生态环境问题主要源自三个方面。一是农业生产污染。农业生产活动对于人类社会的作用是双向的，化肥、农药、大棚、农膜等生产技术的广泛运用，大大促进了农业产量的提高，很大程度上缓解了全球粮食危机。然而，这些化学投入品对乡村生态环境的破坏同样不容忽视。据联合国粮食及农业组织（FAO）的统计数据显示，2008—2013 年我国年均化肥施用总量是美国的三倍，几乎相当于排名前十位的其他国家的施用量总和。农业生产过程中化肥的大量使用致使农田土壤遭受各类重金属、放射性物质的污染和侵害。加上农药、人工激素的滥用导致土壤板结、硬化等现象的出现，严重影响乡村的生态环境。不仅如此，农业生产活动中产生的污染物，通过地表径流、地下渗漏和挥发等途径不仅引起了水体、土壤和大气的污染，还严重危害人体健康和农业、乡村的可持续发展。二是乡镇企业污染。自改革开放以来，发展迅猛的乡镇企业为乡村经济增长和农村剩余劳动力的转移做出了巨大贡献。然而大多数乡镇企业仍维持在高投入、低产出、低质量、重污染的粗放型发展模式，很少考虑“三废”治理和环境保护。原有的乡村生态环境遭到严重污染和破坏，农民的身体健康也受到极大的威胁。工业废水直接排到农田里和下

---

① 蒋国保：《从技术化生存到生态化生存——人的生存方式的当代转向》，《南昌大学学报》（人文社会科学版）2012 年第 3 期。

渗到地下水中,造成了水体污染,严重影响农田作物的生长;工业废气直接排入大气,污染了空气,严重影响农民生活的环境;工业废渣直接排入河流,造成水生物大量死亡,严重影响乡村的水资源。2010 年《第一次全国污染源普查公报》显示,乡镇企业发展造成的如化学需氧量、氨氮、石油类、挥发酚、重金属,严重威胁着乡村的水资源和生态环境。[①] 三是生活垃圾污染。随着乡村居民生活消费方式的转变,乡村生产生活所产生的垃圾数量和种类与日俱增。然而很多垃圾按照传统的方式难以处理,又因垃圾回收设施不足,大量可回收生活垃圾未能得到有效回收,造成了乡村垃圾随意丢弃的现象比较严重。河流、路边、野地成了集中放置点,不但污染了土壤,而且使得地下水也受到了严重污染,乡村生态环境受到不同程度的破坏。

二、经济理性与生态理性的博弈

(一)经济理性的生长与乡村生态危机的出现

西方现代经济学鼻祖亚当·斯密在《国富论》中提出了"经济人"假设,认为每个经济主体都是"理性"的"经济人",为了追求私利总是按照经济理性的原则,从诸种可能的经济行为中选择预期会导致其效用最大化的行为。所谓经济理性,指的是社会经济生活中人们以经济效用最大化为指向,力图以最小代价获得最大福利的理念和行为。在经济理性的支配下,经济主体通过理性计算和资源配置,对成本和收益进行量化的比较分析。当成本固定,人们尽可能使收益最大化;当收益固定时,人们尽可能使成本最小化。法国生态学马克思主义者安德烈·高兹认为,经济理性突破了"够了就行"的原则,崇尚"越多越好"的原则,[②]利润最大化的实现是其生长的内在逻辑。经济理性假设的提出对之后的西方经济学思想体系影响深远。正是以经济理性为起点的西方经济学,极大地促进了资本主义的发展和工业文明的兴盛。

---

① 中华人民共和国环境保护部、中华人民共和国国家统计局、中华人民共和国农业部:《第一次全国污染源普查公报》,国家统计局官网,2010 年 2 月 6 日,http://www.stats.gov.cn/tjsj/tjgb/qttjgb/qgqttjgb/201002/t20100211_30641.html。

② André Gorz: *Critique of Economic Reason*, London and New York: Verso, 1989, p.109.

然而遗憾的是，在推动经济飞速发展的同时，经济理性一味地强调经济诱因对行为主体的影响，而忽视行为主体的行为对外界产生的后果，逐渐显露出绝对化、片面化的特质。在经济理性的支配下，人们借助现代科技的力量对自然界采取无限制的宰制和掠夺，严重破坏了生态环境。

第一，经济理性片面追求经济利润，破坏乡村生态环境。正如马克思在分析资本主义剩余价值的生产时所说："支配着生产和交换的一个个资本家所能关心的，只是他们的行为的最直接的效益……销售时可获得的利润成了唯一的动力。"①经济理性使利润成为衡量和评价生产的唯一标准和目的。为此，从自然界获取的资源不断地投入到生产中，使"自然界（不管是作为消费品，还是作为生产资料）服从于人的需要"②。在这种绝对经济理性的支配下，人们进行了大量的以利益最大化为目的的短期行为，经济的增长被片面地归结为物质财富的增加，从而形成了以单纯的经济增长为目标的单向度的发展观。为获取经济的无限增长，人们不惜以破坏和牺牲环境为代价，无节制地索取自然资源和无限制地向环境排放工业废弃物，使自然界本身的自净功能越来越难以承载过量的工业垃圾。于是，无限扩张的劳动生产与自然资源的有限性之间的矛盾所引发的乡村生态危机不可避免。

第二，经济理性引致消费异化，加剧乡村生态恶化。经济理性的内在逻辑不仅要求不断追求生产规模的扩张，而且要求不断地扩大消费，刺激和纵容全社会的消费欲望，制造人们生存本不必要的虚假需求，从而实现生产扩张和利润实现。人们为了满足自身的消费欲望和虚假需求，进行挥霍性的浪费而从不考虑资源的开发和利用是否合理。在经济理性的支配下，人们从为了消费而生产转变成为了生产而消费，消费目的已不再是为满足人们生活持存的基本需求，而是挥霍性的消费。这极大地消耗了自然资源，而大量的生活废弃物又严重地污染了乡村生态环境。

（二）经济理性到生态理性的现代转向

工业文明以来，经济理性以其自身优势推动了社会发展，但是经济理性的

① 《马克思恩格斯文集》第 9 卷，人民出版社 2009 年版，第 562 页。
② 《马克思恩格斯文集》第 8 卷，人民出版社 2009 年版，第 91 页。

片面发展暴露出其自身合理性的限度。马克思在批判资本逻辑时，深刻揭示了经济理性的限度。“以资本为基础的生产……就要探索整个自然界，以便发现物的新的有用属性……采用新的方式（人工的）加工自然物，以便赋予它们以新的使用价值。”[①]在资本逻辑的驱使下，自然界沦为了资本增值的工具。同时资本增值的无限性又决定了对自然界在利用过程中的破坏是无止境的。当经济理性的无限伸展引发的生态问题到达一定程度时，人类生存危机随之而来。在这一现实背景下，生态理性的概念应运而生。

安德烈·高兹最先提出了生态理性的主张。在他看来，当今社会日益严重的社会和生态危机是由经济理性造成的，而摆脱危机的必由之路则是重建生态理性。高兹指出，生态理性是一种不同于经济理性的理性，它能够使我们意识到经济活动效用的有限性，在生产超出特定的限度之后，它创造的价值远不及它所造成的破坏。[②] 生态理性扬弃了经济理性片面性地关注人的价值和自然界对人类经济活动的使用价值，提出了对自然界内在价值的同样关注。生态理性追求的是个人利益与整个生态系统利益相统一的整体性原则，从而指导人类的任何经济活动控制在自然界所可承受的范围内，最终实现人与自然和谐相处的状态。

当然，对于经济理性的批判并不意味着对其彻底的否定，而是为避免经济理性的无限扩张而导致生态危机进行必要的扬弃。更重要的是，当人们逐渐意识到经济发展与生态保护是人类生存发展的双重必要条件时，发展生态理性被提到了前所未有的高度。如前所述，在以利润为动机的经济理性的支配下，经济活动的可持续性无法得到保证。“任何迅速强化的生产体系，又会产生一个两难的选择：由于每单位时间内生产能量投入的增加，都会打破原有生态环境的平衡，在导致资源枯竭和生态环境发生重大变化的同时，亦带来了生产效率的下降趋势。”[③]为此，控制经济理性，使其从属于以保护生态为动机的生态理性成为社会发展的必然要求。换言之，只有以生态理性引导经济行为，为经济理性提供边界和制约，才能确保人类社会得以可持续性发展。此

① 《马克思恩格斯文集》第 8 卷，人民出版社 2009 年版，第 88-89 页。

② André Gorz：*Ecology as Politics*，Boston：South End Press，1980，p. 16.

③ 陈庆德：《经济人类学》，人民出版社 2001 版，第 215 页。

外，为了使经济理性从属于生态理性，在经济活动中必须转变“更多更好”的经济理性原则为“更少更好”的生态理性原则。“当人们逐渐认识到更多并不肯定意味着更好，薪水更高和消费更多并不肯定带来更好的生活时，当人们有比收入更重要的需求时，人们才可以消除经济理性的制肘。”①

三、环境治理与乡村生态伦理之建构

经济理性到生态理性的现代转变为人类的生存与发展提供了基本的价值指向，即以保护生态环境为前提，促进经济的可持续性发展，实现人与自然的和谐共处。“绿水青山就是金山银山。”中国是一个农业大国，乡村的土地面积以及人口数量占全国的绝大多数。乡村环境保护和建设，不仅直接影响到广大农民的身心健康和生活质量，对于乡村经济的持续健康发展乃至国家和社会的持续性发展同样至关重要。当前，随着乡村经济的发展和农民生活水平的提高，日趋严重的环境问题已经成为乡村生产发展和农民生活质量提高的巨大阻力。因此，建构以生态理性为导向的环境治理与预防机制势在必行。

（一）强化乡村环境治理的制度支撑

1. 完善乡村环境保护制度

当前，我国乡村环境保护制度虽然已经取得了许多成就，但其不足之处仍然不容忽视，因此为确保乡村地区环境保护工作的顺利开展，就需要根据具体的乡村发展状况，完善环保的相关法律体系。首先，完善立法机制。近年来我国针对乡村环境保护已经出台了许多相关的法律法规，如《中华人民共和国土壤污染防治法》及《农村环境保护条例》《农业废弃物处理与利用促进条例》《地下水保护管理条例》等，但依据地方差异和具体破坏程度所制定的法律法规并不健全。因此地方政府应根据具体存在的环境污染问题，制定针对性和可操作性更强的环境保护法规。对于环境污染严重，造成不良后果的单位或个人，加大处罚力度，使得污水处理费、垃圾收运费等环保收费有法

① André Gorz：*Critique of Economic Reason*，London and New York：Verso，1989，p. 116.

可依。其次，完善生态补偿机制。通过采取行之有效的生态补偿机制，坚决做到谁污染，谁补偿；谁保护，谁受益。对开发利用自然资源以及破坏生态环境而导致生态价值受损的单位或个人，须要求其负责经济补偿。只有坚决做到公平才能从根本上维护生态系统的良性发展，才能真正实现人与自然的和谐相处。

2. 加强乡村环境监管制度

完善乡村环境监管制度是保护乡村环境的有力保障。首先，建立全方位的监管体系。在监督管理中，政府相关环境保护部门应处于核心地位，同时邀请社会多方力量参与环境的监督管理。招入广大人民群众和社会环境保护组织加入环保阵营，增加环境保护的成员力量，从而为全方位做好环境保护监管工作提供社会力量的支持。其次，建立环境保护问责制。我国乡村环境监管往往“事后追惩”，在环境问题出现后再进行事后补救工作，而忽视了对潜在的环境风险的评估及有效控制。因此，建立环保问责制，不仅可以有效地规避农村建设中潜在的污染问题，还可以防止因失职、玩忽职守等行为所造成的污染事件，规范各级政府的行为。

（二）引导乡村经济的生态转向

日本学者岩佐茂在分析全球性的生态危机时指出，这一现象正是“由‘大量生产—大量消费—大量废弃’的现代生产生活方式直接造成的”①。要想治理和保护乡村生态环境，首要的是改变高消耗、高污染的生产、生活方式为低污染、少浪费的绿色生产、生活方式，从而达到节约资源、保护环境、增长经济的目标。

第一，转变生产方式，实现绿色生产。在农业生产全过程中，通过生产和使用对环境友好的“绿色”农用化学品（化肥、农药、地膜等），改进农业生产技术，减少农业污染的产生，减少农业生产及其产品和服务过程对环境和人类的风险。它并不完全排除农用化学品，而是在使用时考虑这些农用化学品的生

① 王建辉：《论两种“生态文明”之殊异——岩佐茂生态社会主义思想述评》，《国外社会科学》2008 年第 5 期。

态安全性，实现社会、经济、生态效益的持续统一，促进农业的可持续发展。[①] 在乡镇工业生产过程中，通过对产品、工艺、物料以及设备的改进，从而降低能源消耗、物质资料消耗。为减少化工废物对自然环境所造成的破坏，应积极推广清洁生产、少废或者无废生产、循环利用等现代技术，促进乡镇企业的可持续化、生态化发展。第二，转变生活方式，实现生态消费。随着乡村经济的发展和城乡交流的频繁，农民也开始追求消费时尚而不顾自然资源的严重浪费。因此有必要改变现有的消费方式，树立绿色消费理念，实现生态消费。在消费过程中，人们应当以节约资源为荣，以浪费资源为耻；以保护环境为荣，以污染环境为耻。只有合理的生态消费，才是促进社会可持续性发展的消费。

（三）提升乡村生态伦理的道德认同

“如果我们想在环境问题的挑战面前有所作为，最重要的是认识到科学和伦理同样重要。”[②]从伦理的维度看，培育农民的生态道德意识，提升乡村的生态伦理道德认同是治理和预防环境问题的积极态度和根本途径。当前，农村生态环境恶化对农民的生存发展构成严重的威胁，然而其中的诸多问题又缘于农民的生态道德认知水平有限以及生态环保意识淡薄。因此，农民生态道德意识的培育工作显得必要而紧迫。

生态道德教育是农民生态道德意识培育的重要手段之一。生态道德教育的目标是培育农民形成一种科学的生态价值观，正确认识人与自然的关系，从而帮助农民树立对自然环境的道德责任感，使保护环境成为农民的一种生活方式。生态道德教育可以充分利用村委广播、条幅、标语和村务信息公开栏等形式，有规律有计划地向村民宣传生活和农业垃圾分类处理知识、政府的环保政策等，引导农民树立科学的生态观，形成爱惜乡村生态环境、保护乡村生态环境的意识和行为规范。

生态道德实践是农民生态道德意识培育的又一途径。从马克思主义的实

① 汪真：《农业清洁生产和可持续农业》，《福建农业》2002 年第 6 期。

② ［美］戴斯·贾丁斯：《环境伦理学：环境哲学导论》（第三版），林官明、杨爱民译，北京大学出版社 2002 年版，第 11 页。

践观出发，活动参与中的道德认同，应当是人们将某些共同的信念、理想、原则、目标作为自己的价值观念并在社会实践活动中自觉践行。因此，提升农民的道德价值认同必须诉诸农民的实践活动。农民的生态道德实践，最主要的就是要让他们把生态道德意识落实在日常的生产和生活中。首先，从家庭做起，合理消费、节约用水、垃圾分类、废物利用；其次，维护乡村的干净整洁的环境。乡村是村民生活和娱乐的主要场所，良好的乡村环境有利于激发农民的环保意识。

第四节
社会转型期的乡村治理伦理

伴随着城镇化进程的不断加快，传统的乡村礼治秩序已难以处理市场化条件下愈加复杂的乡村利益关系和矛盾，致使乡村治理面临着新的挑战。因此，分析当前乡村治理中存在的伦理问题并提出有针对性的解决路径，从而构建切实可行的乡村治理的伦理范式是必要且迫切的。

一、乡村治理模式的变革与创新

自 1978 年改革开放以来，我国乡村治理改革经历了从人民公社解体到村民自治、乡政村治的创立与发展，再到乡村公共治理的转变。

（一）“村民自治”模式的兴起

20 世纪 70 年代末期，在权力高度集中的“政社合一”的人民公社制度下，作为生产经营主体的农民地位被“虚置”，严重挫伤了农民的生产积极性。直至改革开放后，伴随着家庭联产承包责任制在全国范围内的推行，农民获得了经营自主权，生产积极性被极大地调动起来，乡村经济水平得到了很大的提高。“家庭联产承包责任制的实行使人民公社集体经济及其经营管理方式发生了重大的改变，乡村的非集体化、分散化及非政治化等等使传统的治理方法丧失效能。”[①]家庭联产承包责任制的普遍实行，逐渐瓦解了“政社合一”模式，更提升了农民的自主意识，为村民自治的产生提供了有主体性的农民。

1980 年，广西壮族自治区河池地区宜山县三岔公社合寨大队的农民们自发创建了一种新的村庄管理组织形式——村民委员会。为了治理农村治安不良、公共设施失修、水利设施无人维护等现象，村委会讨论通过村规民约和封山公约，使社会治安大大好转。此后，村委会的职能进一步扩大为对基层农村生活的全方位管理，逐渐成为群众性的自治组织。1982 年村民委员会作为农村基层群众的自治性组织获得了法律地位并迅速推广至全国。1987 年《中华人民共和国村民委员会组织法(试行)》规定“村民委员会是村民自我管理、自我教育、自我服务的基层群众性自治组织”。通过十年的实践及其经验总结，1998 年通过的《中华人民共和国村民委员会组织法》使得村民自治制度不仅有了实践基础，同时也有了法律依据。

村民自治是农村经济体制深刻变革与村民主体地位提升的必然的历史进程和实践成果。实行村民自治制度以后，由于村民代表会议制度的不断完善，村民逐步获得了与切身利益相关事务的参与权，并共同制定了乡规民约和村民自治章程等行为规范。村民遵守这些自治章程的积极性与自觉性也大大提高。村级民主选举的真正落实，一批能力强且威望高的村民被推选进村委会领导班子，村干部的整体素质得到了明显提升，也使村委会工作获得了广泛的群众基础。因此，那些之前普遍存在的“事难办、人难管、干部难当”等问题，在村民自治的落实过程中，都得到了较好的解决。与此同时，由于村民自治强调村民的独立性和自主性，村民群众可以依法办理自己的事情，增强了村民的民主意识和法治观念。因此，村民自治成为提升乡村道德素质的重要渠道。

(二)“乡政村治”模式的发展

随着国家的民主化进程日益加快，原有的“政社合一”的治理模式已经逐渐被“乡政村治”模式取代。“乡政”是指国家为对农村地区进行行政管理，而在乡镇一级设立了最低的政权组织；“村治”是指以村民委员会为核心，乡镇以

---

① 项继权：《集体经济背景下的乡村治理：南街、向高、方家泉村村治实证研究》，华中师范大学出版社 2002 年版，第 155 页。

下的村庄实行村民自治。因此,建立在村委会制基础上的“乡政村治”,具有一定的集权性和高度的民主性,既维护了国家权威和乡村社会的稳定,同时保障了农民的基本权利。

“乡政村治”的兴起与发展,是改革开放以来乡村经济社会发展和社会全面进步的需要,同时进一步促进中国乡村经济社会的发展,也形成了这一治理模式下新的特点。

第一,乡村治理主体的意识转变。一方面,随着我国市场化改革的深入,市场在资源配置中的作用越来越大,乡镇基层政府逐步学会运用市场手段进行乡村治理,由“管理型”向“服务型”转变,为基层农民群众服务已经成为干部们和机关对自己的基本定位。另一方面,随着市场经济以及“乡政村治”的发展,农民逐渐成为完全独立自主的市场和社会主体。“现代性”日益成为当前农民新的特点,他们不仅获得了民主权利,同时也日益追求现代的生活方式。具体来说就是农民在参与民主选举、管理、决策、监督以及进行自我服务、教育、管理等方面的意识与能力不断加强,为实现良好的乡村自治奠定了基础。

第二,乡镇政权职能的蜕变。在具体的乡村治理实践中,国家仍然需要通过基层行政力量从乡村提取资源。但对乡村社会资源的过度汲取,特别是“三提五统”在内的各种“集资收费”增长迅速,“到税费改革前夕,全国农民直接承担的税费负担总额约 1 200(亿元)~1 500 亿元左右,其中农业税收总额 400 亿元左右,其他全都是各种收费”①,大大加重了农民的负担。由于不堪重负,干群关系非常紧张、群体性抗税事件时有发生,乡村基层政权面临着政治合法性危机。国家为了解决乡村社会的治理性危机于 2003 年进行了税费改革,并于 2006 年全面取缔了全国农业税。然而,这些技术性的变革只是暂时性地缓解了乡村社会的治理危机,由于缺少社会基础等方面的协同变化,农村社会在后续的发展中又出现了诸多问题。由于国家权力总体上逐渐退出乡村社会,削弱了基层政权的治理功能,导致乡镇基层政权由“汲取型”转变为“悬浮型”。这种消极和无作为的“悬浮型”乡镇政府与村民之间的联系日渐疏远,给乡村社会秩序的维系带来诸多负面影响。由于缺少“乡政”的必要监督和指

---

① 周飞舟:《从汲取型政权到“悬浮型”政权——税费改革对国家与农民关系之影响》,《社会学研究》2006 年第 3 期。

导，许多地方的村民自治变成了“村霸治村”，黑恶势力甚是猖獗，这给乡村社会发展与稳定带来了极大危害。

第三，“乡政”与“村治”的博弈。从“乡政村治”制度设计的初衷和目标来看，乡镇政府与村民委员会之间的关系应该是一种由乡镇政府指导村民委员会的协助关系，然而实际的运行状况却并非如此。乡镇政府为了让村民自治组织更好地完成政务，必然要干涉村民自治组织的运行，而村委会既要管理村务又要完成政务，且没有相应的财政支持，最终使两者之间异化为“领导与被领导”“支配与被支配”的关系。这势必造成村干部对乡镇政府的过度依赖以及村民委员会的“行政化”。“主动行政化”和“过度自治化”成为村委会所表现出的两种状态：要么只顾盲目完成乡镇政府所下达的任务和指标，而忽略了自身在村民自治方面作用的发挥；要么抵制政府干预，拒绝接受指导，将村庄与基层政权相隔离，严重妨害了乡村治理的有序进行。

（三）乡村共治的形成

改革开放以来，“乡政村治”模式使得村民自治能够与国家管理有机结合在一起，然而这种治理模式在实施过程中并没有实现灵活高效的运转，无法真正发挥村民自治的作用和功能。与此同时，在农业转移人口大量流入城市和农村“空心化”严重的时代背景下，村民自治更面临“自治主体缺位”的尴尬境地。单向度的管理方式已不能适应农村的客观形势，乡村治理模式正悄然向以政府为主导的多元共治格局转变。党的十六届六中全会提出，为应对村民自治的现实缺陷，要进行农村社区建设。新型农村社区，是将原有的行政村拆迁之后，统一设计、规划和建设的全新的社会生活共同体。所谓农村社区治理，是指在农村社区的范围内，由政府、村民、村办企业、农村社会组织等主体共同参与管理社区公共事务的活动。党的十八届三中全会明确提出要“统筹城乡基础设施建设和社区建设，推进城乡基本公共服务均等化”。运用这种新的治理模式来建设社会主义新农村，使政府、村民、农民各组织单位都可以在乡村治理中发挥重要作用。

多元共治改变了传统政府对乡村社会的垂直管理，使乡村社会内部的多种组织力量在乡村社会各领域形成横向互动的治理结构。在政府的指导下最大限度地实行多层次的乡村治理，有其独特的优势。一方面，在这种治理模式下，通过政党领导和政府指导，依靠多元治理、协商合作共同致力于乡村社会诸多问题的解决，“不仅可以减少政府垂直控制农村社会的成本，减少政府行政管理失范，也能激发乡村社会内部的自主性和活力，重新确立国家与乡村社会之间的双向互动关系”①。另一方面，随着村民主体意识的不断提升以及基层自治组织和其他社会组织的发育与成熟，村民及乡村社会自组织在乡村治理活动中的主体地位越来越凸显。“在民主的语境下，广泛的社会认同既是国家行为具备合法性的基础，也是树立国家权威的‘社会之必要’。”②多元共治模式正是顺应了乡村社会的发展趋势，为基层政府、村民以及乡村社会自组织之间构建起良好的互助合作的关系，从而维护了乡村社会的稳定，增强了国家权力的合法性权威。

最近的十几年时间，我国的村民大会、村民代表大会、村务监督工作等制度逐步完善，个别地方还设立了村民主恳谈会、乡贤参政、乡村重大事项协商等制度，使多元治理的理念不断深入村民心中，初步形成了多元主体参与的乡村治理机制。社会管理体制的改革和发展，不仅有助于提升乡村的自治力与整合力，也是破解现代化乡村治理中自组织涣散、民主协商不足等难题的有力途径。乡村共治的治理模式在以政府为主导，多类型、多方面的社会力量共同协作的情况下得以实现。

二、现代乡村治理伦理的主要特征

当前，我国乡村治理的环境发生了巨大改变。为此，党的十九大报告提出，“坚持农业农村优先发展，按照产业兴旺、生态宜居、乡风文明、治理有效、生活富裕的总要求”；党的二十大报告指出的“全面推进乡村振兴”“加快建设农业强国，扎实推动乡村产业、人才、文化、生态、组织振兴”，为振兴乡村指明了方向，也对乡村治理伦理提出了更高的要求。

---

① 吴家庆、苏海新：《论我国乡村治理结构的现代化》，《湘潭大学学报》（哲学社会科学版）2015年第2期。

② 何植民、陈齐铭：《中国乡村基层治理的演进及内在逻辑》，《行政论坛》2017年第3期。

（一）以民为本的乡村治理目标

随着乡村治理体制的变革和乡村社会制度的变迁，乡村治理逐渐实现了从被动管理型向积极服务型的转变，“以民为本”成为乡村治理的现实必然和价值指向。马克思认为，人民群众是一切社会历史的创造者和推动者。因此，一切社会历史活动应该以实现广大人民群众的生存和发展需要为根本追求，最终致力于人的自由而全面的发展。在乡村治理中坚持以民为本的理念，有利于村民在共治共享中提升获得感，从而实现其自由全面的发展。换言之，肯定农民在社会历史发展中的主体地位，为乡村社会和农民提供公共服务，尊重和实现农民基本的社会权利，使农民成为乡村社会治理的主体和直接受益人，既是实现乡村治理现代化的重要任务，也是探索乡村治理伦理建设的最终目标。

以民为本理念贯穿于现代乡村治理的始终，意味着一切治理活动应以提升和满足农民的物质需求、精神需求和社会需求等为目标。在经济发展方面，大力支持乡村经济的现代化发展，优化乡村产业结构，逐步提高乡村居民的收入，缩小城乡差距；在政治制度方面，规范村级制度，疏通乡村居民的诉求渠道，确保治理环境的公平和正义，推动乡村自治的规范有序；在文化建设方面，重视乡村居民的精神文化需求，尊重和保护乡村居民的风俗礼仪和行为习惯，激励村民道德共识的建设，增强他们对乡村的归属感，满足他们对美好生活的向往；在社会治理方面，要逐步完善乡村的社会福利保障机制，提升村民生活的幸福感与安全感；在生态环境方面，优化乡村的绿色资源配置，治理乡村环境污染，美化村容村貌，使村民在清洁、美好的自然环境中健康、持续发展。

（二）公平正义的乡村治理理念①

让改革发展的成果更多更公平地惠及全体人民，是当前我国改革进程中强调的基本要求。伴随乡村生产、生活方式的多样化，农民的自主性逐渐增强，村庄社会的同质性不断减弱，各种不同的价值观念、情感认识、日常实践等涌入村庄，对传统乡村长期形成的稳定秩序构成了一定的冲击。在这一背景下，如何保障农民享有公平的经济权利和政治权利，如何实现乡村的正义秩

① 刘昂、王露璐：《乡村治理目标的伦理缺失与理性重建》，《伦理学研究》2018 年第 2 期。

序，成为乡村治理的现实要求。

第一，公平正义的现实要求需要保障全体村民能够有尊严地共享乡村发展的成果。“共享是公平正义理念在现代社会生活和公共秩序中的集中体现……强调人是发展的终极目的，社会应该让所有的人受益，消除贫困，让所有人享有平等的发展机会，以使他们能够获得充分和全面的发展。”[①]就我国乡村社会而言，生产资料公有制的建立保障了农民在经济地位上的平等，也使每一个农民不论其财富多寡都可以享有平等的政治权利。就一个村庄而言，一方面，应该保证全体村庄成员能够从村庄发展中普遍受益，共同享有村庄发展提供的利益，并有机会参与到乡村治理的实践中，实现自身应有的价值；另一方面，还应当注重对村庄弱势群体的保护，将村庄贫富差距控制在合理范围。通过各种有效的再分配政策，充分调节村庄成员的收入差距，增加最少受惠者的利益，“以‘利益补差’的方式补偿由于历史因素、先天因素及社会因素所造成的不平等，使已成为‘弱势群体’的农民获得共享社会经济发展成果的机会”[②]，让所有村民的生产生活都能得到有力保障，从而推进村庄整体协调发展。

第二，公平正义的现实要求还需要保障村民代际间的平等。乡村治理实践中，公平正义的现实要求不仅仅是对同代人之间的制约，还是对代际关系的规范。代际平等理念强调每一代人都应当具有属于自身时代的发展资源，当代人的发展不应该以牺牲下一代的资源为手段。在乡村治理实践中，通过过度开发资源来换取经济增长的做法打破了代际之间的平等关系，在本质上是对下一代合理利益的掠夺。符合公平正义要求的乡村治理必须始终以村庄的现实条件为基础，既不拒绝社会发展带来的机遇，也不片面追求眼前的物质利益增长；注重代际之间的平衡，合理利用村庄资源，将村庄发展控制在适度范围之内。

第三，公平正义的现实要求需要协调本村人口与外来人口之间的关系。在当前乡村工业化、城镇化、市场化的进程中，部分村庄出现了大量的外来人口，部分村庄有大量的人口外出。由此，如何处理村庄本地人口和外来人口、在村人口和在外人口之间的关系，也成为当前乡村治理中的重要问题。对于良性的乡村治理而言，公平正义的现实要求并非强调以绝对同一的标准对待

---

① 何建华：《共享理论的当代建构》，《伦理学研究》2017 年第 4 期。

② 王露璐：《新乡土伦理——社会转型期的中国乡村伦理问题研究》，人民出版社 2016 年版，第 180 页。

本村人口与外来人口，而是允许产生一种基于“差序格局”的“地缘优先性”原则①。其原因在于，乡村首先是长期生活在村庄的本村村民的乡村，其治理目标应首先围绕并实现这部分村民的根本利益，“地缘优先性”原则能够充分保障本村村民在乡村治理中的公平地位。当然，从理论上而言，“地缘优先性”原则并非乡村治理中协调关系和解决冲突最为合理的方式，但是，这一原则能够充分保障本村村民在乡村治理中的合理利益，有效增强村庄的内部凝聚力，从而弥补“地缘优先性”原则可能带来的风险和损失，进一步促进乡村治理的有序实施。需要说明的是，这里所谓的“地缘优先性”原则仅是针对部分乡村利益分配而言，在面对法律规范等正式制度时，无论是本地人口和外来人口、在村人口和在外人口都应该以同等的标准对待。

（三）礼法兼治的乡村治理路径②

党的十九大报告提出，“健全自治、法治、德治相结合的乡村治理体系”。在社会转型过程中，乡村治理制度伦理困境的解决，必须立足于新时代的乡村治理体系，在坚持村民自治的基础上，促使“礼治”与“法治”的不断融合。

礼治与法治将在相当长时期内呈现既共生又紧张的关系。就其共生性而言，一方面，在转型期的乡村社会，法律必然成为国家控制和管理社会最重要的工具和手段，礼治秩序则是乡村自治和自主运行在法律的规定范围内发挥作用。另一方面，礼治秩序仍有其存在的现实合理性和发挥作用的空间。现代法治导致规则与事实之间产生了明显冲突，其结果或是由于这些规则与具体生活事实无关，人们无视这些规则而导致其失效；或是以国家的名义将规则强施于各种特殊的事实，从而生硬地将一种所谓“普遍的”生活方式强加给处于不同境况中的人们。无论前者或后者，都会导致“书本上的法律”与“行动中的法律”两者之间的关系紧张。形式上的法律公正，也并不等于人们实际感受到的、获其承认的那种公正。就我国当前乡村的现状而言，东、中、西部发展极不平衡，以稳定性、普适性和原则性为特征的法律条文难以适应乡村社会的不断变化及其丰富的地方性特色。法律运行的高昂成本也使一些农民望而生

---

① 王露璐：《新乡土伦理——社会转型期的中国乡村伦理问题研究》，人民出版社 2016 年版，第 115 页。

② 王露璐：《伦理视角下中国乡村社会变迁中的“礼”与“法”》，《中国社会科学》2015 年第 7 期。

畏，导致法治秩序难以实现对乡村社会的全面控制；相反，礼治秩序因其“路径依赖”和低成本依然能够获得一定程度的认同。

就二者的紧张性而言，一方面，强行建构的法治秩序缺乏足够的认同基础，且遮蔽了礼治秩序应有的积极意义。中国传统礼法中的“法”与现代法治中的“法”有着截然不同的根源和特点。前者更多是维护共同体伦理认同和道德共识的形式原则，后者则是在预设个体利益优先的前提下以排除伦理制约的法律形式系统来协调个体间的利益冲突。农民所理解的公正和现代法律本身所能给予的公正之间存在着极大的隔阂。法律权威的不断强化不仅严重挤压了礼治秩序在乡村社会的生长空间，同时也并不能带给农民所期待的公平。另一方面，由于法律无法涵盖乡村社会生活的所有层面，这既为礼治秩序发挥作用留下了一定空间，也导致一些明显与法律法规或现代法制精神相悖的陋习得以继续存在并产生影响。尤其是在一些欠发达地区和少数民族地区，一些地方风俗、村规民约甚至封建愚昧之“礼”，对农村民事甚至重大刑事案件的处理均有负面影响。

在了解乡村社会礼治秩序和法治秩序的历史变迁和现实境遇的基础上，我们既不能希冀以“礼”拒“法”，试图通过乡村礼治传统的全面复归而拒斥国家正式法律的介入和作用，也不能一味强调以“法”代“礼”，使法治的强行推行因缺少民间土壤而丧失其应有的社会基础和权威地位。易而言之，一方面，传统礼治秩序建立于等级制之上的“亲亲尊尊”和“有别”的价值标准与道德评价，是法治秩序建构中应当予以摒弃的基本理念；另一方面，乡村法治化的进程绝不意味着可以完全无视中国乡村社会原有的伦理生活样式。乡村生活有其特有规律，“礼治”作为一种社会意识应适应乡村发展的需要，充分反映村民生活的地方性知识，不断与时俱进，摒弃腐朽落后的糟粕，主动使其内容符合法律法规，从而完善自身的正义性、普遍性等伦理价值。在当前乡村治理实践中，要把握以“礼治”为基础，“通过社会舆论、风俗习惯、内心信念来激励、引导人们明辨是非、善恶、美丑”①，营造文明乡风。如是之，实现礼法双方在乡村现代化进程中的互动整合，才能建立真正受到农民认可的乡村秩序。

① 周中之：《道德治理与法律治理的反思》，《光明日报》2013 年 7 月 9 日。

第六章

中国式现代化进程中的乡村振兴与伦理重建

现代化是众多学科共同关注的焦点问题。尽管对这一概念的理解有着不同时代、不同学科和不同视角的差异,但总体来说,现代化被理解为从不发达社会成为发达社会的过程和目标,其中包含了经济、社会、政治、文化的发展及其所产生的一系列指标变化。20 世纪 80 年代以来,伴随中国现代化进程的加快,学界关于现代化及其在理念、思维、价值与行动等哲学层面的关注和探讨亦日趋热烈。其中,大多数讨论集中于现代化及现代性的内涵、表现及其所引发的危机与问题,也不乏关于中国式现代化和中国道路的哲学反思。但总体上看,关于中国乡村社会的现代化问题,尚未引起哲学界的足够重视。

应当看到,乡村是中国社会的基础,是国家政治、经济、文化和道德生活的根基。当我们审视中国的现代化进程并探讨其特殊境遇时,始终不能忽视乡村在其中的重要地位,不能忽视农村、农业和农民的现代化问题。党的十九大报告将乡村振兴战略上升为国家发展战略,提出"坚持农业农村优先发展""加快推进农业农村现代化"的要求;党的二十大报告进一步指出"全面推进乡村振兴"。乡村振兴战略清醒地认识到我国发展"不平衡不充分"的问题在乡村的突出表现。这是从根本上改变乡村从属于城市的境况,使乡村走向全面现代化的重大战略。换言之,乡村振兴是中国式现代化在当下中国乡村的具体实践,在伦理层面必然引发并显现为中国乡村伦理的现代转型与重建。这既是乡村振兴的题中应有之义,亦是中国式现代化在乡村的特殊呈现与鲜活表达。在此,笔者将结合对地处中国不同地区的九个省份十个村庄的田野调查资料,①梳理与反思中国式现代

① 2007 年以来,笔者在完成国家社会科学基金青年项目"乡村经济伦理的苏南图像"、重点项目"社会转型期的中国乡村伦理问题研究"和重大项目"中国乡村伦理研究"的过程中,带领团队对江苏省无锡市华宏村(2007 年初访,2017 年再访)和苏州市圣牛村(2008 年)、河南省漯河市扁担赵村(2012 年)、贵州省凯里市朗利村(2012 年)、湖南省郴州市西岭村(2017 年)、湖北省黄冈市赵家湾村(2017 年)、甘肃省定西市辘辘村(2017 年)、江西省抚州市下聂村(2017 年)、山东省济宁市王杰村(2018 年)、广东省湛江市林屋村(2018 年)进行了田野调查。所有村庄的田野调查均采用问卷调查与深度访谈相结合的方式。问卷调查使用多阶段系统抽样方法,结果采用 SPSS 统计分析软件进行数据处理和汇总分析。同时,在每个村庄,笔者与课题组成员按照兼顾年龄、性别、收入、职业的原则,分别选取十名左右的访谈对象进行了深度访谈。此外,笔者还带领团队对浙江丽水的"乡村春晚"、江苏徐州马庄村的基层文化建设进行了专项调研。

化进程和中国乡村伦理的现代转型与重建问题，以期为乡村振兴战略的实施提供一定的理论和实践参考。

第一节 中国式现代化与乡村伦理现代转型的内在关联

尽管国内外关于现代化的研究成果十分丰硕，但对这一概念的理解并没有形成统一的表述。总体而言，关于现代化的理解既有在其目标、道路等方面的共性认识，亦呈现出对其差异性、独特性的认同。就共性的认识而言，无论如何定义，现代化都被视为人类社会发展进步的基本目标和普遍实践，“较之自己的过去，大多数发展中国家与更早实现现代化的国家及正处于现代化进程中的国家之间，呈现出更大的相似性。”①也正是基于这种“普遍性”认识，在相当长一个时期，“现代化”被等同于“西方化”，以欧美资本主义国家为代表的发展道路被视为现代化的标准模板。不过，人们也逐渐认识到，现代化的道路和模式不是单数而是复数。无论是理论层面对现代化概念的深入探讨和对现代性问题的反思，还是实践层面欧美现代化进程中的危机和发展中国家的探索和经验，都有力地驳斥了现代化西方方案的同质化和霸权假定，也使得对现代化类型、性质、道路和模式的差异性、独特性的认识日渐成为共识。

一、中国式现代化是独具中国特色的现代化道路

1840 年鸦片战争后，中国开启了现代化进程。尽管最初是被迫卷入，但“现代化”依然构成了其后中国社会发展进程的一条主线，也成为中国共产党领导中国人民在革命、建设、改革和发展中一以贯之的价值目标。从新中国成立初期的工业化进程，到以“四个现代化”为内容的社会主义现代化目标，党对中国社会主义现代化的理解和实践日益完善。党的十一届三中全会以后，邓

① Alberto Martinelli: *Global Modernization: Rethinking the Project of Modernity*, London: SAGE Publications Ltd., 2005, p. 115.

小平指出:“过去搞民主革命,要适合中国情况,走毛泽东同志开辟的农村包围城市的道路。现在搞建设,也要适合中国情况,走出一条中国式的现代化道路。”[①]这一表述,明确指出了中国式现代化的历史渊源和当下目标。其后,中国共产党人根据现代化建设不同时期的发展实际,不断完善社会主义现代化的目标和时间安排。党的十九届五中全会提出开启全面建设社会主义现代化国家新征程和2035年基本实现社会主义现代化的奋斗目标,这是中国共产党对中国式现代化认识全面深化的结果。

应当看到,中国式现代化是一条独具中国特色的现代化道路,“不是简单延续我国历史文化的母版,不是简单套用马克思主义经典作家设想的模板,不是其他国家社会主义实践的再版,也不是国外现代化发展的翻版”。[②] 首先,正如马克思所说:“人们自己创造自己的历史,但是他们并不是随心所欲地创造,并不是在他们自己选定的条件下创造,而是在直接碰到的、既定的、从过去承继下来的条件下创造。”[③]中国式现代化必然根植于中国特殊的历史发展和文化传统,但是,这绝不意味着中国式现代化进程可以脱离现代化的基本目标和普遍实践而成为对自身历史文化的简单延续。其次,马克思主义经典作家的唯物史观和关于社会发展变迁的基本论断,为理解中国式现代化提供了极为重要的理论资源和方法论参考;但是,中国式现代化并不是马克思主义经典作家理论设想与逻辑推断的直接运用。最后,苏联和东欧等社会主义国家在高度集中的计划经济和高度集权的政治体制下的工业化道路,欧美国家建立在私有制主体经济制度基础上的现代化道路,以及以东亚部分国家和地区为代表的威权政治体制和市场经济相结合的后发型国家现代化道路,都是现代化道路中的不同模式,也为中国式现代化提供了借鉴和反思的实践参考,但中国式现代化不是、也不可能是这些模式的复制粘贴。可以说,关于中国式现代化的这一论断,不仅为现代化的“中国道路”“中国方案”及其学术表达提供了基本指向,亦为理解中国式现代化进程中的乡村伦理转型提供了重要的理论指引和实践支撑。

---

① 《邓小平文选》第2卷,人民出版社1994年版,第163页。
② 习近平:《在纪念马克思诞辰200周年大会上的讲话》,《人民日报》2018年5月5日,第2版。
③ 《马克思恩格斯文集》第2卷,人民出版社2009年版,第470-471页。

二、乡村现代化的中国道路与中国乡村伦理的现代转型

20 世纪上半叶，国内先进知识分子在反思中国现代化道路时逐渐意识到，改变中国必须要改变国人的观念，这就需要首先从占中国绝大多数人口的乡村做起。以梁漱溟、晏阳初、陶行知为代表的知识分子走进乡村，通过农民运动、乡村建设、乡村教育等方式，对乡村社会伦理关系和农民道德观念进行理论探究和实践改造。总体上看，他们都倾向于通过道德改良的方式来推动乡村社会的发展。与这种改良性质的乡村建设不同，以李大钊、毛泽东为代表的早期中国共产党人在以马克思主义理论指导中国革命的进程中，深入农村进行调查，号召广大农民团结起来进行革命。中国共产党在革命根据地开展了以土地改革为核心、具有革命性质的乡村建设运动，并开创了农村包围城市的中国革命道路。20 世纪 70 年代末期，农村家庭联产承包责任制开启了中国乡村经济改革乃至中国全面改革开放的现代化进程，又一次为现代化进程提供了独具特色的“中国范式”。农村改革推进了乡村现代化进程，带来了中国乡村社会的巨大变化。

费孝通在《乡土中国》开篇提出：“从基层上看去，中国社会是乡土性的。”①至今，“乡土性”仍是对中国传统乡村乃至整个中国传统社会的主流判断。梁漱溟认为，中国的文化、法制、礼俗等，“从乡村而来，又为乡村而设”。② 自给自足的生产方式，相对封闭的生活方式，使中国传统乡村社会生成了独特的乡村伦理关系和道德生活样式，并进而奠定了中国传统伦理精神形成和孕育的根基。笔者曾以“乡土伦理”概念表述此种具有“乡土”特色的中国传统乡村伦理及其呈现出的主要特征——勤勉重农的生产伦理、父系权威的家庭伦理、信任互助的交往伦理、村规民约的治理伦理等等。这种与“乡土中国”特征相契合的“乡土伦理”，对于维系传统乡村社会秩序发挥了重要作用。改革开放以来，乡村社会生产、生活方式和利益关系发生重大变化，有学者提

① 费孝通：《乡土中国》，人民出版社 2015 年版，第 1 页。

② 梁漱溟：《乡村建设理论》，上海人民出版社 2011 年版，第 11 页。

出了“新乡土中国”[①]这一概念。“新乡土中国”之“新”，在于其显现出的开放性和市场性特征，“乡土”则表明其依然保留着现代化进程没有完全冲刷的“乡土本色”。简言之，“新乡土中国”可谓之“中国式现代化进程中的乡土社会”。与之对应，乡村伦理关系和道德生活出现了一系列变化，农民的经济理性、公平观念、契约精神、法律意识日渐生成，并与其传统伦理观念形成共生与紧张并存的关系。从伦理视角看，传统的“乡土伦理”已然不足以为“中国式现代化进程中的乡土社会”提供充足的伦理精神资源，国外乡村现代化道路亦无法提供有效的理论借鉴和实践方案。乡村现代化的中国道路需要实现中国乡村伦理的现代转型，建构与之相适应的、具有中国特色的“新乡土伦理”[②]。

“全面建设社会主义现代化国家，实现中华民族伟大复兴，最艰巨最繁重的任务依然在农村，最广泛最深厚的基础依然在农村。”[③]党的十九大报告将乡村振兴战略上升为国家发展战略，提出“加快推进农业农村现代化”的要求。乡村振兴战略的实施是一个系统工程，需要从产业兴旺、生态宜居、乡风文明、治理有效、生活富裕几个方面全面推进。乡村振兴战略意在以更有力的举措，推动农业全面升级、农村全面进步、农民全面发展，而其指向的“升级”“进步”和“发展”，不能被简单理解为“工业取代农业”“城市取代乡村”“市民取代农民”的乡村现代化过程。换言之，乡村振兴所指向的不是以简单数据体现的数量增长，也不是乡村服从、服务于城市的发展，更不是要使乡村完全转变为城市的复制品。如果我们将中国的乡村现代化放置于中国式现代化的大背景之下，借助“中国式现代化”的四个“版(板)”考察作为中国乡村现代化当下进程的乡村振兴战略，亦可获得理解中国乡村伦理现代转型的四个基本方面:

其一，中国乡村伦理的现代转型不能简单延续中国传统的乡村伦理文化。20世纪20—30年代，梁漱溟、晏阳初等发起“乡村建设运动”。梁漱溟认为，在维护固有传统伦理文化的基础上进行“乡土重建”，既是乡村建设的目标，也是

---

① 贺雪峰:《新乡土中国》，北京大学出版社2013年版。

② 关于“乡土伦理”的概念、内涵和特征以及“新乡土伦理”的生成与发展，具体阐述参见王露璐《乡土伦理——一种跨学科视野中的“地方性道德知识”探究》(人民出版社2008年版)和《新乡土伦理——社会转型期的中国乡村伦理问题研究》(人民出版社2016年版)，限于篇幅，此处不再赘述。

③ 《中共中央国务院关于全面推进乡村振兴 加快农业农村现代化的意见》，人民出版社2021年版，第2页。

改变中国社会的基本路径。晏阳初则强调通过对“人”尤其是对农民的教育重建乡村社会的道德伦理，从而实现改造乡村乃至改变中国社会的目的。他们都认识到传统伦理文化在中国乡村社会的重要性，却试图单纯依靠维护和强化传统伦理道德的方式挽救乡村危机，谋求民族复兴。“乡村建设运动”尽管在一定时间和范围中取得了一些成效，但总体上收效甚微。这也提示我们，只有从乡村社会的经济发展和利益关系变动中把握伦理文化变化发展的规律，才能真正发挥道德对经济社会发展的积极作用。今天，较之传统乡土社会，走向现代化的中国乡村已经发生质的变化，无论是主动融入还是被动卷入现代市场经济的新一代农民，日渐生成并认同新的价值理念和道德规范。中国的乡村现代化进程不可能是对传统“乡土中国”的复归，乡村伦理的现代转型既要传承传统伦理文化中的积极因子，又需要注入开放、契约、公平、创新等现代价值元素。

其二，中国乡村伦理的现代转型不应简单套用马克思主义经典作家关于城乡关系和农村发展道路的阐释。马克思、恩格斯肯定了资本主义的现代化对乡村发展和小农意识转变的历史意义。“资产阶级使农村屈服于城市的统治。它创立了巨大的城市，使城市人口比农村人口大大增加起来，因而使很大一部分居民脱离了农村生活的愚昧状态。”①“它建立了现代的大工业城市——它们的出现如雨后春笋——来代替自然形成的城市。凡是它渗入的地方，它就破坏手工业和工业的一切旧阶段。它使城市最终战胜了乡村。”②这种商品化大生产改变了小农的生产方式，也在一定程度上改造了小农意识。马克思以“就像一袋马铃薯是由袋中的一个个马铃薯汇集而成的那样”③比喻法国小农，认为分散的生产方式、狭窄的生活世界必然使小农的伦理道德意识中带有保守、散漫、自私、狭隘等先天缺陷；也正是在这一意义上，以商品化、社会化生产之“大”来取代传统、封闭的小农生产、生活方式之“小”，被马克思赋予道德进步的意义和价值。与此同时，马克思、恩格斯也批判了资本主义生产方式所导致的城市与乡村的空间分裂和对立，“城市已经表明了人口、生产工具、资

① 《马克思恩格斯文集》第2卷，人民出版社2009年版，第36页。
② 《马克思恩格斯文集》第1卷，人民出版社2009年版，第566页。
③ 《马克思恩格斯文集》第2卷，人民出版社2009年版，第566页。

本、享受和需求的集中这个事实；而在乡村则是完全相反的情况：隔绝和分散。城乡之间的对立只有在私有制的范围内才能存在。城乡之间的对立是个人屈从于分工、屈从于他被迫从事的某种活动的最鲜明的反映，这种屈从把一部分人变为受局限的城市动物，把另一部分人变为受局限的乡村动物，并且每天都重新产生二者利益之间的对立。”①在他们看来，资本主义工业文明对传统农业文明的巨大冲击，导致并不断加剧城市的“中心化”和乡村的“边缘化”。由此，他们也将“消灭城乡之间的对立”作为建立未来社会“真正的共同体”的首要条件之一。可以说，马克思、恩格斯对城乡发展、城乡关系的检视所体现的唯物史观的基本立场和实现“个人的全面而自由的发展”的价值取向，为中国乡村伦理的现代转型提供了重要的方法论基础和目标指引。但是，我们也应看到，中国式现代化是一条与马克思主义经典作家的理论设想并不相同的独特道路，无论是农村包围城市的革命道路，抑或是肇始于家庭联产承包责任制的改革进程，都已鲜活地书写了乡村现代化的“中国模式”。正如毛泽东同志所指出的，“中国文化应有自己的形式”，马克思主义也要“和民族的特点相结合，经过一定的民族形式，才有用处”。② 中国乡村伦理的现代转型既要始终坚持马克思主义唯物史观的基本立场，又需要将马克思主义经典作家的理论与中国乡村发展的实际相结合，从而继续为乡村现代化提供“中国经验”和“中国方案”。

其三，中国乡村伦理的现代转型无法照抄照搬苏联和东欧社会主义国家的乡村建设与实践。苏联和一些东欧社会主义国家在高度集中的计划经济基础上，通过优先发展重工业迅速实现工业化。在这一进程中，“为了集中调配国家资源，从内部主要是农业筹集大量资金，推行公有制、国有化以及加速农业的集体化”③。这一模式尽管在当时条件下快速推进了工业化进程，但其过程中对农业集体化的强制性推进，也导致了农村的萧条化和整个农业生产的下降。新中国成立初期，受到此种模式的影响，我国逐步建立了城乡分割的二元体制，表现为“以农哺工”的资金积累方式、工农产品“剪刀差”的价值转移形

---

① 《马克思恩格斯文集》第 1 卷，人民出版社 2009 年版，第 556 页。
② 《毛泽东选集》第 2 卷，人民出版社 2007 年版，第 707 页。
③ 罗荣渠：《现代化新论：中国的现代化之路》，华东师范大学出版社 2012 年版，第 125 页。

式。尽管这种二元体制客观上推进了短期内相对独立完整的工业体系的建立，但也导致城乡差距拉大，农民的平等地位流于形式。改革开放以来，尤其是党的十八大以来，城乡统筹发展成为新农村建设和乡村振兴战略的核心理念。基于这一理念，乡村伦理的现代转型不仅需要改变乡村服务和服从于城市的发展伦理逻辑，还应使农民获得更多共享社会经济发展成果的机会。

其四，中国乡村伦理的现代转型不能模仿复制欧美的乡村现代化道路及其内涵的现代性指向。在相当长的一段时期，以欧美为代表的西方现代化道路被视为现代化的唯一选择，在其内涵的现代性指向及价值比较中，现代性所对应的工业文明阶段及其蕴含的伦理精神是理性的、进步的，前现代性所对应的农业文明是落后的、农民是愚昧的。这一观念不仅一定程度上主导了部分近代中国知识分子的乡村改造与乡村建设思路，至今仍影响着人们对城乡关系的理解。费孝通曾批评晏阳初，认为他试图以传教者的身份救济乡村，这一立场已然先行预设了自身所代表的进步性和乡村所体现的落后性，也正是这种二元对立的预设立场，导致其“以知识去愚，以生产去贫，以卫生去弱，以组织去私”[①]的乡村运动未能取得预期成效。我们也不难从近年来受到媒体和公众广泛关注的“返乡体”写作中读出“返乡者”所预设的“进步看待落后、文明看待愚昧”的视角。事实上，国内外众多学者已经表达了对此种立场的反思与批判。英国学者雷蒙·威廉斯通过梳理英国文学中有关乡村与城市的论断和描述，提出乡村既不等于落后和愚昧，也不是充满欢乐的故园，田园诗不过是对封建秩序的一种选择性的变化过程。在他看来，“赋予城市和工业以绝对优先权，以及赋予发达和文明国家相应优先权的真正过程的实行不仅会伤害‘愚昧的农村人’和‘未开化和半开化的’殖民地人民，还会最终伤害城市无产阶级自身以及发达和文明的社会。”[②]这也为中国乡村伦理的现代转型提供了一种警醒、反思与批判的理论和实践资源。一味将乡村理解为愚昧和落后的代表，今天的乡村振兴将会走进盲目、单一甚至“运动”式的工业化道路。因此，中国的乡村现代化不是西方工业化、城市化的模仿复制，中国乡村伦理的现代转型也绝不是以西方化的现代伦理话语实现对中国传统乡村伦理文化的彻底消解。

---

① 《费孝通文集》第5卷，群言出版社1999年版，第505页。

② [英]雷蒙·威廉斯：《乡村与城市》，韩子满等译，商务印书馆2013年版，第409页。

概而言之，乡村伦理的现代转型与重建，既是以乡村振兴为当下体现的中国式现代化进程在伦理文化层面之必然结果，又是中国式现代化进程在乡村得以丰富、发展和实现的必要前提。而对中国乡村伦理现代转型的正确理解，既呈现出中国式现代化进程及其在乡村振兴中的实践发展，又给予中国式现代化更为具体和鲜活的学术表达。

第二节
“转身（份）”中的中国乡村与农民及其道德图景

在中国乡村的现代化进程中，城市和乡村分别完成了从“寄生”到“中心”、从“主宰”到“依附”的“转身”。这一“转身”既包括乡村与城市关系、乡村内部关系与结构的转向及其所指向的伦理转型，也体现为农民的身份转变及其所引发的道德问题，并由此而生成转型期中国乡村社会特有的道德图景。

一、“转身”：工业化进程中城乡关系的根本性变化

中国传统社会是一种典型的农业社会。1840 年，鸦片战争打破了中国传统乡村社会的稳定和封闭，开启了乡村从“传统”到“现代”的转型。与前现代的传统乡村生活形成鲜明对照的，是现代都市生活所体现出的变化性、易逝性和碎片化特征。马克思、恩格斯以“永远的不安定和变动”作为资产阶级时代与过去一切时代的不同之处，认为：“一切固定的僵化的关系以及与之相适应的素被尊崇的观念和见解都被消除了，一切新形成的关系等不到固定下来就陈旧了。一切等级的和固定的东西都烟消云散了，一切神圣的东西都被亵渎了。”[①]工业化促进城市的生成，城市进一步强化和再生产工业主义。由此，乡村与城市关系发生了根本性的变化。“前工业时代的城市并不是中心性地主宰着乡村，相反，它们被广阔无际的乡村生活所包围，并寄生在乡村的农业劳动之上。城市的消失，对于农村来说，无关紧要。但是，工业主义催生出来的

① 《马克思恩格斯文集》第 2 卷，人民出版社 2009 年版，第 34-35 页。

现代大都市，却颠倒了农业乡村的主宰地位，它们使乡村成为社会的边缘并且依附于都市自身。都市不仅成为权力和经济的中心，而且还在一步步地引导和吞噬乡村的生活方式。乡村反过来成为现代都市的一个象征性的乡愁之所。”①易而言之，在现代化进程中出现了城市从“寄生”到“中心”、乡村从“主宰”到“依附”的“转身”。这种“转身”在中国乡村现代化进程中不仅表现为因乡村与城市关系的变化、乡村内部关系与结构的转向而带来的伦理转型，还突出体现为中国农民特殊的身份转变所产生的道德问题。在此基础上，产生了中国乡村现代化进程中特有的道德图景。

二、“转身”中的乡村：普遍性与特殊性

在第一个层面上，中国乡村的“转身”既具有现代化进程的普遍性特征，又有着体现“地方性知识”意义的特殊性表现。18—19 世纪，人口的迅速增长和西方资本主义的进入，导致中国传统乡村社会自给自足的自然经济开始解体，“城市现代化推进的最初影响是农民的劳动和福利条件的恶化。”②不过，总体上看，这一时期中国乡村受到的现代化冲击及由此所发生的变化仍然是有限的。新中国成立以后，尤其是改革开放以来，中国乡村社会在市场化、工业化、城镇化的进程中发生了巨大变化，这一问题也更为凸显。

其一，在对城乡关系的认识上，“城市进步、乡村落后”的话语体系获得了价值认同。“在 19 世纪初期中国对社会进化论的接受在很大程度上导致了这种城乡关系的话语构建，农民与农村被描述成封建传统和落后的代表，同时城市则被看作是现代性和先进的所在地。”③新中国成立初期，我国整体上仍是传统的农业社会，尽管城乡生产方式有着质的区别，但生产力水平都比较落后，城乡关系总体上是趋于平等的。1953 年至 1957 年开始实施的“重工业优先发展战略”和 1958 年后实行的户籍管理制度，导致城乡二元格局的形成和固化。

① 汪民安、陈永国、张云鹏主编：《现代性基本读本》上，河南大学出版社 2005 年版，编者前言第 10 页。

② 罗荣渠：《现代化新论：中国的现代化之路》，华东师范大学出版社 2012 年版，第 251 页。

③ 朴忠焕：《乡村与都市：当代中国的现代性与城乡差异》，《中国农业大学学报》（社会科学版）2007 年第 2 期。

改革开放初期，计划经济体制的转变和统购统销制度、户籍管理制度的松动虽然使城乡关系出现了一定的变化，但城乡之间的不平等关系依然存在。20世纪80年代中期，改革重点从农村转向城市，城乡二元结构和城乡不平等关系进一步加深。尽管近年来城乡不平衡问题受到高度关注，脱贫攻坚也取得了重大历史性成就，但城乡差距依然存在。数据显示，2019年，全国城镇居民人均可支配收入42359元，农村居民人均可支配收入16021元，城乡收入差距为2.64∶1。[①] 在这一进程中，经济方式上的"工业经济优于农业经济"、生活方式上的"城市生活优于农村生活"和文化方式上的"城市文化优于乡村文化"逐渐获得更高认同并成为城乡关系理解上占据主导地位的话语。

在我们的田野调查中，对于"最理想的职业"这一问题，受访对象选择"农民"选项的占比仅为11.89%。在深度访谈中，谈及"希望子女未来从事的职业"，没有一位访谈对象表示希望子女将来在农村务农。在山东王杰村的调研中，一位28岁的女性受访对象非常直接地表明了自己对城市生活的向往和认同：

> 我的女儿今年四岁了，在县城里面上学，我们愿意在教育上为孩子花钱，希望她能接受更高的教育……只要在县城买房了，孩子就可以在县城上学，在孩子教育这方面，县城的条件还是比较好一点。另外，县城里人们的思想观念也更开放一点，农村里的人观念还是保守一点。举个例子吧，我比较喜欢打扫卫生，家里一般都会一天打扫一次，这在县城的公寓里是很正常的事，但是在农村有些人就会议论，觉得我这个儿媳妇太爱干净了，没必要……我感觉这样不好，所以，后来我们就搬到县城里面去住了。
>
> ——2018年6月2日下午在王杰村村委会对LWP的访谈记录

其二，在乡村内部关系与结构上，传统的乡村伦理共同体式微，现代乡村社区尚未生成。滕尼斯曾经以共同体和社会两个概念表达人类共同生活的两种类型，强调共同体的形成不仅在于共同的生活地域，更重要的是共同体成员

① 国家统计局编：《中国统计年鉴2021》，中国统计出版社2021年版，第5页。

在生产、生活、交往等方面高度同质性的基础之上体现共同体意志的“默认一致”。[①] 涂尔干认为,传统社会是一种基于“共同性”的社会,共同的生产、生活方式和习俗规则使社会成员产生共同意识,并依靠这种共同意识维系同质性的“共同体”。伴随着近代社会分工的不断发展,人们的意识和信仰差异日益增大,生产和消费上也更依赖于他人。因此,近代社会既是一种差异性社会,同时也是一种有机团结的社会。[②]

滕尼斯与涂尔干对共同体的阐释虽然不能直接移植到对中国乡村社会的理解上,但能提供一些理论借鉴。中国传统村庄内部成员间的相互关系,体现为共同体成员之间彼此交织的生活和联系。并且,基于这种共同生活和联系所形成的共同体内部的认同感,也成为中国传统乡村社会人际信任与交往合作的有效资源,并为个体、家庭(族)和村庄行动提供了道德选择和评价的基本原则。然而,我们也应看到,市场经济浪潮的冲击和人口流动的加剧,导致村庄居民异质性和原子化程度不断提高。资本逻辑也以其扩张性、同质化和意识形态化特征日益强化对乡村生产、生活、交往和文化的影响,传统村庄丰富的地方性特色不断消解,村庄成员的归属感、认同感逐渐弱化,传统乡村伦理共同体式微。在问卷调查中,对于“您在多大程度上信任本村人”这一问题,受访对象中45.02%的村民选择了“一般”这一选项。值得注意的是,对于“您在多大程度上信任同事”这一问题,受访对象中选择“完全信任”和“比较信任”的比重达到42.51%,与对本村人的选择数据并未呈现出明显差异。这也在一定程度上反映出新的职业共同体对农民日常交往和人际信任产生的影响。在江苏华宏村,一位村民在访谈中谈及当下生产、生活和居住方式变化对村民相互交往的影响:

> 以前人都在一起干活,一起回来。现在年轻人都不怎么接触,一家人都不怎么在一起。接触少,感情自然就生疏了。夏天,空调一开,互不走访,不到你家里的。
>
> ——2017年8月20日在华宏村村委会对BLH的访谈记录

① [德]斐迪南·滕尼斯:《共同体与社会:纯粹社会学的基本概念》,林荣远译,北京大学出版社2010年版,第58页。

② [法]埃米尔·涂尔干:《社会分工论》,渠敬东译,生活·读书·新知三联书店2017年版。

伴随着乡村现代化进程中大量传统农民的“离土”或“离乡”，“村落终结”“村庄凋敝”“空心化”等问题受到学术界的关注，也成为媒体和公众探讨的热点。在田野工作中，尽管笔者也观察到不同村庄在这一问题上呈现出不同的发展样态，[①]但总体上说，人口流动的加剧打破了传统乡村伦理共同体的同质性和稳定性特征，村庄成员之间的相互信任及对村庄共同体的归属、依赖、认同在一定程度上被削弱。

三、农民：身份的转变、固化和认同

在第二个层面上，中国农民的身份转变具有更加特殊的背景和语境。马克思把劳动力的商品化看作资本主义生产方式的前提，他对资本“每个毛孔都滴着血和肮脏的东西”[②]的道德批判，正是源于资本主义产生初期统治者对农民土地与生产资料进行的暴力掠夺。这些被剥夺而不得不使自己的劳动力商品化的劳动者产生了组织化的工作，“工人在技术上服从劳动资料的划一运动以及由各种年龄的男女个体组成的劳动体的特殊构成，创造了一种兵营式的纪律。”[③]在这种协作化的机器化生产中，“农民从农业生产的固定地块上‘解放’出来并向‘工资劳动者’转变的过程，同时就是他们从散布于孤立、地方化的社区中‘解脱’出来的过程。作为新兴的‘流动者’，他们可以聚集在更为集中化的场所，靠机械化的制造业来进行生产”[④]，这对传统乡村社会的经济运行模式、人际交往模式和伦理文化模式产生了巨大冲击。在马克思看来，农民的身份转变是被迫完成的，并且，资本主义的生产方式给身份转变后的农民带来的是穷困的生活、低贱的地位和贫乏的精神，而不是应当实现的“自由而全面的发展”，这也构成了马克思对资本主义进行道德批判的基本立场和依据。

“20 亿农民站在工业文明的入口处：这就是在 20 世纪下半叶当今世界向

---

① 例如，地处苏南地区的华宏村因为工业化的迅速发展和外来务工人员的大量涌入，出现了人口急剧增加、村庄人口密集度大幅提高的现象。

② 《马克思恩格斯文集》第 5 卷，人民出版社 2009 年版，第 871 页。

③ 《马克思恩格斯文集》第 5 卷，人民出版社 2009 年版，第 488 页。

④ [英]安东尼·吉登斯：《民族—国家与暴力》，胡宗泽、赵力涛译，王铭铭校，生活·读书·新知三联书店 1998 年版，第 179-180 页。

社会科学提出的主要问题。”①20世纪60年代，孟德拉斯《农民的终结》一书的出版，使农民的“终结”问题成为学术界探讨的热点问题。事实上，孟德拉斯笔下“农民的终结”既不是“农业的终结”也不是“乡村生活的终结”，而是指向“小农的终结”，即“小农”转变为“农业生产者”或农场主。在他看来，从“传统的农业社会转变为工业社会和后工业社会的过程中，农民的绝对数量和人口比例都会大幅度减少，但农业的绝对产出量并不会因此大幅度减少……无论社会怎么发展，无论乡村怎样变化，农民不会无限地减少，作为基本生活必需品原料的生产供应者——农业的从业者——也不会消失”②。

相较于孟德拉斯笔下发达工业国家农民的“转身”，中国农民在工业化、市场化进程中的“转身”具有更大的规模、更复杂的形式和更深层的影响。尽管早在20世纪20—30年代，中国部分地区的农民就以进入邻近城市的工厂务工的方式开启了最初的身份转变，但总体上看，这种转变仍然处于零星的状态。1949—1978年，计划经济体制和强有力的户籍制度几乎消解了农民身份转变的可能性，并进一步强化了“城里人优于乡下人”的社会群体价值排序。换言之，在相当一部分国家的工业化进程中已经转变为一种职业群体称谓的“农民”，在中国却更多地体现为一种被固化的身份。这一时期及改革开放以后，一批又一批农民试图通过参军、升学、婚姻、进城务工、经营等方式离开土地、离开农村，最为重要的原因是试图摆脱“农民”身份。在他们当中，一小部分人最终改变职业角色并获得了城市户籍，完成了“农民—市民”的身份转变。对他们而言，怀旧与乡愁是治愈紧张、孤独、易变的“城市现代病”的一剂良药，但故乡却是“永远回不去了”。与他们不同的是，更多的农民在改变职业角色进入工厂务工甚至长期在城市生活后，依然以“农民工”这一群体名称保持着原有的身份。然而，在职业身份的转变中，他们更多地接触和体验的是现代生产和生活方式，对村庄的物质依赖和精神寄托不断削弱，对城市生产、生活方式的认同以及对城市文化的向往不断加强。据统计，今天的“农民工”群体中，超过60%是20世纪80年代以后出生的“新生代农民工”，他们几乎没有任何

① [法]孟德拉斯：《农民的终结》，李培林译，社会科学文献出版社2005年版，第1页。

② [法]孟德拉斯：《农民的终结》，李培林译，社会科学文献出版社2005年版，中文版再版译者前言第2页。

形式的务农经历，在完成初中或高中学习后直接进入城市务工。尽管他们出生在农村，保留着农村户籍，却无法产生其祖辈和父辈们身上共有的“恋土情结”，也缺乏对村庄的归属、融入和认同。他们更渴望进入现代都市社会，更希望成为真正的“城里人”。在田野调查中，无论是问卷数据还是访谈记录都表明，20 世纪 80 年代尤其是 80 年代中期以后出生的农民对传统农业生产活动既无体验也无兴趣，他们更愿意进入城市，并希望在有条件时让子女在城市生活和接受教育。在囿于各种限制无法将子女带到城市时，他们中相当一部分人选择在邻近家乡的县城购房并让子女在县城的学校入学。对于这部分农民而言，村庄成了“陌生的家乡”，城市才是自己的“精神家园”。

第三节 乡村伦理的现代重建：乡村振兴的价值引领和精神动力

马克思在对法国小农的分析中指出，小农在小块土地上进行着彼此隔绝、相互孤立的劳动，这一生产方式“不是使他们互相交往，而是使他们互相隔离”。[①] 换言之，耕种的土地面积之“小”必然带来小农生活世界和交往空间的窄小、眼光视野和社会关系的狭小以及社会地位和政治地位的弱小。由此，马克思准确把握了小农道德观保守、落后、迷信和偏见的根源。这也提示我们，只有从乡村经济关系和利益关系的变化发展中，方能探究乡村伦理和农民道德变化发展的内在规律。这也为理解当代中国乡村振兴背景中乡村生产、生活方式的深刻变革与乡村伦理变化发展之间的关系提供了唯物史观的理论和方法资源。

从一定意义上说，“转身(份)”中的中国乡村和中国农民及其所呈现的道德图景，是现代化进程中伦理转型面临的诸多问题在乡村中的体现。正如费孝通所指出的，“在任何文化中也必然有一些价值观念是用来位育暂时性的处境的。处境有变，这些价值也会失其效用。”[②]传统乡村对应的是农耕文明，显现为一种相对封闭、固化的熟人社会特征，其伦理秩序更偏重带有情感色彩的

① 《马克思恩格斯文集》第 2 卷，人民出版社 2009 年版，第 566 页。
② 费孝通：《乡土中国 生育制度 乡土重建》，商务印书馆 2011 年版，第 340 页。

礼仪、风俗的教化和传承；现代乡村更趋向于现代文明，其伦理秩序更偏重以鲜明理性规则为价值导向的法律制度。尽管二者都以一定形式的伦理规范维系社会秩序的稳定，但前者更偏重根植于血缘地缘的人伦关系，后者则更偏重建立在规则意识基础上的契约精神。如何处理好转型期乡村社会传统人伦关系和现代契约精神之间的紧张关系并寻求两者融合共生的可能性，是中国乡村伦理的现代重建需要着力解决的关键点。而在当前全面推进乡村振兴的背景中，正如前文述及，乡村生产方式和生活方式发生了深刻变革，并在城乡关系、乡村内部结构和关系以及农民身份等方面产生了新的变化，这就迫切需要构建与之相适应的乡村伦理关系和农民道德观念。简言之，乡村振兴背景中的伦理重建，既是乡村生产、生活方式变革的必然结果，又将为乡村振兴提供新的价值引领和精神动力。

应当看到，无论是费孝通所提出的“乡土中国”，还是在市场经济和全球化的背景下已然发生了巨大变化的“新乡土中国”，乃至当前正在向“基本实现农业农村现代化”迈进的中国乡村，都有着极其显著的“中国特色”。根植于西方社会经济发展与文化传统的学术话语和理解范式，并不足以对此种“中国特色”给出充分且合乎逻辑的阐释。不过，基于中国式现代化内涵及由此形成的对中国乡村伦理转型的四重理解，我们仍然可以获得中国乡村伦理现代重建的立场、方法和路径启示。

一、确立以农民为本的乡村发展伦理

尽管马克思没有提出并系统论证“现代化”这一概念，但是，他基于唯物史观的立场和方法对商品、资本、商品拜物教等进行的分析，既是对资本主义现代化的诊断和批判，亦是对现代性及其危机的反思和超越。马克思既肯定了资本主义的现代化进程对生产力发展和小农意识改造的重要意义，又批判了其所导致的城乡对立。在《1857—1858 年经济学手稿》中，他从人的发展角度将社会划分为三个阶段，认为资本主义以前的社会阶段是人的依赖关系占统治地位的阶段，个人“表现为不独立，从属于一个较大的整体”①。伴随着前资

① 《马克思恩格斯文集》第 8 卷，人民出版社 2009 年版，第 6 页。

本主义阶段的共同体被瓦解，资本主义阶段的分工和交换使“人的依赖关系”转向“以物的依赖关系为基础的人的独立性”，这也是传统社会向现代社会转变的基本态势。第三个阶段则是体现为“真正的共同体”的共产主义社会，在这一阶段，“人不是在某一种规定性上再生产自己，而是生产出他的全面性”①，个人克服对物的依赖而自由地联系，“各个人在自己的联合中并通过这种联合获得自己的自由”②。马克思既肯定了“以物的依赖关系为基础的人的独立性”相对于“人的依赖关系”的积极意义，也清晰地发现此种“物的依赖”的历史局限：对于财富的过度追逐及其所导致的对人的自由与发展的压抑。由此，他将克服这一历史局限的“人的自由而全面发展”作为未来社会的价值圭臬。这一唯物史观的基本立场和思路为中国乡村伦理的现代建构提供了基本路向。

一方面，要充分认识到，乡村现代化是乡村发展不可逆转的基本方向。今天的中国乡村不是封闭的“世外桃源”，也不是田园诗书写中的文学想象。一批批离土离乡并与现代生产、生活方式和思想观念“亲密接触”的农民亦不再是“桃花源”中人，并且，摆脱了土地束缚的村庄和农民已然焕发出强大的经济冲动和创新能力。另一方面，乡村现代化进程也不可避免地产生新的矛盾和问题。应当看到，我国当前仍然是城乡发展不平衡和农村发展不充分的情况，受影响最大的群体仍然是农民。③ 尤其值得注意的是，现代性内涵的易变性、扩张性、同质化特征不断加剧城市对乡村的“空间挤压”，日益削弱村庄的地方性特色和内部认同，导致村庄伦理共同体走向式微，乡村城镇化、现代化进程出现单一性和雷同化的情况。乡村“空心化”、环境污染、留守儿童教育、农民养老等问题，也成为实施乡村振兴战略中亟待解决的焦点问题。

马克思以“人的自由而全面发展”作为超越现代性的价值目标，这也为中国乡村伦理的现代建构提供了基本价值指向和实现路径。简言之，乡村伦理的现代建构首先要回答“谁之乡村”和“何种伦理”，要解决“为了谁”和“依靠

---

① 《马克思恩格斯文集》第8卷，人民出版社2009年版，第137页。

② 《马克思恩格斯文集》第1卷，人民出版社2009年版，第571页。

③ 在10个调研的村庄中，华宏村所在的江阴市连续多年位居全国百强县（市）前三名，华宏村人均收入超过江阴市人均水平，是无可争议的“强村”“富村”。而地处西部的甘肃辘辘村，受访对象2016年个人总收入低于3000元的占比为47.5%。

谁”的问题。中国乡村是身处其中的农民之乡村，中国农民是中国乡村发展的主体，因此，乡村振兴应当是体现居于其中的农民主体性的乡村发展。具备更高知识水平和现代伦理观念的“新农民”，既是乡村发展的目标所系，也是乡村发展的依靠所在。这就需要确立以农民为本的乡村发展伦理：以农民的“美好生活”作为乡村发展目标的价值指引，以农民的主体性及其发挥夯实乡村发展的伦理根基，以农民的全面发展作为对乡村发展进行道德评价的根本原则。由此，作为乡村主体的全体农民方能在乡村振兴中不断增强获得感、幸福感和满足感，从而真正实现农民的全面发展和乡村的全面进步。①

诚然，农民知识水平和道德素养的提升，需要其走出传统小农生产和生活方式的狭小空间，在现代生产方式和职业行为中生成与市场经济相契合的现代伦理观念。但是，也应看到，这些具备较高知识水平和一定现代伦理观念的“新农民”，如果完全是城市“打工族”中的一员，或是仅仅偶尔在节日时返乡短住，他们也只会逐渐成为村庄的“过客”，无法真正成为乡村振兴的主体。农民能有更多的时间“在村”，方能有更深的情怀“爱村”，有更强的意愿“建村”，也才能真正成为乡村振兴的主体。相反，对于长期离土离乡的农民而言，其职业行为、日常生活和交往群体与村庄之间的关联度不断下降，即便其仍然基于一些考虑而保留农村的户籍，对村庄的归属、认同以及参与村庄建设和发展的意愿都会日渐降低。在田野调查中，笔者发现，留在本地从事生产经营活动或是在周边企业务工但仍居住在村庄的村民②，明显表现出对村庄公共生活、公共事务更高的关心和参与度，也为形成村庄凝聚力和提高村民人际信任打下了良好的基础。概而言之，中国式的乡村现代化进程既要高度重视农民通过与种种现代生产方式接触而成为“新农民”，又要通过多种形式的乡村产业振兴渠道和日渐完善的乡村公共服务体系，使“新农民”的职业行为和日常生活与村庄保持密切的接触，从而使他们真正成为乡村振兴的主体和“在场者”，而不

① 王露璐：《谁之乡村？何种发展？——以农民为本的乡村发展伦理探究》，《哲学动态》2018 年第 2 期。

② 调研显示，近年来，由于交通、居住成本的不断提高，外出务工人员出现了一定程度的“回流”。他们不再集中涌入东部沿海城市，而是更愿意在离家较近的县城或小城市务工。他们大多借助摩托车或电动自行车，每天早出晚归，既减少了生活成本，又能够兼顾家庭和子女教育。由此，进城务工的农民以务工地点由远到近，时间由长期到短期的顺序，逐步回到农村。这一问题，张世勇、贺雪峰等学者也在研究成果中有所提及。参见张世勇：《返乡农民工研究：一个生命历程的视角》，社会科学文献出版社 2013 年版；贺雪峰：《大国之基：中国乡村振兴诸问题》，东方出版社 2019 年版。

是“旁观者”。

二、重视“地方性道德知识”对乡村伦理现代重建的资源意义

不同国家和民族的人口规模、资源禀赋、发展水平、社会制度、历史文化等各不相同,其现代化也必然具有不同的特点和样式。马克思在 1881 年给俄国学者查苏利奇的复信中谈到,俄国公社跨越“卡夫丁峡谷”的可能性与其土地所有制、历史环境及习惯相关,“俄国农民习惯于劳动组合关系,这有助于他们从小地块劳动向集体劳动过渡,而且,俄国农民在没有进行分配的草地上、在排水工程以及其他公益事业方面,已经在一定程度上实行集体劳动了”。[①] 这表明,各个国家和民族可以而且应当以自己独特的发展道路和模式作为现代化的具体呈现。

同质化的图景难以解释当今世界的丰富性和未来前景,更无法应对中国乡村的多样性、丰富性、差异性和复杂性。“从前现代社会向现代社会的成功变迁包含着一国人民从他们特定的文化(既传统又现代的文化)中发现资源,以采取新的做法。”[②]因此,中国可以而且应当以独特的乡村振兴道路为全球解决现代化进程中的乡村问题贡献中国智慧和中国方案;而构成中国乡村的每一个村庄,同样可以而且应当以具有自身特色的村庄经济、社会、生态、治理和文化发展模式,为乡村振兴战略的实施提供具有典型意义的“地方性知识”。毋庸置疑,发展的不平衡和地区差异是我国当前乡村发展的基本态势,不同地区的地域伦理文化传统也呈现出丰富的多样性和地方性特点。这种发展的不平衡既直接呈现为空间维度的地域差异,又内含着时间维度上社会结构的不同。具体表现为,东部发达地区的部分乡村已经初步进入全面现代化阶段,而其他地区大部分乡村还处于现代化早期或中期阶段。因此,中国乡村伦理的现代重建既需要具有普适性意义的“现代化的伦理话语”,也不能忽略作为“地方性道德知识”的伦理文化传统。换言之,对于今天的中国乡村而言,现代化

---

① 《马克思恩格斯文集》第 3 卷,人民出版社 2009 年版,第 578 页。

② [意]艾伯特・马蒂内利:《全球现代化——重思现代性事业》,李国武译,商务印书馆 2010 年版,中译本前言第 4-5 页。

的“进入”已然无法逆转，若是一味固守或是试图复归生成于传统农耕文明的伦理关系或道德生活样式，必定只会陷于偏执保守而日渐丧失活力，最终也只能发出“谁人故乡不沦陷”的感慨与悲歌。但这绝不意味着，我们可以建构出一种“放之中国而皆准”的现代乡村伦理。正如恩格斯明确指出的，“人们自觉地或不自觉地，归根到底总是从他们阶级地位所依据的实际关系中——从他们进行生产和交换的经济关系中，获得自己的伦理观念”①。事实上，无论是学术界关于“地方性知识”的阐释和探讨，还是笔者与团队基于田野工作的大量鲜活案例和生动数据，都在讲述着“地方性道德知识”作为村庄独特文化资源的重要意义。

中国传统乡村社会的一个基本特征，是作为村庄基本单元的家庭和由此形成的家族、宗族关系，以及以此为根基的乡绅、乡贤治理方式。新中国成立以来，在多种因素的作用下，家族势力不断削弱，宗族组织日渐式微，但是，作为其内核的文化因子并没有彻底消失。在调研中，无论是在江苏华宏村的工业化进程中（华宏集团作为一个家族企业与基层村庄组织实现交融），还是江西下聂村返乡“乡贤”对祠堂文化的重视及其作用的发挥，都是在新的村庄背景中对家族、宗族文化合理汲取和利用的新形式。在下聂村，曾担任区文化局局长，退休后返乡修建祠堂、兴办书院并致力于乡村建设的访谈对象表示：

> 可能受传统文化的影响，村民对修祠堂很重视，也会自发祭祖。要搞好农村文化建设，祠堂是一个重要的平台。老百姓易于接受，因为他们对祠堂有敬畏感，对祖宗有敬畏感。
>
> ——2017年7月26日上午在下聂村聂氏宗祠对NJB的访谈记录

“在道德实在论的意义上说，任何一种道德知识或者道德观念首先都必定是地方性的、本土的，甚或是部落式的。人们对道德观念或道德知识的接受习得方式也是谱系式的。”②事实上，以上述家族文化、祠堂文化等为形式的乡村

① 《马克思恩格斯文集》第9卷，人民出版社2009年版，第99页。
② 万俊人：《道德谱系与知识镜像》，《读书》2004年第4期。

伦理文化，正是中国乡村至今仍然存在并发挥作用的“地方性特色”的重要显现。笔者和团队田野工作的问卷数据和访谈记录表明，以村庄风俗、惯习、村规民约以及其他有标识性的空间或文化事象为主要表征的“地方性道德知识”，至今仍对村庄成员有较强的感召力。除了江西下聂村的聂氏祠堂外，山东王杰村的王杰大讲堂、浙江丽水的乡村春晚、广东林屋村的春节“游神”[①]、江苏马庄村的香包文化大院，也都既传承了村庄传统文化习俗，又成为村庄新型的公共道德生活平台和道德评价载体。在山东王杰村，很多受访对象都提及英雄王杰的事迹与精神对村庄风气和村民道德素质的正面作用。驻村第一书记在访谈中明确表示：

> 我们村是英雄的故乡，英雄的诞生是需要英雄的土壤的。这个村的文化传统继承得非常好，社会风气也比较正，面对不公正的人、不公正的事，他们敢于直言、勇于纠偏，王杰的成长受到这种文化传统和社会风气的影响。同时，王杰精神也会为这里的人树立标杆，激励他们努力工作、积极生活。王杰精神作为我们村重要的文化内容，也为我们获得上级的支持提供了便利，无形之中已经成为一种精神资产，对本村的发展起到了积极的推动作用。
>
> ——2018 年 6 月 2 日下午在王杰村村委会与驻村第一书记 MRH 的访谈记录

每一种“地方性道德知识”都生成和传承于特定共同体的伦理文化传统和道德生活经验。在乡村现代化进程中，同质化、功利化所导致的乡村伦理传统的流失、公共道德平台的式微以及道德评价标准的变化，更需要我们理解、关注和重视“地方性道德知识”对于中国乡村伦理现代建构的资源意义，并着力探寻其与“现代化伦理话语”之间融通和整合的有效路径。

---

① 指村民们抬着菩萨在村中游行，村民们祭拜、祈福。

三、以“记得住的乡愁”为乡村伦理的现代建构提供独特的道德文化之根

在相当长的一段时期中，现代化被等同于西方化且被视为人类文明进步的唯一模式，现代性则被看作一种体现理性、祛魅和进步的价值追求和伦理目标。然而，这种美好的价值诉求却在实践中遭遇了严重挑战。科学精神和工具理性的泛滥导致种种“现代性危机”的出现和加剧，由此引发了更多的反思和批判，并产生了以哈贝马斯、吉登斯为代表的“妥协派”与以尼采、福柯、鲍曼等为代表的“终结派”。吉登斯将现代性看作资本主义的“工业化的世界”，认为“现代性最有特色的图像之一，便是它让我们发现，经验知识的发展本身，并不能自然而然地使我们在不同的价值观念之间作出选择”①，“无论是现代性的激进化还是社会生活的全球化都决不是一个已经完成了的过程”②。哈贝马斯认为现代性是一项未完成的设计，其核心是自我理解和自我确证，现代性危机的解决恰恰在于其潜能的充分发挥。可以说，与西方现代化进程相伴随的，是科学主义和工具理性日渐成为发达资本主义国家占据主导的意识形态并进一步向发展中国家扩张，导致种种现代性问题乃至“危机”，又进一步强化了对“现代性问题”和“作为问题的现代性”的深刻反思。尽管这种反思并没有完全给出解决问题和危机的有效方案，但是，我们依然可以从中获得在中国乡村现代化进程中避免重蹈覆辙的警醒和提示。

应当看到，西方国家的乡村城市化进程曾经出现了若干不同的阶段：经典现代化扩张阶段，乡村和农民成为资本通过原始积累掠夺和消灭的对象；后现代阶段，则又出现了“逆城市化”和“再城市化”的潮流。然而总体上看，乡村城市化进程服从和服务于资本逻辑的扩张。但是，在中国这样一个长期以乡村为基础、以农民为主体且乡村发展存在极大不平衡的国家，乡村的现代化进程既不能在浪漫化和理想化中预设“城市—乡村”的二元对立立场，也不能沦为城市化、工业化进行中资本逻辑的逐利工具，而是应当走出一条城乡一体、

① ［英］安东尼·吉登斯：《现代性的后果》，田禾译，译林出版社2011年版，第135页。
② ［英］安东尼·吉登斯：《现代性的后果》，田禾译，译林出版社2011年版，第153页。

统筹发展的新型道路。今天，中国乡村的现代化面临着很多复杂的伦理问题，道德领域也出现了一些冲突和矛盾。家庭伦理领域传统生育观念、孝亲观念和新型婚姻理念与亲子关系的碰撞，经济伦理领域传统“生存伦理”和现代理性意识之间的矛盾，生态伦理领域“绿水青山”和“金山银山”之间的张力，治理伦理领域礼治秩序和法治秩序的冲突，既是现代化进程呈现出的普遍问题，又有着鲜明的“中国特色”和“乡村特色”。因此，从对现代性危机的质疑和批判中汲取反思性的理论工具，以更加审慎的态度对待中国乡村伦理的现代建构，方能为中国特色的乡村振兴提供有效的精神文化支持。

值得注意的是，从统计数据看，我国当前的城市居住人群中有相当一部分出生在乡村。① 无论是出生、成长在乡村但已在城市工作、生活并获得城市户籍的“新市民”（亦称“农N代”），还是仅仅进入城市务工的“农民工”和“新生代农民工”，无论是内心认同还是刻意抗拒，乡村仍然是他们的故乡，是他们无法改变的生活之“根”和文化之“根”。他们对城市生活及其文化的认同感与疏离感并存，对乡村生活尤其是其人际关系、日常习俗甚至饮食风味仍保有深刻的道德生活记忆和无法言说的情感依恋和寄托。缘于此，较之西方心理学、医学等学科话语体系中的“乡愁”概念，②乡愁的中国表达中除了包含恋土、怀旧、思乡的复杂情感外，还兼具理想追求、身份认同、精神寄托等价值诉求和伦理意义，成为一种隐喻着城乡关系和农民身份认同的“现代化的中国话语”。在田野调查中，相当一部分目前（或曾经）外出务工的受访者，尤其是40—60岁的中年人，在访谈中都表达了“如果有差不多的收入，还是想在乡村居住”或“出去挣几年钱，老了还是要回来”的意愿。在广东林屋村的调研中，一位大学毕业做过教师后因生养和照顾孩子暂时回村居住的女性在访谈中表示：

---

① 国家统计局官方数据显示，1978年，我国城镇人口共17245万，占总人口17.92%，乡村人口共79014万，占总人口82.08%；2020年，我国城镇人口共90220万，占总人口63.89%，乡村人口共50992万，占总人口36.11%。从以上数据中不难看出，改革开放以来，我国城镇人口迅速增长，乡村人口有所下降，其中，相当一部分城镇人口是来自乡村的“移民”。参见国家统计局编：《中国统计年鉴2021》，中国统计出版社2021年版，第31页。

② 英语中的“homesickness”是从“nostalgia”一词借译而来。“nostalgia”来自nostos（回家）和algos（痛苦）两个希腊词根，由瑞士医生约翰尼斯·霍弗（Johannes Hofer）在1688年的一篇医学论文中首次使用，以描述一群身在国外的瑞士年轻人所表现出的“为故土失去魅力而感到悲伤”的现象。参见Dennis Walder：*Postcolonial Nostalgias：Writing，Representation and Memory*，New York：Routledge，2010，p. 8.

> 年轻的时候多在外面跑跑是好的，但是四十岁之后就更想回到村里来，城市的生活节奏太快，压力也很大，村子里比较安心、舒适一些……我觉得农村人交往总归还是比城里人亲密，我在城市里住过，上下楼的或者对面的邻居在一起好几年，平时外出买菜、上班碰到都不怎么打招呼。村子里结婚盖房子、过生日、做寿宴，大家相互帮忙、彼此交往，这有许多事是在城市里做不到的。
>
> ——2018 年 8 月 15 日下午在林屋村受访者家中与 LCX 的访谈记录

笔者和团队两次调研的华宏村，是一个已经“没有一亩农田、没有一个务农的农民”的典型乡村工业化社区。早在 2005 年，华宏村就完成了村民集中居住区“世纪苑”建造工程。世纪苑每套住房 208 平方米，每户面积和设计完全相同。在实地调研中我们发现，所有村民都将原来设计为车库的一楼改造成了厨房和饭厅，并且，受访对象对这一改造及其产生的效果表现出高度一致的认同：

> 我们这里人把一楼车库改为吃饭的地方，这样可以经常串门，方便吃过晚饭之后转转。村里的人相互都认识，大家交往都很好……村民之间没什么矛盾，矛盾面前大家都能退一步，没听过周围吵架的。
>
> ——2017 年 8 月 20 日下午在华宏村村委会对 BRH 的访谈记录

> 我觉得在农村住挺好的，隔壁邻居要好的、熟悉的多，如果在城里的话谁也不认识谁。大家平时吃完晚饭都会在一楼聊聊天，方便交流。
>
> ——2017 年 8 月 21 日下午在华宏村村委会对 HFA 的访谈记录

由此，我们不难发现，改变职业并融入市场经济大潮的农民，不仅保留着对于传统村庄共同体的价值认同和情感依恋，也显现出创设与当前生产、生活和居住方式相适应的新型公共道德平台的实践智慧。换言之，对于改变职业的“新市民”或“新生代农民”而言，村庄仍然保有其独特的文化根源意义。也正是在这一意义上，“记得住的乡愁”是对“乡愁”这一中国传统文化术语的传承和转换，它为现代化进程中的乡村伦理重建提供了道德文化之“根”，也成为乡村振兴战略实施中不可或缺的文化表达。

结语：谁之乡村？何种伦理？
——中国乡村伦理理论建构和实践推进的两大问题

中国乡村伦理，意指中国乡村社会的伦理关系、道德原则、道德规范及其在经济发展、社会治理、生态保护及日常生活中的体现。中国乡村伦理的现代重建和乡村道德建设的全面推进，是实施乡村振兴战略的重要环节。走进村庄，贴近农民，是认识和了解中国乡村的基础，也是理解中国乡村和中国农民及其道德图景的基本路径。换言之，要确保中国乡村伦理研究中呈现的问题是“真问题”而不是“伪问题”抑或“书斋里的道德想象”，必须以规范的田野工作为基础，从客观数据中准确把握乡村伦理关系和农民道德观念的变化和发展。从 2007 年开始，笔者带领团队“进入”中国不同区域九个省份的十个村庄。田野工作的初衷是发现或论证乡村伦理研究中的“问题”，但事实上，大量的问卷数据和访谈资料既有“证实”亦有“证伪”，既是在提供某种论据，更是在验证问题本身。例如，与学术研究和媒体呈现中大量“乡村凋敝”“道德滑坡”的表述截然相反，问卷数据和访谈记录清晰地反映出新中国成立以来尤其是改革开放以来乡村道德的发展进步以及农民对此种趋势的认同。从这一意义上说，中国乡村伦理研究的“田野”路径，体现了唯物史观的基本立场和基于道德生活史的基本视角，为真实还原和描述当代中国乡村和农民的道德图景提供了重要的方法论前提。

在本书中，我们未将中国乡村伦理的概念定位于某一特定时期，而是力图从总体上呈现中国乡村伦理的历史传统及其在转型期面临的问题，在此基础上，探讨中国乡村伦理现代建构的理论基础和实践路径。事实上，关于中国乡村伦理传统特色、历史变迁和现代转型的概括，对中国乡村伦理发展脉络、一般规律的把握以及对乡村家庭伦理、乡村经济伦理、乡村生态伦理和乡村治理伦理的具体研究，最终都是为了更好地回答这一问题：如何构建与“新乡土中国”相契合的“新乡土伦理”，从而化解乡村社会的伦理“缺场”以及由此而凸显的乡村伦理传统理念与现代意识间的种种矛盾和冲突？通过对地处中国不同地区的十个村庄进行的田野调查和分析，我们认为，主体性的“缺位”和地方性的“缺场”，是当前中国乡村伦理建构面临的最为突出的两大问题。换言之，回答好“谁之乡村？何种伦理？”的问题，是中国乡村伦理理论建构并获得实践推进的逻辑前提。

一、谁之乡村：农民的主体地位与中国乡村伦理的主体建构

正如我们在导论中提出的，秉持唯物史观的基本立场和方法，从中国乡村社会发展不同时期的生产方式和生活方式中理解乡村经济关系和日常生活的基本特征，从而把握乡村伦理关系和道德生活的变化，揭示中国乡村伦理发展的基本规律，是贯穿中国乡村伦理研究的“一根红线”。新中国成立以来，尤其是改革开放以来，我们乡村的社会生产、生活方式和社会结构、治理方式都发生了巨大变化，而其中一个最为突出且应当高度重视的，是乡村社会中“人”的变化，即作为乡村社会主体的农民，在基本数量、谋生手段、交往关系和价值取向等方面的变化。

新中国成立初期，我国农村居民人数为 48 402 万人，城镇居民人数为 5 765 万人，两者之比约为 8.40；1978 年，我国农村居民人数为 79 014 万人，城镇居民人数为 17 245 万人，两者之比约为 4.58；2020 年，我国农村居民人数为 50 992 万人，城镇居民人数为 90 220 万人，两者之比约为 0.57。[①] 伴随着进城务工人员的不断增加和乡村工业、旅游业、服务业等其他产业的兴起和

① “两者之比”的计算公式为农村居民人数/城镇居民人数。数据来源于国家统计局编：《中国统计年鉴 2021》，中国统计出版社，第 31 页。

发展，实际务农或生活在农村的“农民”比例更低。统计资料显示，2021 年外出务工人员比例约为 0.60①。上述数据体现出，伴随着乡村工业化、市场化、城市化进程的加快，作为乡村社会主体的农民在数量或基本生产方式上都发生了极大变化。与此相对应，农民之间的交往关系和道德观念也出现了新的变化。基于传统“熟人圈”的信任关系和交易方式逐渐被基于市场的契约规则取代，农民的理性意识、公共意识、法律意识日渐增强，新型伦理关系和道德规范的认同度不断提升。

尽管对中国乡村社会和乡村经济发展的研究自 20 世纪初便是国内学术界的热点问题，也是国外“中国问题研究”关注的焦点，但是，作为乡村根基与主体的农民却常常被忽视。而在乡村伦理的理论研究和乡村道德建设实践中，也出现了大量“他者”视角的理论建构和完全“自上而下”的实践推进。近年来各类“返乡日记”中关于“乡愁”的表达，大多是已经离乡的主人公基于自身想象、期待和情怀的书写。然而，乡村的主体始终是农民，这一点并不会由于大量非农产业和进城务工人员的出现而改变。构成中国乡村社会的每一个村庄，是由在共同生产、生活中形成特定伦理关系和共同价值取向的村庄成员所形成的共同体；换言之，这是村庄成员视野中“我们”的村庄，而不是研究者视野中“他们”的村庄。概而言之，占中国人口 36.11%的农民②，依然是乡村的主体。其中，长期居住于乡村之中的农民，更是乡村伦理理论建构和乡村道德建设最重要的主体。对于“谁之乡村”问题的确认，能够更加清晰地体现乡村伦理建构的主体性，即乡村发展既是为了农民也要依靠农民。因此，乡村道德建设不能仅仅将农民视为被动的“受众”，而要充分体现农民的主体性。

事实上，我们在调研中发现，尽管十个村庄在伦理共同体的重建和道德建设的实践路径有着丰富的地方性特色，但是，注重农民尤其是长期居住于村庄的村民主体性的发挥，充分调动其积极性、主动性和创造性，已成为行之有效的共同特征。“乡村春晚”“乡村广场舞”“乡村道德讲堂”“乡村故事会”等农民

---

① 数据来源于国家统计局：《2021 年农民工监测调查报告》，国家统计局官方网站，2022 年 4 月 29 日，http://www.stats.gov.cn/tjsj/zxfb/202204/t20220429_1830126.html。其中，2021 年全国农民工总量为 29 251 万人，外出农民工 17 172 万人，因此外出务工人员比例约为 0.59(保留两位小数)。

② 此处主要指在乡村居住的村民。数据来源于国家统计局编：《中国统计年鉴 2021》，中国统计出版社，第 31 页。

自办自创的新型乡村道德文化形式之所以能够产生显著成效，在于激发了村民作为乡村伦理文化建设主体的文化热情和内生活力。与之相反，完全依靠"自上而下"的政府推动而实施的"农家书屋""送戏(电影)下乡"等却收效甚微，原因在于其内容和形式难以吸引农民主动参与。

二、何种伦理：村庄伦理共同体的重建与"地方性道德知识"的资源意义

中国传统村庄是一种典型的"熟人社区"，村庄成员在相对固定和狭小的地域中进行生产和交往，并产生相互之间基于熟悉的信任以及对整个村庄的认同感。换言之，村庄成员既有其"生于斯、长于斯"的共同生活地域，更因长期的共同生产和交往活动而产生共同的偏好和记忆。由此，他们会自然地将有着共同偏好和记忆的村庄成员指认为"同村的我们"并给予信任和认同，而将没有这些共同偏好和记忆的人视为"外村的他们"并给予一定的排斥。可见，村庄共同体不仅有其地理边界，更具有建立在其成员生产、生活、交往等方面高度同质性基础上的认同而形成的伦理边界。也正是这种特殊的伦理边界进一步强化了村庄共同体的自我封闭和内部融合，也赋予传统村庄一种温情脉脉的道德意蕴。然而，伴随着乡村工业化、市场化、城市化和城乡一体化进程的加快，乡村社会的生产方式和生活方式发生了巨大变化。资本大规模地"进入"乡村，资本逻辑以其扩张性、同质化和意识形态化特征不断强化对乡村生产、生活、交往和文化的影响，传统村庄的伦理边界被模糊化，村庄伦理共同体也走向式微。

美国学者克利福德·格尔茨(Clifford Geertz)①提出"地方性知识"这一概念，引发了诸多学科的高度关注和热烈探讨。值得注意的是，无论是格尔茨关于地方性知识的定义还是其后大量关于这一概念的探讨，都指出了"地方性知识"中不可忽视的重要组成部分：基于特定伦理共同体的道德生活经验和道德生成传承的"地方性道德知识"。具体而言，这种"地方性道德知识"在传统村落中往往表现为村庄共同体独特的语言、风俗、惯习、偏好等极具地域色彩的标识性文

① 又译为克利福德·吉尔兹。

化事象以及具有地方性特色的公共道德平台。也正是这种“地方性道德知识”所具有的独特的地缘性特征，为村庄共同体构筑了隐形的伦理边界。

在乡村城市化的进程中，资本逻辑内涵的同质化和意识形态化特征不断消解村庄的地方性文化特色。在村庄成员的心中，村庄逐渐只有单纯的户籍意义而不再具有文化根源意义，不再是“我们”的村庄。如果说资本“进入”乡村的趋势无法逆转，那么，我们以何种方式限制资本逻辑的同质化和意识形态化？事实上，恩格斯早就指出：“人们自觉地或不自觉地，归根到底总是从他们阶级地位所依据的实际关系中——从他们进行生产和交换的经济关系中，获得自己的伦理观念。”①这也提醒我们，必须始终关注、理解、尊重和利用作为村庄独特文化资源的“地方性道德知识”对于村庄伦理共同体重建的资源意义。需要注意的是，在乡村市场化、城市化的进程中，这种“地方性道德知识”绝不是某种封闭的道德生活经验和规范体系，因此，其传承和建构也绝非向村庄道德与文化传统的简单复归。相反，在现代市场经济浪潮的冲刷下，任何一种“地方性道德知识”必然会出现其应有的现代转换。易而言之，某种“地方性道德知识”只有以更加开放的文化心态在“承继传统”与“吸收外来”的平衡中实现不断的自我优化，才能为村庄伦理共同体的重建提供最为坚实的伦理基础。

中国乡村发展不平衡，区域性和地方性特点丰富多样，地域伦理文化传统亦存在较大差异。在田野工作中，村庄都呈现出独特的道德生活样式，村民都以自己的话语讲述着不同的乡村道德故事。截止 2020 年底，全国基层村委会共 50.2 万个，②作为我们田野工作基础的 10 个村庄，只是其中的五万分之一。即便笔者与团队完成未来 5 年继续开展 20 个左右村庄的田野工作的研究计划，实现典型村庄在全国不同区域和省份的基本覆盖，我们所能够呈现的田野数据，依然只是中国 50 万个村庄和 5 亿多农民中的“个别”。然而，通过对这些“个别”的相互关联、对比及在此基础上的总结、提炼，我们不仅能够鲜活呈现并建构某种“地方性道德知识”，也能够避免中国乡村道德图景的呈现和乡村伦理的重建成为零散的“地方性道德知识”的简单“合集”。换言之，尽管田

① 《马克思恩格斯文集》第 9 卷，人民出版社 2009 年，第 99 页。

② 数据来源于《2020 年民政事业发展统计公报》，中华人民共和国民政部官方网站，http://images3.mca.gov.cn/www2017/file/202109/1631265147970.pdf。

野调查无法穷尽中国所有的村庄和村民，尽管“地方性道德知识”也无法成为放之其他村庄皆可的“普遍性伦理”，但是，不断增加的典型村庄和问卷、访谈样本，辅以更加立体化和全景式的呈现方式和分析工具，[①]依然可以为准确理解中国式现代化进程中的乡村道德图景和乡村伦理重建提供重要的田野论据和方法资源。

应当看到，尽管村落的数量及其存在形式在发生变化，但迄今为止，村庄依然是中国政治、经济、文化和道德生活的根基，是大多数农民的生活所在，更是大多数国民剪不断的“乡愁”所系。通过“地方性道德知识”的传承和现代转换重建新型的村庄伦理共同体，既为实现村落“重生”提供了可能的路径，也是乡村振兴乃至全面建设社会主义现代化国家不可忽略的重要议题。

① 近年来，地理信息系统(Geographic Information System，简称 GIS)已经在众多学科领域得到了广泛深入的应用，其强大的空间数据管理、空间分析和地图可视化功能，可为人文社会科学研究提供有效支撑。借助 GIS 方法和技术，可以将零散的田野调查数据系统化和空间化、将抽象的乡村伦理问题可视化，从而更加立体化和全景式地呈现和分析中国乡村道德状况和发展规律，这也将为未来乡村伦理研究的田野调研工作提供新的平台支持和分析工具。

参考文献

一、经典著作和中央文献

中共中央马克思恩格斯列宁斯大林著作编译局，编.马克思恩格斯文集 第1—5、8—9卷[M].北京：人民出版社，2009.

毛泽东选集 第1—2卷[M].北京：人民出版社，1991.

中共中央文献研究室，编.建国以来毛泽东文稿 第4册[M].北京：中央文献出版社，1990.

中共中央文献研究室，编.建国以来毛泽东文稿 第5册[M].北京：中央文献出版社，1991.

习近平在云南考察工作时强调 坚决打好扶贫开发攻坚战 加快民族地区经济社会发展[N].人民日报，2015-01-22.

习近平.决胜全面建成小康社会夺取新时代中国特色社会主义伟大胜利[M].北京：人民出版社，2017.

中共中央编辑委员会，编.刘少奇选集 下卷[M].北京：人民出版社，1985.

中共中央文献研究室，编.建国以来重要文献选编 第1册[M].北京：中央文献出版社，1992.

薄一波.若干重大决策与事件的回顾 下卷[M].北京：人民出版社，1997.

二、典籍、史料、内部资料

(汉)董仲舒.春秋繁露[M].北京：中华书局,2011.

(北齐)颜之推.颜氏家训[M].北京：中华书局,2007.

(明)曹于汴.仰节堂集(外五种)[M].上海：上海古籍出版社,2018.

(清)曾国藩.曾国藩家书[M].北京：中华书局,2016.

(清)曾国荃.曾忠襄公奏议卷8[M].上海：上海古籍出版社,1987.

东湖土地改革的几点经验[N].晋绥日报,1947-02-20.

国家统计局.伟大的十年[M].北京：人民出版社,1959.

中共中央党校党史教研室,选编.中共党史参考资料　八[M].北京：人民出版社,1980.

孙中山全集　第1卷[M].北京：中华书局,1981.

孙中山全集　第6、7卷[M].北京：中华书局,1985.

孙中山全集　第9—11卷[M].北京：中华书局,1986.

孙中山.建国方略[M].北京：中华书局,2011.

孙中山.三民主义[M].北京：九州出版社,2012.

李大钊全集　第2—3卷(修订本)[M].北京：人民出版社,2013.

国家农业委员会办公厅.农业集体化重要文件汇编(1949—1957)　上册[M].北京：中共中央党校出版社,1981.

晋绥边区财政经济史编写组.晋绥边区财政经济史资料选编(农业编)[M].太原：山西人民出版社,1986.

黄道霞,余展,王西玉,主编.建国以来农业合作化史料汇编[M].北京：中共党史出版社,1992.

延安市妇女运动志编纂委员会,编.延安市妇女运动志[M].西安：陕西人民出版社,2001.

中华人民共和国国家统计局.中华人民共和国2005年国民经济和社会发展统计公报[EB/OL].中国政府网.(2006-02-28).http://www.gov.cn/gongbao/content/2006/content_253029.htm.

中华人民共和国国家统计局.中华人民共和国2015年国民经济和社会发

展统计公报[EB/OL]. 中国政府网.(2016-02-29). http://www. gov. cn/xinwen/2016 02/29/content_5047274. htm.

国家统计局,编. 中国统计年鉴 2021[M]. 北京：中国统计出版社,2021.

江西省档案馆,中共江西省委党校党史教研室. 中央革命根据地史料选编[M]. 南昌：江西人民出版社,1982.

中共中央 国务院关于实施乡村振兴战略的意见[N]. 人民日报,2018-02-05.

关于建国以来党的若干历史问题的决议[Z]. 中国共产党第十一届中央委员会第六全体会议,1981-06-27.

中国环保产业协会编辑部. 环境保护部发布《2014 中国环境状况公报》[J]. 中国环保产业,2015(6).

中国人民解放军国防大学党史党建政工教研室,编. 中共党史教学参考资料第 19、23—24 册[M]. 北京：中国人民解放军国防大学出版社,1986.

中国史学会,编. 中国近代史资料丛刊·太平天国　一—四[M]. 上海：上海人民出版社、上海书店出版社,2000.

中国史学会,编. 中国近代史资料丛刊·义和团　一、三[M]. 上海：上海人民出版社、上海书店出版社,2000.

中国史学会,编. 中国近代史资料丛刊第一种：鸦片战争　第六册[M]. 上海：上海神州国光社,1954.

中华人民共和国村民委员会组织法(1998 年通过 2010 年修订 2018 年修正)[EB/OL]. 中国人大网.(2019-01-07). http://www. npc. gov. cn/npc/c30834/201901/188c0c39fd8745b1a3f21d102a57587a. shtml.

中华人民共和国国家经济贸易委员会. 中国工业五十年：新中国工业通鉴第 4 部上卷[M]. 北京：中国经济出版社,2000.

三、其他论文、著作类

André Gorz. *Capitalism, Socialism, Ecology* [M]. London and New York: Verso, 1994.

André Gorz. *Critique of Economic Reason* [M]. London and New York:

Verso，1989.

André Gorz. *Ecology as Politics* [M]. Boston：South End Press，1980.

[印度]阿马蒂亚·森.正义的理念[M].王磊，李航，译.刘民权，校译.北京：中国人民大学出版社，2012.

[美]艾恺.最后的儒家——梁漱溟与中国现代化的两难[M].王宗昱，冀建中，译.南京：江苏人民出版社，1996.

[法]埃米尔·涂尔干.社会分工论[M].渠敬东，译.北京：生活·读书·新知三联书店，2017.

[英]安东尼·吉登斯.民族—国家与暴力[M].胡宗泽、赵力涛，译.北京：生活·读书·新知三联书店，1998.

[英]安东尼·吉登斯.现代性的后果[M].田禾，译.黄平，校.南京：译林出版社，2011.

[英]安东尼·吉登斯.现代性与自我认同：现代晚期的自我与社会[M].赵旭东，等，译.北京：生活·读书·新知三联书店，1998.

[法]昂利·柏格森.创造进化论[M].肖聿，译.北京：华夏出版社，1999.

[德]彼得·科斯洛夫斯基.伦理经济学原理[M].孙瑜，译.北京：中国社会科学出版社，1997.

常伟，杨阳.中国乡村发展的历史沿革：基于公共选择视角[J].安徽农业大学学报(社会科学版)，2018(1).

陈爱平.中国古代愚孝探赜[J].台州学院学报，2013(4).

陈柏峰.半熟人社会：转型期乡村社会性质深描[M].北京：社会科学文献出版社，2019.

陈丰.从“虚城市化”到市民化：农民工城市化的现实路径[J].社会科学，2007(2).

陈锦华，江春泽，等.论社会主义与市场经济兼容[M].北京：人民出版社，2005.

陈庆德.经济人类学[M].北京：人民出版社，2001.

陈世伟.地权变动、村界流动与治理转型——土地流转背景下的乡村治理研究[J].求实，2011(4).

陈忠实.白鹿原[M].北京：作家出版社，2009.

程歗.晚清乡土意识[M].北京：中国人民大学出版社，1990.

[美]戴斯·贾丁斯.环境伦理学：环境哲学导论（第三版）[M].林官明，杨爱民，译.北京：北京大学出版社，2002.

[美]杜赞奇.文化、权力与国家：1900—1942年的华北农村[M].王福明，译.南京：江苏人民出版社，2003.

[德]多明尼克·萨赫森迈尔，[德]任斯·理德尔，[以色列]S. N. 艾森斯塔德，编著.多元现代性的反思——欧洲、中国和其他的阐释[M].郭少棠，王为理，译.北京：商务印书馆，2017.

党国英，项继权，等.中国农村研究：农村改革40年（笔谈一）[J].华中师范大学学报（人文社会科学版），2018(5).

邓子恢文集[M].北京：人民出版社，1996.

杜鹏."面子"熟人社会秩序再生产机制探究[J].华中农业大学学报（社会科学版），2017(4).

[德]斐迪南·滕尼斯.共同体与社会：纯粹社会学的基本概念[M].林荣远，译.北京：北京大学出版社，2010.

[美]费正清.美国与中国[M].张理京，译，北京：世界知识出版社，1999.

[美]费正清，费维恺，编.剑桥中华民国史1912—1949年下卷[M].杨品泉，等，译.北京：中国社会科学出版社，1998.

范晓春.改革开放前的包产到户[M].北京：中共党史出版社，2009.

方立天.佛教生态哲学与现代生态意识[J].文史哲，2007(4).

费孝通文集第4—5卷[M].北京：群言出版社，1999.

费孝通，吴晗.皇权与绅权[M].北京：生活·读书·新知三联书店，2013.

费孝通.江村经济：中国农民的生活[M].北京：商务印书馆，2001.

费孝通.乡土中国[M].北京：人民出版社，2015.

费孝通.乡土中国生育制度乡土重建[M].北京：商务印书馆，2011.

费孝通选集[M].天津：天津人民出版社，1988.

冯友兰.中国哲学简史[M].赵复三，译.天津：天津社会科学院出版社，2005.

复旦大学历史学系，复旦大学中外现代化进程研究中心，编. 近代中国的乡村社会[M]. 上海：上海古籍出版社，2005.

George E. Taylor. *The Struggle for North China* [M]. New York: Institute of Pacific Relations, 1940.

高湘泽. 马克思主义人文关怀的三个基本要求[J]. 广东社会科学，2009(1).

龚晓京. 人情、契约与信任[J]. 北京社会科学，1999(4).

[德]汉斯 · 萨克塞. 生态哲学[M]. 文韬，佩云，译. 北京：东方出版社，1991.

[德]黑格尔. 法哲学原理：或自然法和国家学纲要[M]. 范扬，张企泰，译. 北京：商务印书馆，2017.

[美]黄宗智. 长江三角洲小农家庭与乡村发展[M]. 北京：中华书局，2000.

[美]黄宗智. 华北的小农经济与社会变迁[M]. 北京：中华书局，2000.

[美]黄宗智. 中国的隐性农业革命[M]. 北京：法律出版社，2010.

韩喜平. 调动农民两种生产积极性是农村发展的源泉[J]. 理论学刊，2003(4).

郝晋伟. 城镇化中的"潮汐演替"与"重心下沉"及政策转型——权力—资本—劳动禀赋结构变迁的视角[J]. 城市规划，2015(11).

何建华. 共享理论的当代建构[J]. 伦理学研究，2017(4).

何植民，陈齐铭. 中国乡村基层治理的演进及内在逻辑[J]. 行政论坛，2017(3).

贺雪峰. 谁是农民：三农政策重点与中国现代农业发展道路选择[M]. 北京：中信出版社，2016.

贺雪峰. 新乡土中国[M]. 北京：北京大学出版社，2013.

胡振亚，任中平. 论"乡政村治"中乡村关系的两种极端走向及调适[J]. 重庆邮电学院学报(社会科学版)，2006(2).

蒋国保. 从技术化生存到生态化生存——人的生存方式的当代转向[J]. 南昌大学学报，2012(3).

金耀基. 从传统到现代[M]. 广州：广州文化出版社，1989.

金耀基.论中国的“现代化”与“现代性”——中国现代的文明秩序的建构[J].北京大学学报(哲学社会科学版),1996(1).

[美]康芒斯.制度经济学下册[M].于树生,译.北京:商务印书馆,1962.

[美]克利福德·格尔茨.地方知识——阐释人类学论文集[M].杨德睿,译.北京:商务印书馆,2014.

[美]莱因哈特·本迪克斯.马克斯·韦伯思想肖像[M].刘北成,等,译.上海:上海人民出版社,2002.

[美]罗斯·特里尔.毛泽东传[M].何宇光,刘加英,译.北京:中国人民大学出版社,2013.

雷洁琼.改革以来中国农村婚姻家庭的新变化[M].北京:北京大学出版社,1994.

李桂梅.冲突与融合:中国传统家庭伦理的现代转向及现代价值[M].长沙:中南大学出版社,2002.

李桂梅.中西家庭伦理产生之源探究[J].伦理学研究,2005(4).

李明建.乡村经济伦理的转型与发展[J].道德与文明,2017(5).

唐凯麟,主编.李培超,李彬,著.中华民族道德生活史·近代卷[M].上海:东方出版中心,2015.

李志强.转型期农村社会组织:理论阐释与现实建构——基于治理场域演化的分析[D].吉林大学博士学位论文,2015.

梁方仲,编著.中国历代户口、田地、田赋统计[M].上海:上海人民出版社,1980.

梁漱溟全集 第2卷[M].济南:山东人民出版社,2005.

梁漱溟.乡村建设理论[M].上海:上海人民出版社,2011.

梁漱溟.中国文化要义[M].上海:上海人民出版社,2005.

林语堂.中国人(全译本)[M].郝志东,沈益洪,译.上海:学林出版社,1994.

刘昂,王露璐.20世纪以来的中国乡村伦理研究:进展、现状与问题[J].伦理学研究,2016(3).

刘昂,王露璐.乡村治理目标的伦理缺失与理性重建[J].伦理学研究,

2018(2).

刘波.当代中国集体主义模式演进研究[D].复旦大学博士学位论文,2011.

刘纯阳,吴小娟.农民类型、非农就业与农业后继者培养述评[J].湖南农业大学学报(社会科学版),2015(6).

刘大鹏,遗著.乔志强,标注.退想斋日记[M].太原:山西人民出版社,1990.

刘芳.社会转型期的孝道与乡村秩序——以鲁西南的H村为例[D].上海大学博士学位论文,2013.

刘洪仁.农民分化问题研究综述[J].山东农业大学学报(社会科学版),2006(1).

刘伦文.对土改后农民的两种积极性的再认识[J].湖北民族学院学报(社会科学版,1994(1).

娄胜华.论建国过后农民的两种生产积极性——对影响中国农村现代化进程一项因素的历史考察[J].吉首大学学报(社会科学版),2000(4).

[德]马克斯·韦伯.经济与社会[M].[德]约翰内斯·温克尔曼,整理.林荣远,译.北京:商务印书馆,1997.

[美]马歇尔·伯曼.一切坚固的东西都烟消云散了:现代性体验[M].徐大建,张辑,译.北京:商务印书馆,2013.

[法]孟德拉斯.农民的终结[M].李培林,译.北京:社会科学文献出版社,2005.

马恩朴,李同昇,卫倩茹.中国半城市化地区乡村聚落空间格局演化机制探索——以西安市南郊大学城康杜村为例[J].地理科学进展,2016(7).

马良灿.理性小农抑或生存小农——实体小农学派对形式小农学派的批判与反思[J].社会科学战线,2014(4).

梅志罡.传统社会文化背景下的均势型村治——一个个案的调查分析[J].中国农村观察,2000(3).

欧阳哲生,编.胡适文集第10、11卷[M].北京:北京大学出版社,1998.

Peter Taylor. *Modernities: A Geohistorical Interpretation* [M]. Minneapolis:

University of Minnesota Press，1999.

朴忠焕.乡村与都市：当代中国的现代性与城乡差异[J].中国农业大学学报(社会科学版)，2007(2).

齐鲁书社编辑部，编.义和团运动史讨论文集[M].济南：齐鲁书社，1982.

钱穆.国史大纲[M].北京：商务印书馆，1996.

秦晖.农民中国：历史反思与现实选择[M].郑州：河南人民出版社，2003.

秦志伟."农业 4.0"已露尖尖角[N].中国社会科学报，2015-09-02.

Robert. Redfield. *Peasant Society and Culture*：*An Anthropological Approach to Civilization* [M]. Chicago：University of Chicago Press，1956.

容闳.西学东渐记[M].长沙：湖南人民出版社，1981.

[以色列]S. N. 艾森斯塔特.反思现代性[M].旷新年，王爱松，译.北京：生活·读书·新知三联书店，2006.

[日]森时彦，主编.二十世纪的中国社会　上卷[M].袁广泉，译.北京：社会科学文献出版社，2011.

沈湘平.现代性的哲学话语与哲学的现代性境遇[N].光明日报，2006-09-25.

舒展，罗小燕.新中国 70 年农村集体经济回顾与展望[J].当代经济研究，2019(11).

宋恩荣，主编.晏阳初全集　第 1、2 卷[M].长沙：湖南教育出版社，1992.

宋庆龄.为新中国奋斗[M].北京：人民出版社，1952.

孙春晨."人情"伦理与市场经济秩序[J].道德与文明，1999(1).

孙立平.后发外生型现代化模式剖析[J].中国社会科学，1991(2).

孙冶方.为什么要批评乡村改良主义工作[J].中国农村，1936(5).

陶东风.社会转型与当代知识分子[M].上海：上海三联书店，1999.

陶行知全集　第 1 卷[M].长沙：湖南教育出版社，1984.

陶艳梅.建国初期土地改革述论[J].中国农史，2011(30).

Vivienne Shue. *The Reach of the State*：*Sketches of the Chinese Body Politic* [M]. Stanford，Calif.：Stanford University Press，1988.

[美]威廉 J. 古德. 家庭[M]. 魏章玲，译. 北京：社会科学文献出版社，1986.

万俊人. 道德谱系与知识镜像[J]. 读书，2004(4).

汪民安，陈永国，张云鹏，主编. 现代性基本读本　上、下[M]. 郑州：河南大学出版社，2005.

汪真. 农业清洁生产和可持续农业[J]. 福建农业，2002(6).

王伯琦. 近代法律思潮与中国固有文化[M]. 北京：清华大学出版社，2005.

王春光. 农村流动人口的"半城市化"问题研究[J]. 社会学研究，2006(5).

王德福. 弹性城市化与接力式进城——理解中国特色城市化模式及其社会机制的一个视角[J]. 社会科学，2017(3).

王德福. 乡土中国再认识[M]. 北京：北京大学出版社，2015.

王露璐. 从"理性小农"到"新农民"——农民行为选择的伦理冲突与"理性新农民"的生成[J]. 哲学动态，2015(8).

王露璐. 从"熟人社会"到"熟人社区"——乡村公共道德平台的式微与重建[J]. 湖北大学学报(哲学社会科学版)，2020(1).

王露璐. 从乡土伦理到新乡土伦理——中国乡村伦理的传统特色与现代转型[N]. 光明日报，2011-01-18.

王露璐. 伦理视角下中国乡村社会变迁中的"礼"与"法"[J]. 中国社会科学，2015(7).

王露璐. 谁之乡村？何种发展？——以农民为本的乡村发展伦理探究[J]. 哲学动态，2018(2).

王露璐. 乡土伦理——一种跨学科视野中的"地方性道德知识"探究[M]. 北京：人民出版社，2008.

王露璐. 新乡土伦理——社会转型期的中国乡村伦理问题研究[M]. 北京：人民出版社，2016.

王铭铭. 村落视野中的文化与权力：闽台三村五论[M]. 北京：生活·读书·新知三联书店，1997.

王庆成，编注. 天父天兄圣旨[M]. 沈阳：辽宁人民出版社，1986.

王庆节.作为示范伦理的儒家伦理[J].学术月刊,2006(9).

王全营,曾广兴,黄明鉴.中国现代农民运动史[M].郑州:中原农民出版社,1989.

王先明.变动时代的乡村政制与国家权力——20世纪初年乡制变迁的时代特征[J].南开学报,2008(3).

王先明.乡路漫漫:20世纪之中国乡村(1901—1949)上[M].北京:社会科学文献出版社,2017.

温锐.农民平均主义?还是平均主义改造农民?——关于农村集体化运动与中国农民研究的反思[J].福建师范大学学报(哲学社会科学版),2003(5).

温铁军,张孝德,主编.乡村振兴十人谈:乡村振兴战略深度解读[M].南昌:江西教育出版社,2018.

温铁军.我国为什么不能实行农村土地私有化[J].红旗文稿,2009(2).

温铁军.中国农村基本经济制度研究:“三农”问题的世纪反思[M].北京:中国经济出版社,2000.

吴钩.中国的自由传统[M].上海:复旦大学出版社,2014.

吴家庆,苏海新.论我国乡村治理结构的现代化[J].湘潭大学学报(哲学社会科学版),2015(2).

吴晓明,编选.德赛二先生与社会主义——陈独秀文选[M].上海:上海远东出版社,1994.

[美]许烺光.美国人与中国人:两种生活方式比较[M].彭凯平,刘文静,等,译.北京:华夏出版社,1989.

向玉乔.家庭伦理与家庭道德记忆[M].伦理学研究,2019(1).

项继权.集体经济背景下的乡村治理:南街、向高、方家泉村村治实证研究[M].武汉:华中师范大学出版社,2002.

项继权.中国农村社区及共同体的转型与重建[J].华中师范大学学报(人文社会科学版),2009(3).

谢遐龄.中国社会是伦理社会[M].上海:上海三联书店,2017.

熊月之,熊秉真,主编.明清以来江南社会与文化论集[M].上海:上海社会科学出版社,2004.

徐勇.包产到户沉浮录[M].珠海：珠海出版社，1998.

徐勇.现代国家乡土社会与制度建构[M].北京：中国物资出版社，2009.

许纪霖.从现代化到现代性[N].中华读书报，2006-11-08.

许经勇.中国农村经济制度变迁六十年研究[M].厦门：厦门大学出版社，2009.

许庆朴，张福记，主编.近现代中国社会 上册[M].济南：齐鲁书社，2002.

许欣欣.当代中国社会结构变迁与流动[M].北京：社会科学文献出版社，2000.

许艳华.毛泽东对中国社会发展的目标设定及模式选择[J].求实，2014(10).

[美]阎云翔.差序格局与中国文化的等级观[J].社会学研究，2006(4).

晏阳初，著.宋恩荣，编.平民教育与乡村建设运动[M].北京：商务印书馆 2014.

杨善华，刘畅.日常生活中的"柔性不合作"与社会治理的应对[J].华中科技大学学报(社会科学版，2015(5).

俞吾金.马克思对现代性的诊断及其启示[J].中国社会科学，2005(1).

[美]詹姆斯·C. 斯科特.农民的道义经济学：东南亚的反叛与生存[M].程立显，刘建，等，译.南京：译林出版社，2001.

张翠莲，李桂梅.试论当代乡村家庭伦理制度化建设[J].道德与文明，2017(5).

张鸣.天国梦魇[M].重庆：重庆出版社，2016.

张五常.经济解释——张五常经济论文选[M].北京：商务印书馆，2000.

张晓青.国际人口迁移理论述评[J].人口学刊，2001(3).

张永杰.中国共产党改造小农经济的历史考察与反思(1949—1978)[D].山东师范大学博士学位论文，2013.

张泽颖.产权视角下我国农村土地制度变革的历程、动因与趋势[J].农业经济，2015(3).

折晓叶.村庄边界的多元化——经济边界开放与社会边界封闭的冲突与共生[J].中国社会科学，1996(3).

折晓叶. 合作与非对抗性抵制——弱者的“韧武器”[J]. 社会学研究，2008(3).

郑有贵，李成贵，等. 中国传统农业向现代农业转变的研究[M]. 北京：经济科学出版社，1997.

郑鑫. 城镇化对中国经济增长的贡献及其实现途径[J]. 中国农村经济，2014(6).

周飞舟. 从汲取型政权到“悬浮型”政权——税费改革对国家与农民关系之影响[J]. 社会学研究，2006(3).

周庆智. 官民共治：关于乡村治理秩序的一个概括[J]. 甘肃社会科学，2018(2).

周伟，主编. 魏亚萍，编著. 变迁：101 年中国社会生活全印象[M]. 北京：光明日报出版社，2002.

周晓虹. 传统与变迁——江浙农民的社会心理及其近代以来的嬗变[M]. 北京：生活·读书·新知三联书店，1998.

周中之. 道德治理与法律治理的反思[N]. 光明日报，2013-07-09.

后　记

本书是国家社会科学基金重大项目“中国乡村伦理研究”和国家出版基金项目“《中国乡村伦理研究》（全七卷）”成果。

课题首席专家为南京师范大学王露璐教授，参加本书写作的人员包括：张燕（南京师范大学公共管理学院教授）、张曦（南京师范大学马克思主义学院副教授）、曹琳琳（常州大学马克思主义学院副教授）、杨伟荣（曲阜师范大学马克思主义学院副教授）、焦金磊（南京农业大学马克思主义学院讲师）。全书由王露璐拟定提纲并在分工写作、修改的基础上统改定稿。具体研究和写作分工如下：导论，王露璐；第一章，曹琳琳；第二章，王露璐、焦金磊；第三章，张燕；第四章，杨伟荣；第五章，张曦；第六章、结语，王露璐。博士生王璐、史文娟、张萌协助完成了全书格式整理、校对等学术辅助工作。

在重大项目研究和本成果撰写成稿过程中，全体成员和学界众多专家学者在研究思路、内容、方法和最终成稿等方面给予了诸多支持，成果也参考、借鉴了国内外有关专家学者的研究成果。南京师范大学出版社徐蕾总编辑和崔兰主任在国家出版基金申报中进行了精心策划和大力推进，本书责任编辑杨佳宜对书稿进行了细致入微的编辑和校对。在此一并致谢！

“中国乡村伦理研究”课题组

王露璐

2022 年 10 日